MATLAB®&Simulink®开发实例系列丛书

MATLAB 数学建模方法与实践
（第 3 版）

卓金武　王鸿钧　编著

北京航空航天大学出版社

内 容 简 介

本书从数学建模的角度介绍了 MATLAB 的应用,涵盖了绝大部分数学建模问题的 MATLAB 求解方法。全书共 5 篇。第一篇是基础篇,介绍基本概念,包括 MATLAB 在数学建模中的地位、数学模型的分类及各类需要用到的 MATLAB 技术,以及 MATLAB 编程入门;第二篇是技术篇,介绍 MATLAB 建模的主流技术,包括数据建模技术(数据的准备、常用的数学建模方法、机器学习、灰色预测、神经网络及小波分析)、优化技术(标准规划模型的求解、遗传算法、模拟退火算法、蚁群算法等全局优化算法)、连续模型、评价型模型以及机理建模的 MATLAB 实现方法;第三篇是实践篇,以历年全国大学生数学建模竞赛的经典赛题为例,介绍 MATLAB 在其中的实际应用过程,包括详细的建模过程、求解过程以及原汁原味的竞赛论文;第四篇是赛后重研究篇,主要介绍如何借助 MATLAB 的工程应用功能将模型转化成产品的技术;第五篇是经验篇,主要介绍数学建模的参赛经验、心得、技巧,以及 MATLAB 的学习经验,这些经验会有助于竞赛的准备和竞赛成绩的提升,从容参与数学建模活动。

本书特别适合作为数学建模竞赛的培训教材或参考用书,也可作为大学"数学实验""数学建模""数据挖掘"课程的参考用书,还可供广大科研人员、学者、工程技术人员参考。

图书在版编目(CIP)数据

MATLAB 数学建模方法与实践 / 卓金武,王鸿钧编著
. --3 版. -- 北京:北京航空航天大学出版社,2018.6
 ISBN 978 - 7 - 5124 - 2727 - 3

Ⅰ. ①M… Ⅱ. ①卓… ②王… Ⅲ. ①Matlab 软件—应用—数学模型 Ⅳ. ①O141.4

中国版本图书馆 CIP 数据核字(2018)第 120293 号

版权所有,侵权必究。

MATLAB 数学建模方法与实践(第 3 版)
卓金武 王鸿钧 编著
责任编辑 张冀青

*

北京航空航天大学出版社出版发行

北京市海淀区学院路 37 号(邮编 100191) http://www.buaapress.com.cn
发行部电话:(010)82317024 传真:(010)82328026
读者信箱:goodtextbook@126.com 邮购电话:(010)82316936
涿州市新华印刷有限公司印装 各地书店经销

*

开本:787×1 092 1/16 印张:20.25 字数:531 千字
2018 年 7 月第 3 版 2022 年 7 月第 8 次印刷 印数:28 001～32 000 册
ISBN 978 - 7 - 5124 - 2727 - 3 定价:59.00 元

若本书有倒页、脱页、缺页等印装质量问题,请与本社发行部联系调换。联系电话:(010)82317024

前　　言

本书较第 2 版的主要变化

在《MATLAB 在数学建模中的应用》第 2 版出版 2 年后,也就是 2016 年,跟北京航空航天大学出版社陈守平老师讨论再版的规划,当时就感觉受到书名的限制,有些内容不容易展开。有几位从事数学建模教育工作的读者也曾发邮件反馈内容的设置问题,其中一点就是能不能调整书名。所以本书的一个主要变化是调整了书名,使其外延更广阔,而且部分院校在选用作为教材时可以避免书名局限的问题;还有一个最重要的原因,经历两版后,由于数学建模和 MATLAB 的发展都很快,内容上也希望有个全新的变化。

本书的第二大主要变化就是内容,绝大多数的篇章不同于以前的版本。本书将内容分为 5 个部分,思路是按照基础、技术、实践、内容重研究、经验展开的;主题的技术部分是按照数学建模的类型展开的,将数学模型分为数据、优化、连续、评价、机理建模 5 个类型。MATLAB 技术的介绍也是按照这 5 类展开,介绍的技术正好是 5 类问题需要的建模方法以及这些方法的 MATLAB 实现。此安排更便于读者准备竞赛,有利于快速对数学建模有个全面的认识,也有利于快速建立对数学建模的兴趣和信心。

"赛后重研究篇"是新加的内容,其想法与竞赛组委会设立赛后重研究的初衷一致,数学建模是非常有用的技术,不能止步于竞赛,而是应该让数学建模在科研和产业界发挥更大、更实质性的作用。MATLAB 作为主要的数学建模实现工具,大家往往更关心其科学计算本身,而并没有注意它还有系统设计、系统仿真、代码生成等产品开发功能,只要将数学模型迁移到 Simulink 中,借助基于模型的设计理念,就可以很快将数学模型转化成产品,所以在"赛后重研究篇",重点介绍如何借助 MATLAB 实现从数学模型向产品的转化。现在的读者思路更开阔,而且有丰富的智能硬件可以应用,如何将模型、工具与智能经验结合起来,从而真正地进行创新、产品研发,对于很多读者来说,是非常有意义的事。

本书特色

纵观全书,可发现本书的特点鲜明,主要表现在:

(1) 方法务实,学以致用。本书介绍的方法都是数学建模中的主流方法,都经过实践的检验,具有较强的实践性。对于每种方法,本书基本都给出了完整、详细的源代码,这对于读者来说,具有非常大的参考价值,很多程序可供读者直接套用并加以学习。

(2) 知识系统,结构合理。本书的内容编排从基本概念与技术,到真题实践,再到重研究和竞赛经验,使得概念、技术、实践、经验四位一体,自然形成全书的知识体系。而对于具体的技术,也是脉络清晰、循序渐进,按照数据建模、优化、连续、评价、机理建模展开,内容上整体是从基础技术入手,再到融会贯通。正因为有完整的知识体系,读者读起来才有很好的完整感,从而更利于理解数学建模的知识体系,这对于学习是非常有帮助的。

(3) 案例实用,易于借鉴。本书选择的案例都是来自数学建模中的经典案例和真实竞赛

题,并且带有数据和程序,所以很容易让读者对案例产生共鸣,同时可以利用案例的程序进行模仿式学习,所带的程序也有助于提高读者的学习效率。

(4)理论与实践相得益彰。本书的每个方法,除了理论讲解,都配有一个典型的应用案例,读者可以通过案例加深对理论的理解,同时理论也让案例的应用更有说服力。技术的介绍都以实现实例为目的,同时提供大量技术实现的源程序,方便读者学习。本书注重实践和应用,秉承务实、贴近读者的写作风格。

(5)内容独特,趣味横生,文字简洁,易于阅读。很多方法和内容都是同类书籍中所没有的,这无疑增加了本书的新颖性和趣味性。另外,在保证描述精准的前提下,我们摒弃了那些刻板、索然无味的文字,让文字既有活力,又更易于阅读。

如何阅读本书

全书内容分为五个部分,故成五篇。

第一篇(基础篇)主要介绍一些基本概念和知识,包括 MATLAB 在数学建模中的地位、数学模型的分类及各类需要用到的 MATLAB 技术,以及 MATLAB 编程入门。

第二篇(技术篇)是技术的主体部分,系统介绍了 MATLAB 建模的主流技术。这个部分又按照数学建模的类型分为五个方面:

(1)第3~6章主要讲数据建模技术,包括数据的准备、常用的数学建模方法、机器学习、灰色预测、神经网络以及小波分析。

(2)第7~9章主要介绍优化技术,包括标准规划模型的求解、MATLAB 全局优化技术,由于蚁群算法也是比较经典的全局优化算法,但不包含在全局优化工具箱中,所以单独介绍了这个算法。

(3)第10章介绍了连续模型的 MATLAB 求解方法。

(4)第11章介绍的是评价型模型的求解方法。

(5)第12章介绍的是机理建模的 MATLAB 实现方法。

第三篇(实践篇),以历年全国大学生数学建模竞赛的经典赛题为例,介绍 MATLAB 在其中的实际应用过程,包括详细的建模过程、求解过程以及原汁原味的竞赛论文,不仅让读者体会 MATLAB 的实战技能,也能增强读者的建模实战水平。

第四篇(赛后重研究篇),主要介绍如何借助 MATLAB 的工程应用功能,将模型转化成产品,并通过在转化过程中强化反馈,倒逼模型和算法的提升。因为有很多模型不通过产品化,是很难发现其中缺陷的。

第五篇(经验篇),主要介绍数学建模的参赛经验、心得、技巧,以及 MATLAB 的学习经验,这些经验有助于竞赛的准备和竞赛成绩的提升,至少让读者更从容地参与数学建模活动。

其中,前三篇为本书的重点内容,建议重点研读;第四篇为选读内容,适合赛后对研究或模型产品化感兴趣的读者;第五篇可以了解一下,在实际准备数学建模的过程中,如果遇到问题,可以再重新阅读此篇。

读者对象

☐ 数学建模参赛者;

- 数学、数学建模等学科的教师和学生；
- 从事数学建模相关工作的专业人士；
- 需要用到数学建模技术的各领域的科研工作者；
- 希望学习MATLAB的工程师或科研工作者，因为本书的代码都是用MATLAB编写的，所以对于希望学习MATLAB的读者来说，也是一本很好的参考书；
- 其他对数学建模和MATLAB感兴趣的人士。

致读者

致教师

本书系统地介绍了MATLAB数学建模技术，可以作为数学、数学建模、统计、金融等专业本科生或研究生的教材。书中的内容虽然系统，但也相对独立，教师可以根据课程的学时和专业方向，选择合适的内容进行课堂教学，其他内容则可以作为参考。授课部分，一般会包含第一篇、第二篇，如果课时较多，则可以增加其他章节中一些项目案例的学习。

在进行课程备课的过程中，如果您需要书中一些电子资料作为课件或授课支撑材料，可以直接给笔者发邮件（70263215@qq.com）说明您需要的材料和用途，笔者会根据具体情况，为您提供力所能及的帮助。

致学生

作为21世纪的大学生，数学建模是一项基本技能，尤其是对以后有志于做科研工作的学生来说更应掌握。数学建模竞赛是非常好的竞赛，不仅可以学习数学建模这一技能，而且还可以认识很多优秀的小伙伴，跟这些小伙伴们一起备战建模，相信也会感受到别样且有意义的大学生活。

致专业人士

对于从事数学建模的专业人士，尽可以关注整个数学建模技术体系，因为本书的知识体系是当前数学建模书籍中体系相对完善的。此外，书中的算法案例和项目案例，也算是本书的特色，值得借鉴。

配套资源

配套程序和数据

为了方便读者学习，作者将提供书中使用的程序和数据，下载地址为：

http://www.ilovematlab.cn/thread-550185-1-1.html

如下载遇到问题，也可以直接发邮件至70263215@qq.com与作者联系。

配套教学课件

为了方便教师授课，我们也开发了本书配套的教学课件，如有需要，可以与作者联系。

勘误和支持

由于编写时间仓促，加之作者水平有限，所以书中错误和疏漏之处在所难免。在此，诚恳地期待广大读者批评指正。如果您有什么建议，也可以直接将建议发送至以上邮箱。在技术之路上如能与大家互勉共进，我们也倍感荣幸！对于书中出现的问题，将在论坛的勘误部分进行修正，勘误地址为：

http://www.ilovematlab.cn/thread-550189-1-1.html

致　谢

感谢 MathWorks 官方文档提供了最全面、最深入、最准确的参考材料，强大的官方文档支持也是其他资料所无法企及的，同时感谢 MATLAB 中文论坛为本书提供的交流讨论专区。感谢北京航空航天大学出版社陈守平老师一直以来的支持和鼓励，使我们顺利完成全部书稿。

书中可能还存在值得商榷甚至错漏之处，我们一定会用心改进。在此，诚恳地期待并感谢广大读者继续批评指正。

作者联系方式：

E-mail：70263215@qq.com

作　者

2018 年 1 月

目 录

第一篇 基础篇

第1章 绪 论 3
- 1.1 MATLAB 在数学建模中的地位 3
- 1.2 正确且高效的 MATLAB 编程理念 4
- 1.3 数学建模对 MATLAB 水平的要求 4
- 1.4 如何提高 MATLAB 建模水平 5
- 1.5 小 结 6
- 参考文献 6

第2章 MATLAB 数学建模快速入门 7
- 2.1 MATLAB 快速入门 7
  - 2.1.1 MATLAB 概要 7
  - 2.1.2 MATLAB 的功能 8
  - 2.1.3 快速入门案例 9
  - 2.1.4 入门后的提高 15
- 2.2 MATLAB 常用技巧 16
  - 2.2.1 常用标点的功能 16
  - 2.2.2 常用操作指令 16
  - 2.2.3 指令编辑操作键 16
  - 2.2.4 MATLAB 数据类型 16
- 2.3 MATLAB 开发模式 18
  - 2.3.1 命令行模式 18
  - 2.3.2 脚本模式 18
  - 2.3.3 面向对象模式 18
  - 2.3.4 三种模式的配合 18
- 2.4 小 结 19
- 参考文献 19

第二篇 技术篇

第3章 数据的准备 23
- 3.1 数据的获取 23
  - 3.1.1 从 EXCEL 中读取数据 23
  - 3.1.2 从 TXT 中读取数据 23
  - 3.1.3 读取图片 26
  - 3.1.4 读取视频 26
- 3.2 数据的预处理 27
  - 3.2.1 缺失值处理 28
  - 3.2.2 噪声过滤 29
  - 3.2.3 数据集成 31
  - 3.2.4 数据归约 32
  - 3.2.5 数据变换 32
- 3.3 数据的统计 34
  - 3.3.1 基本描述性统计 34
  - 3.3.2 分布描述性统计 35
- 3.4 数据可视化 35
  - 3.4.1 基本可视化 36
  - 3.4.2 数据分布形状可视化 37
  - 3.4.3 数据关联可视化 38
  - 3.4.4 数据分组可视化 40
- 3.5 数据降维 41
  - 3.5.1 主成分分析(PCA)基本原理 41
  - 3.5.2 PCA 应用案例:企业综合实力排序 43
  - 3.5.3 相关系数降维 46
- 3.6 小 结 46
- 参考文献 47

第4章 MATLAB 常用的数据建模方法 48
- 4.1 一元回归 48
  - 4.1.1 一元线性回归 48
  - 4.1.2 一元非线性回归 50
- 4.2 多元回归 52
- 4.3 逐步归回 54
- 4.4 Logistic 回归 55
- 4.5 小 结 57
- 参考文献 57

第5章 MATLAB机器学习方法 ……… 58
5.1 MATLAB机器学习概况 ……… 58
5.2 分类方法 ……… 59
5.2.1 K-近邻分类 ……… 59
5.2.2 贝叶斯分类 ……… 63
5.2.3 支持向量机分类 ……… 66
5.3 聚类方法 ……… 70
5.3.1 K-means聚类 ……… 70
5.3.2 层次聚类 ……… 76
5.3.3 模糊C-均值聚类 ……… 80
5.4 深度学习 ……… 82
5.4.1 深度学习的崛起 ……… 82
5.4.2 深度学习的原理 ……… 82
5.4.3 深度学习训练过程 ……… 83
5.4.4 MATLAB深度学习训练过程 … 84
5.5 小结 ……… 86
参考文献 ……… 86

第6章 其他数据建模方法 ……… 87
6.1 灰色预测方法 ……… 87
6.1.1 灰色预测概述 ……… 87
6.1.2 灰色模型的预测步骤 ……… 87
6.1.3 灰色预测典型MATLAB程序结构 ……… 89
6.1.4 应用实例一：长江水质的预测（CUMCM 2005A） ……… 90
6.1.5 应用实例二：与会代表人数（CUMCM 2009D） ……… 92
6.1.6 灰色预测经验小结 ……… 93
6.2 神经网络 ……… 93
6.2.1 神经网络的原理 ……… 93
6.2.2 神经网络的实例 ……… 95
6.2.3 神经网络的特点 ……… 95
6.3 小波分析 ……… 96
6.3.1 小波分析概述 ……… 96
6.3.2 常见的小波分析方法 ……… 97
6.3.3 小波分析应用实例 ……… 99
6.4 小结 ……… 102
参考文献 ……… 102

第7章 标准规划问题的MATLAB求解 ……… 103
7.1 线性规划 ……… 103
7.1.1 线性规划的实例与定义 ……… 103
7.1.2 线性规划的MATLAB标准形式 ……… 104
7.1.3 线性规划问题的解的概念 ……… 104
7.1.4 线性规划的MATLAB解法 ……… 105
7.2 非线性规划 ……… 108
7.2.1 非线性规划的实例与定义 ……… 108
7.2.2 非线性规划的MATLAB解法 ……… 109
7.2.3 二次规划 ……… 110
7.3 整数规划 ……… 112
7.3.1 整数规划的定义 ……… 112
7.3.2 0-1整数规划 ……… 112
7.4 小结 ……… 113
参考文献 ……… 113

第8章 MATLAB全局优化算法 ……… 114
8.1 MATLAB全局优化概况 ……… 114
8.2 遗传算法 ……… 114
8.2.1 遗传算法的原理 ……… 114
8.2.2 遗传算法的步骤 ……… 115
8.2.3 遗传算法的实例 ……… 121
8.3 模拟退火算法 ……… 123
8.3.1 模拟退火算法的原理 ……… 123
8.3.2 模拟退火算法的步骤 ……… 125
8.3.3 模拟退火算法的实例 ……… 126
8.4 全局优化求解器汇总 ……… 133
8.5 延伸阅读 ……… 133
8.6 小结 ……… 134
参考文献 ……… 134

第9章 蚁群算法及其MATLAB实现 ……… 135
9.1 蚁群算法的原理 ……… 135
9.1.1 蚁群算法的基本思想 ……… 135
9.1.2 蚁群算法的数学模型 ……… 136
9.1.3 蚁群算法的流程 ……… 137
9.2 蚁群算法的MATLAB实现 ……… 137
9.2.1 实例背景 ……… 137
9.2.2 算法设计步骤 ……… 139
9.2.3 MATLAB程序实现 ……… 139
9.2.4 程序执行结果与分析 ……… 142

- 9.3 算法关键参数的设定 …… 144
  - 9.3.1 参数设定的准则 …… 144
  - 9.3.2 蚂蚁数量 …… 144
  - 9.3.3 信息素因子 …… 146
  - 9.3.4 启发函数因子 …… 146
  - 9.3.5 信息素挥发因子 …… 146
  - 9.3.6 信息素常数 …… 147
  - 9.3.7 最大迭代次数 …… 147
  - 9.3.8 组合参数设计策略 …… 147
- 9.4 应用实例：最佳旅游方案（苏北赛2011B） …… 147
  - 9.4.1 问题描述 …… 147
  - 9.4.2 问题的求解和结果 …… 148
- 9.5 小结 …… 150
- 参考文献 …… 150

第10章 MATLAB连续模型求解方法 …… 151

- 10.1 MATLAB常规微分方程的求解 …… 151
  - 10.1.1 MATLAB常微分方程的表达方法 …… 151
  - 10.1.2 常规微分方程的求解实例 …… 152
- 10.2 ODE家族求解器 …… 152
  - 10.2.1 ODE求解器的分类 …… 152
  - 10.2.2 ODE求解器的应用实例 …… 153
- 10.3 专用求解器 …… 154
- 10.4 小结 …… 157
- 参考文献 …… 157

第11章 MATLAB评价型模型求解方法 …… 158

- 11.1 线性加权法 …… 158
- 11.2 层次分析法（AHP） …… 161
- 11.3 小结 …… 162
- 参考文献 …… 162

第12章 MATLAB机理建模方法 …… 163

- 12.1 机理建模概述 …… 163
- 12.2 推导法机理建模 …… 163
  - 12.2.1 问题描述 …… 163
  - 12.2.2 假设和符号说明 …… 163
  - 12.2.3 模型的建立 …… 164
  - 12.2.4 模型中参数的求解 …… 164
- 12.3 元胞自动机——仿真法机理建模 …… 166
  - 12.3.1 元胞自动机的定义 …… 166
  - 12.3.2 元胞自动机的MATLAB实现 …… 166
- 12.4 小结 …… 168
- 参考文献 …… 168

第三篇 实践篇

第13章 彩票中的数学问题（CUMCM 2002B） …… 171

- 13.1 问题的提出 …… 171
- 13.2 问题2模型的建立 …… 173
  - 13.2.1 模型假设与符号说明 …… 173
  - 13.2.2 模型的准备 …… 173
  - 13.2.3 模型的建立 …… 174
- 13.3 模型的求解 …… 175
  - 13.3.1 求解的思路 …… 175
  - 13.3.2 MATLAB程序 …… 175
  - 13.3.3 程序结果 …… 185
- 13.4 技巧点评 …… 186
- 参考文献 …… 187

第14章 露天矿卡车调度问题（CUMCM 2003B） …… 188

- 14.1 问题的提出 …… 188
- 14.2 基本假设与符号说明 …… 190
  - 14.2.1 基本假设 …… 190
  - 14.2.2 符号说明 …… 190
- 14.3 问题的分析及模型的准备 …… 190
- 14.4 数学模型的建立与求解 …… 192
  - 14.4.1 模型的建立 …… 192
  - 14.4.2 模型的求解 …… 193
- 14.5 技巧点评 …… 197
- 参考文献 …… 197

第15章 奥运会商圈规划问题（CUMCM 2004A） …… 198

- 15.1 问题的描述 …… 198
- 15.2 基本假设、符号说明及名词约定 …… 198
  - 15.2.1 基本假设 …… 198

    15.2.2 符号说明 …… 199
    15.2.3 名词约定 …… 199
  15.3 问题的分析与模型的准备 …… 199
    15.3.1 基本思路 …… 200
    15.3.2 基本数学表达式的构建 …… 200
  15.4 设置MS网点数学模型的建立与求解 …… 201
    15.4.1 模型的建立 …… 201
    15.4.2 模型的求解 …… 202
  15.5 设置MS网点理论体系的建立 …… 204
  15.6 商区布局规划的数学模型 …… 206
    15.6.1 模型的建立 …… 206
    15.6.2 模型的求解 …… 206
  15.7 模型的评价及使用说明 …… 211
  15.8 技巧点评 …… 211
  参考文献 …… 212
第16章 交巡警服务平台的设置与调度问题（CUMCM 2011B） …… 213
  16.1 问题的提出与分析 …… 213
  16.2 基本假设 …… 213
  16.3 问题1模型的建立与求解 …… 214
    16.3.1 交巡警服务平台管辖范围分配 …… 214
    16.3.2 交巡警的调度 …… 217
    16.3.3 最佳新增交巡警服务平台的设置 …… 218
  16.4 问题2模型的建立和求解 …… 225
  16.5 模型的评价与改进 …… 225
  16.6 技巧点评 …… 225
  参考文献 …… 225
第17章 葡萄酒的评价问题（CUMCM 2012A） …… 226
  17.1 问题的提出 …… 226
  17.2 问题1模型的建立与求解 …… 226
    17.2.1 问题1的分析 …… 226
    17.2.2 差异显著性评判 …… 227
    17.2.3 评价结果稳定性 …… 230
  17.3 问题2模型的建立与求解 …… 232
    17.3.1 问题2的基本假设和分析 …… 232

    17.3.2 葡萄酒质量分级 …… 233
    17.3.3 葡萄酒理化指标分级 …… 238
    17.3.4 两种分级结果的分析 …… 243
  17.4 问题3模型分析 …… 243
  17.5 问题4模型分析 …… 243
  17.6 论文点评 …… 243
  参考文献 …… 244
第18章 出租车补贴方案优化问题（CUMCM 2015B） …… 245
  18.1 问题描述 …… 245
  18.2 问题分析 …… 245
  18.3 模型假设与符号说明 …… 246
  18.4 问题1模型的建立与求解 …… 246
    18.4.1 指标的确立 …… 246
    18.4.2 里程利用率理想值的确定 …… 247
    18.4.3 供求比率理想值的确定 …… 248
    18.4.4 供求匹配模型的建立 …… 249
    18.4.5 模型求解方法 …… 250
    18.4.6 模型求解结果与分析 …… 254
  18.5 问题2模型的建立与求解 …… 255
    18.5.1 模型准备 …… 255
    18.5.2 缓解程度判断模型的建立 …… 257
    18.5.3 模型求解及结果分析 …… 259
  18.6 问题3模型的建立与求解 …… 260
    18.6.1 分区域动态实时补贴模型的建立 …… 260
    18.6.2 模型求解及结果分析 …… 261
  18.7 模型的评价、改进及推广 …… 263
  参考文献 …… 264
第19章 开放小区对道路通行影响的问题（CUMCM 2016） …… 265
  19.1 问题重述 …… 266
  19.2 问题分析 …… 266
  19.3 模型假设与符号说明 …… 267
    19.3.1 假设内容 …… 267
    19.3.2 假设可行性 …… 267
    19.3.3 符号说明 …… 268
  19.4 模型的建立与求解 …… 268
    19.4.1 问题1模型的建立与求解 …… 268
    19.4.2 问题2模型的建立与求解 …… 271

19.4.3 问题3模型的建立与求解……273
19.4.4 问题4……287
19.5 模型评价与改进……287
参考文献……288

第四篇 赛后重研究篇

第20章 MATLAB基于模型的产品开发流程……291
20.1 Simulink简介……291
20.2 Simulink建模实例……292
  20.2.1 Simulink建模方法……292
  20.2.2 锂电池建模的实现……292
20.3 在Simulink中使用MATLAB数据和算法……297
20.4 基于模型设计的思想……298
20.5 小结……299

第五篇 经验篇

第21章 数学建模参赛经验……303
21.1 如何准备数学建模竞赛……303
21.2 数学建模队员应该如何学习MATLAB……304
21.3 如何才能在数学建模竞赛中取得好成绩……306
21.4 数学建模竞赛中的项目管理和时间管理……307
21.5 一种非常实用的数学建模方法：目标建模法……309
21.6 延伸阅读：MATLAB在高校的授权模式……310

第一篇 基础篇

本篇是关于数学建模和 MATLAB 的基础知识,主要包括 MATLAB 在数学建模中的作用、MATLAB 的学习理念、数学模型的分类、MATLAB 数学建模基础以及如何提高 MATLAB 数学建模技能。

本篇包括 2 章,各章要点如下:

章 节	要 点
第 1 章 绪 论	(1) 明确 MATLAB 在数学建模中的重要地位; (2) MATLAB 的学习理念:基于项目(问题)的学习; (3) 如何提高 MATLAB 建模水平、模型的分类以及需要的建模技术
第 2 章 MATLAB 数学建模快速入门	(1) MATLAB 的学习理念; (2) MATLAB 入门操作要点; (3) MATLAB 的开发模式以及相互转换

第 1 章 绪 论

MATLAB 是公认的最优秀的数学模型求解工具,在 CUMCM(中国大学生数学建模竞赛)中超过 95% 的参赛队使用 MATLAB 作为求解工具,在国家奖队伍中,MATLAB 的使用率几乎 100%。虽然比较知名的数学建模软件不只 MATLAB,但为什么 MATLAB 在数学建模中的使用率如此之高?作为资深的数学建模爱好者(从大一到研三每年都参加数学建模比赛,CUMCM 2 次获得国家一等奖,研究生赛 1 次获得国家一等奖),笔者认为,一是因为 MATLAB 的数学函数全,包含人类社会的绝大多数数学知识;二是 MATLAB 足够灵活,可以按照问题的需要,自主开发程序,解决问题,尤其是最近几年,国赛中的题目都很开放,灵活度很大,这种情况使得 MATLAB 的编程灵活的优势越发明显。

在数学建模中,最重要的就是模型的建立和模型的求解,当然两者相辅相成。有过比赛经验的数模客们都有这样一种体会,如果 MATLAB 编程弱,在比赛中,根本不敢放开建模,生怕建立的模型求解不出来。要知道,模型如果求解不出来,在比赛中是致命的,所以要首先避免这种问题。所以如果某个参赛队 MATLAB 编程弱,最直接的问题就是:还敢建模吗?不敢放开思想建模,畏手畏脚,思路无法展开,那么想取得好成绩就很难了。

其实 MATLAB 编程弱,并不是真的弱,因为 MATLAB 本身很简单,不存在壁垒,最大的问题是在心理上弱,没有树立正确的 MATLAB 应用理念,没有成功编程的经历,当然在比赛中就害怕了。这些数模客之所以对 MATLAB 使用没有信心,就是因为他们在学习 MAT-LAB 的时候,一直机械地、被动地学习知识,而没有掌握技巧去搜索知识、运用知识。要知道,MATLAB 的各种知识对个人来说,永远是学不完的,所以如果按照这个方式学习,也就永远不会用 MATLAB 了。但如果掌握正确的 MATLAB 使用方法,只要掌握些小技巧,半小时就可以变成 MATLAB 高手了。高手的区别就只在一点,就是一直有自己的编程思路,需要什么知识就去学习什么知识,然后继续按照自己的思路编程,虽然在过程中,要不断学习,但这样学习最高效,也最容易建立强大的对 MATLAB 的使用信心。

1.1 MATLAB 在数学建模中的地位

图 1-1 是整个数学建模过程所需要的技能矩阵,第二列是模型的求解,包括编程、算法、函数、技巧。如果将整个技能矩阵看成一条蛇,那么求解正是在蛇的 7 寸的位置,正是连接建模与其他板块的枢纽。如果此环节弱,导致不敢放开思路建模,那么模型基础就不好,后面的论文等等就都是浮云了。模型的求解必须重视,而 MATLAB 是模型的最有力的求解工具,所以 MATLAB 的编程水平对数模客来说就尤其重要了。

如果不考虑时间,只要掌握 MATLAB 编程技巧和理念,对于建模中的问题,用 MAT-LAB 总是可以解决的,但还是要考虑效率。为了提高数学建模水平,在模型的求解环节,除了要掌握基本的 MATLAB 编程技巧,还要积累一些常用的算法、函数,这样在实际用到的时候就不用花费太多的时间去消化算法,也不用花太多时间去摸索函数用法,速度自然就提上来了。算法、函数有很多,但在数学建模中常用到的就那些,所以最好还是提前都准备一下。具体的算法、函数的准备在后面会介绍,基础却是MATLAB的编程理念。

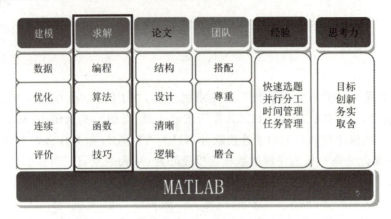

图1-1 数学建模技能矩阵图

1.2 正确且高效的MATLAB编程理念

正确且高效的MATLAB编程理念就是以问题为中心的主动编程。我们传统学习编程的方法是学习变量类型、语法结构、算法以及编程的其他知识,既费劲又没效果,因为学习的时候是没有目标的,也不知道学的知识什么时候能用到,等到能用到的时候,早就忘掉了,又要重新学习。而以问题为中心的主动编程,则是先找到问题的解决步骤,然后在MATLAB中一步一步地去实现。在每一步实现的过程中,根据遇到的问题查询知识(互联网时代查询知识还是很容易的),然后定位成方法,再根据方法,查询到MATLAB中的对应函数,查看函数的用法,回到程序解决问题,然后逐一解决问题。在这个过程中,知识的获取都是为了解决问题的,所以每次学习的目标都是非常明确的,学完之后的应用就会强化对知识的理解和掌握,这样即学即用的学习方式是效率最高,也是最有效的。最重要的是,这种主动的编程方式会让学习者体验到学习的乐趣,有成就感,自然就强化对编程的自信了。这种内心的自信和强大在建模中会发挥意想不到的力量,所谓信念的力量。

1.3 数学建模对MATLAB水平的要求

要想在全国大学生数学建模竞赛中取得好成绩,MATLAB是必备的,应该达到的水平可以参考以下标准:

① 了解MATLAB的基本用法,如常用的命令、如何获取帮助,脚本结构,程序的分节与注释,矩阵的基本操作,快捷绘图方式;

② 熟悉MATLAB的程序结构、编程模式,能自由地创建和引用函数(包括匿名函数);

③ 熟悉常见模型的求解算法和套路,包括连续模型、规划模型、数据建模类的模型;

④ 能够用MATLAB程序将机理建模的过程模拟出来,就是能够建立和求解没有套路的数学模型。

要想达到这些要求,不能马上按照这个标准去按照传统的学习方式一步一步地学习,而要结合第二篇的学习理念制定科学的训练计划。

1.4 如何提高MATLAB建模水平

那么如何制定科学的训练计划,快速有效地提高数模客的MATLAB实战水平呢?既然是实战,就要首先了解数学建模中常见的模型和求解算法,如图1-2所示[1]。

纵观数学建模中的种种问题,可以将这些问题划分为5类,各类也都有常用的方法,只要将这些常用的方法都训练到,那么在实际比赛中,再遇到类似的问题,求解起来就会顺手多了。甚至有些程序框架可以直接使用,关键是平时要积累这些常用方法的MATLAB程序段,一定要自己总结,不能是拿来主义。

数学建模是非常开放的,对于5类问题,只要选定1个题目,然后将这类问题的常用方法都用一遍,既拓展了建模思路,又将所有方法都用MATLAB实现了一遍,所得的程序自然印象深刻,自己的程序库也有了储备。

再看这5类题型,类型2和类型4,方法相对单一,所花的时间不用太多;类型1和类型3是建模竞赛中的主力题型,方法多,所以需要花的时间也就多点;类型5是最近几年出现的新题型,没有固定套路,也不要期望直接套用经典模型了,而要认真、客观地分析问题,从解决问题的角度着手。这类题型,往往机理建模方法比较有效,即从事物内部发展的规律入手,模拟事物的发展过程,在这个过程中建立模型,并用程序去实现。笔者认为,机理建模和求解才是数学建模和编程的最高求解,已经达到心中无模型而胜有模型的境界了。所用的MATLAB编程也是最基本的程序编写技巧,关键是思想。

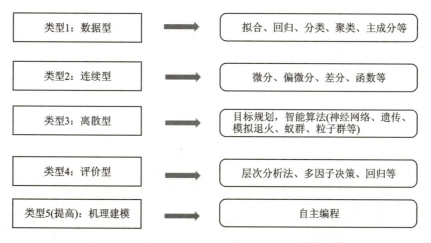

图1-2 数学模型分类以及各类别的建模和求解方法

结合这5类题型和CUMCM中MATLAB应该具有的水平,本书将在后面的各篇中介绍相应的内容:

第一篇:了解MATLAB的基本用法,包括几个常用的命令,如何获取帮助,脚本结构,程序的分节与注释,矩阵的基本操作,快捷绘图方式;熟悉MATLAB的程序结构、编程模式,能自由地创建和引用函数。

第二篇:根据五大类模型对MATLAB的要求,分别介绍MATLAB在数据建模、优化、连续模型、评价、机理建模方面的技术。

第三篇:节选历年 CUMCM 中的优秀赛题和优秀论文,介绍相应问题的建模过程和用 MATLAB 求解的过程,强化实战经验。

第四篇:数学建模技术在实际的科研、生产实践中作用非常大,越来越多的学者已经认识到数学建模比赛,不应该止步于获奖,更应该重视数学建模的实际作用。参赛者应对模型进一步研究,将问题研究得更透,并尝试将模型转化成产品。这不仅能够培养参与者的兴趣,更是切实回归数学建模服务于实际问题的初心。

第五篇:介绍数学建模的参赛经验,提醒参赛者如何选题,安排时间。一个小目标是不熬夜也能取得好成绩,有收获。

1.5 小　结

本章重点是要认识科学计算工具在数学建模中的重要作用,主要的数学建模题型及对应的建模方法,以及 MATLAB 的编程理念。有了这些认识,相当于找到了前进的方向,也会快速建立对数学建模的兴趣和信心,这是尤其重要的。

参考文献

[1] 姜启源,谢金星,叶俊. 数学模型[M]. 4 版. 北京:高等教育出版社,2011.

第 2 章

MATLAB 数学建模快速入门

本章将通过一个实例介绍如何像使用 Word 一样使用 MATLAB，真正将 MATLAB 当作工具来使用。本章的目标是，即使读者从来没有用过 MATLAB，只要看完本章，也可以轻松使用 MATLAB。

2.1 MATLAB 快速入门

2.1.1 MATLAB 概要

MATLAB 是矩阵实验室（Matrix Laboratory）之意。除具备卓越的数值计算能力外，它还提供了专业水平的符号计算、文字处理、可视化建模仿真和实时控制等功能。MATLAB 的基本数据单位是矩阵，它的指令表达式与数学、工程中常用的形式十分相似，故用 MATLAB 来解算问题要比用 C、FORTRAN 等语言完成相同的事情简捷得多。学习 MATLAB，先要从了解 MATLAB 的历史开始，因为 MATLAB 的发展史就是人类社会在科学计算领域快速发展的历史，同时我们也应该了解 MATLAB 的两位缔造者 Cleve Moler 和 John Little 在科学史上所做的贡献[1]。

20 世纪 70 年代后期，身为美国 New Mexico 大学计算机系主任的 Cleve Moler 在给学生讲授线性代数课程时，想教学生使用 EISPACK 和 LINPACK 程序库，但他发现学生用 FORTRAN 编写接口程序很费时间，于是他开始自己动手，利用业余时间为学生编写 EISPACK 和 LINPACK 的接口程序。Cleve Moler 给这个接口程序取名为 MATLAB，是 matrix 和 labotatory 两个英文单词的前三个字母的组合。在以后的数年里，MATLAB 在多所大学里作为教学辅助软件使用，并作为面向大众的免费软件广为流传。1983 年春天，Cleve Moler 到 Standford 大学讲学，MATLAB 深深地吸引了工程师 John Little，John Little 敏锐地觉察到 MATLAB 在工程领域更会前景广阔。同年，他和 Cleve Moler、Steve Bangert 一起用 C 语言开发了第二代专业版。第二代的 MATLAB 语言同时具备了数值计算和数据图示化的功能。1984 年，Cleve Moler 和 John Little 成立了 MathWorks 公司，正式把 MATLAB 推向市场，并继续进行 MATLAB 的研究和开发。

MathWorks 公司顺应多功能需求之潮流，在其卓越数值计算和图示能力的基础上，又率先在专业水平上开拓了其符号计算、文字处理、可视化建模和实时控制能力，开发了适合多学科、多部门要求的新一代科技应用软件 MATLAB。经过多年的国际竞争，MATLAB 已经占据了数值软件市场的主导地位。MATLAB 的出现，为各国科学家开发学科软件提供了新的基础。在 MATLAB 问世不久的 20 世纪 80 年代中期，原先控制领域里的一些软件包纷纷被淘汰或在 MATLAB 上重建。

时至今日，经过 MathWorks 公司的不断完善，MATLAB 已经发展成为适合多学科、多种工作平台的功能强大的大型软件。在国外，MATLAB 已经经受了多年的考验。在欧美等高校,MATLAB已经成为线性代数、自动控制理论、数理统计、数字信号处理、时间序列分析、动态系统仿真等高级课程的基本教学工具,成为攻读学位的大学生、硕士生、博士生必须掌握的基本技能。在设计研究单位和工业部门,MATLAB被广泛用于科学研究和解决各种具体问题。在国内,特别是工程界,MATLAB 一定会盛行起来。可以说,无论你从事工程方面的哪个学科,都能在 MATLAB 里找到合适的功能。

当前流行的 MATLAB 5.3/Simulink 3.0 包括拥有数百个内部函数的主包和 30 几种的工具包(Toolbox)。工具包又可以分为功能工具包和学科工具包。功能工具包用来扩充 MATLAB 的符号计算、可视化建模仿真、文字处理及实时控制等功能。学科工具包是专业性比较强的工具包,控制工具包、信号处理工具包、通信工具包等都属于此类。

开放性使 MATLAB 广受用户欢迎。除内部函数外,所有 MATLAB 主包文件和各种工具包都是可读、可修改的文件,用户可以通过对源程序的修改或加入自己编写的程序构造新的专用工具包。

2.1.2 MATLAB 的功能

MATLAB 软件是一种用于数值计算、可视化及编程的高级语言和交互式环境。使用 MATLAB,可以分析数据、开发算法、创建模型和应用程序。借助其语言、工具和内置数学函数,您可以探求多种方法,实现比电子表格或传统编程语言(如 C/C++或 Java)更快地求取结果。

以 MATLAB 为基础,经过 30 多年的发展,它现已增加了众多的专业工具箱(见图 2-1),所以其应用领域非常广泛,其中包括信号处理和通信、图像和视频处理、控制系统、测试和测量、计算金融学及计算生物学等众多应用领域。在各行业和学术机构中,工程师和科学家使用 MATLAB 这一技术计算语言来提高工作效率。

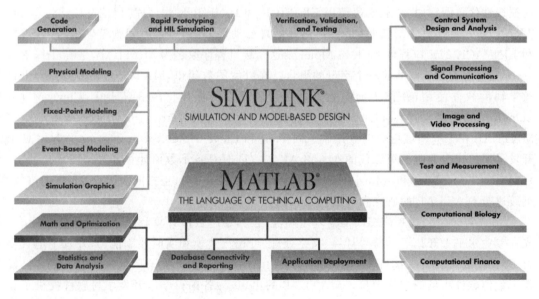

图 2-1 MATLAB 家族产品结构图

2.1.3 快速入门案例

MATLAB虽然也是一款程序开发工具，但依然是工具，所以它可以像其他工具（如Word）一样易用。而传统的学习MATLAB方式一般是从学习MATLAB知识开始，比如MATLAB矩阵操作、绘图、数据类型、程序结构、数值计算等内容。学习这些知识的目的是能够将MATLAB用起来，可是很多人即便学完了，还是不相信自己能独立、自如地使用MATLAB。这是因为在我们学习这些知识的时候，目标是虚无的，不是具体的目标，具体的目标应该是要解决某一问题。

笔者虽然已使用MATLAB多年，但记住的MATLAB命令不超过20个，每次都靠几个常用的命令一步一步地实现各种项目。所以说，想使用MATLAB并不需要那么多知识的积累，只要掌握住MATLAB的几个小技巧就可以了。另外一点需要说明的是，最好的学习方式就是基于项目学习（Project Based Learning，PBL），因为这种学习方式是问题驱动式学习，这让学习的目标更具体，更容易让学习的知识转化成实实在在的成果，也让学习者觉得学的有成就，最重要的是让学习者快速建立自信。越早感受到学习的成就感、快乐感，也就越容易建立对学习对象的兴趣。

MATLAB的使用其实可以很简单，哪怕您从来都没有用过MATLAB，您也可以很快、很自如地使用MATLAB。如果非要问到底需要多长时间才可以MATLAB入门，1个小时就够了！

下面将通过一个小项目带着大家学习如何一步一步用MATLAB解决一个实际问题，并假设我们都是MATLAB的门外汉（还不到"菜鸟"的水平）。

我们要解决的问题是：已知股票的交易数据，即日期、开盘价、最高价、最低价、收盘价、成交量和换手率，试用某种方法来评价这只股票的价值和风险。

这是个开放的问题，但比较好的方法肯定是用定量的方式来评价股票的价值和风险，所以这是个很典型的科学计算问题。通过前面对MATLAB功能的介绍，我们可以确信MATLAB可以帮助我们（选择合适的工具）。

抛开MATLAB，我们看一个典型科学计算问题的处理流程是怎样的。一个典型科学计算的流程如图2-2所示，即获取数据，然后数据探索和建模，最后将结果分享出去。

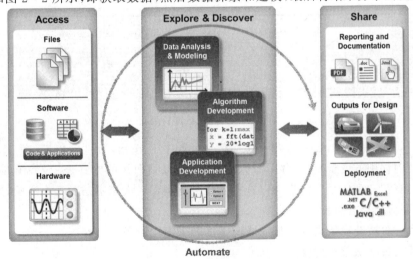

图2-2 典型科学计算流程

现在根据这个流程，看如何用 MATLAB 实现这个项目。

第一阶段：利用 MATLAB 从外部(EXCEL)读取数据。

对于一个门外汉，并不知道如何用命令来操作，但计算机操作经验告诉我们，当不知道如何操作的时候，不妨尝试一下右键。

Step1.1 选中数据文件，右击，将弹出快捷菜单，其中有个“导入数据”项，如图 2-3 所示。

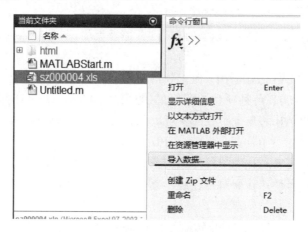

图 2-3 启动导入数据引擎

Step1.2 选择“导入数据”项，则显示图 2-4 所示界面。

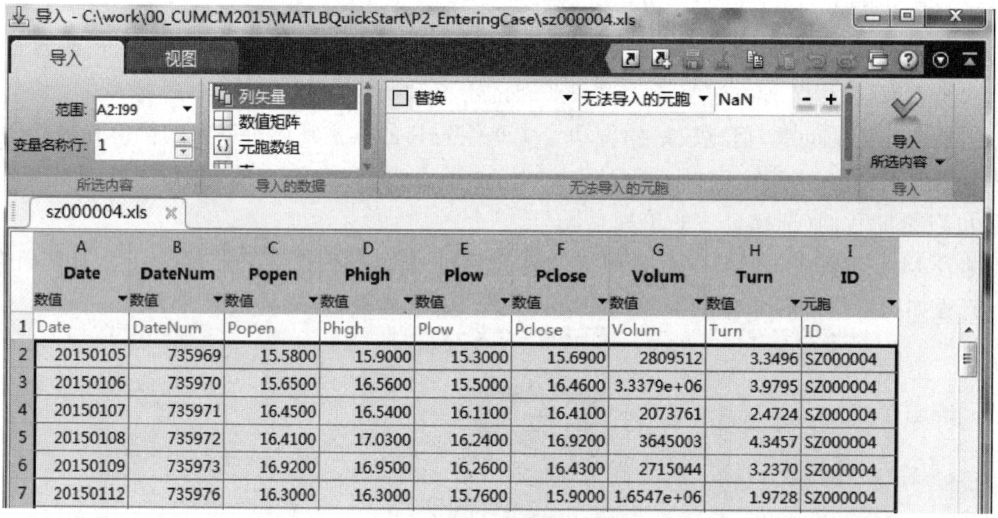

图 2-4 导入数据界面

Step1.3 观察图 2-4，在右上角有个“导入所选内容”按钮，可直接单击，在 MATLAB 的工作区(当前内存中的变量)就会显示导入的数据，并以列向量的方式表示(如图 2-5 所示)。默认的数据类型是“列向量”，但也可以选择其他数据类型。大家不妨做几个实验，观察选择不同的数据类型后结果会有什么不同。

至此，第一阶段获取数据的工作完成。下面转入第二阶段的工作。

第二阶段：数据探索和建模。

现在重新回到问题。对于该问题，我们的目标是希望能够评估股票的价值和风险，但现在

若您对此书内容有任何疑问，可以登录MATLAB中文论坛此书版块与大家交流。

我们还不知道该如何去评估，因为 MATLAB 是工具，不能代替我们决策用何种方法来评估，但是可以辅助我们得到合适的方法，这就是数据探索部分的工作。下面就来尝试如何在 MATLAB 中进行数据的探索和建模。

Step2.1 查看数据的统计信息，了解数据。具体操作方式是双击工作区（顶部蓝色背景区），然后就会得到所有变量的详细统计信息，如图 2－6 所示。

图 2－5　变量在工作区中的显示方式

查看工作区变量的基本统计信息，有助于我们在第一层面快速认识正在研究的数据。只要大体浏览即可，除非这些统计信息对某个问题有更重要的意义。数据的

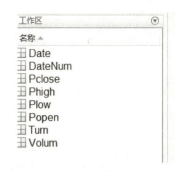

工作区

名称	大小	类	最小值	最大值	均值	方差
Volum	98x1	double	624781	11231861	3.2248...	2.5743...
Turn	98x1	double	0.7449	13.3911	3.8447	3.6592
Popen	98x1	double	15.5800	37	22.3703	31.1909
Plow	98x1	double	15.3000	35.1600	21.8470	27.3291
Phigh	98x1	double	15.9000	38.8000	23.0387	35.9744
Pclose	98x1	double	15.6900	37.3800	22.5668	31.9923
DateNum	98x1	double	735969	736113	7.3604...	1.8899...
Date	98x1	double	201501...	20150529	201503...	2.0278...

图 2－6　变量的统计信息界面

统计信息是认识数据的基础，但不够直观。更直观也更容易发现数据规律的方式是数据可视化，也就是以图的形式呈现数据的信息。下面尝试用 MATLAB 对这些数据进行可视化。

由于变量比较多，所以还有必要对这些变量进行初步的梳理。一般我们关心收盘价随时间的变化趋势，那么我们就初步选定日期（DateNum）和收盘价（Pclose）作为重点研究对象。也就是说，下一步我们要对这两个变量进行可视化。

对于新手，可能还不知道如何绘图，不要紧，新版 MATLAB(R2015a 以后）提供了非常多的绘图功能。例如，在新版 MALTAB 中有个“绘图”面板，里面提供了非常丰富的图形原型，如图 2－7 所示。

此处要注意，只有在工作区选中变量后，“绘图”面板中的这些图标才会激活。一般都直接先选第一个 plot 看一下效果，然后再浏览整个面板。下面进行绘图操作。

Step2.2 在工作区选中变量 DataNum 和 Pclose，在“绘图”面板中单击 plot 图标，立刻得到这两个变量的可视化结果，如图 2－8 所示。

同时还可以在命令窗口区显示绘制此图的命令：

```
>> plot(DateNum,Pclose)
```

由此我们就知道，下次再绘制这样的图直接用 plot 命令就可以了。一般情况下，用这种方式绘制的图往往不能满足我们的要求，比如我们希望更改：

① 曲线的颜色、线宽、形状；

② 坐标轴的线宽、坐标，增加坐标轴描述；

③ 在同一坐标中绘制多条曲线。

此时我们就需要了解更多关于命令 plot 的用法，MATLAB 强大的帮助系统可以帮助我

若您对此书内容有任何疑问，可以登录MATLAB中文论坛此书版块与大家交流。

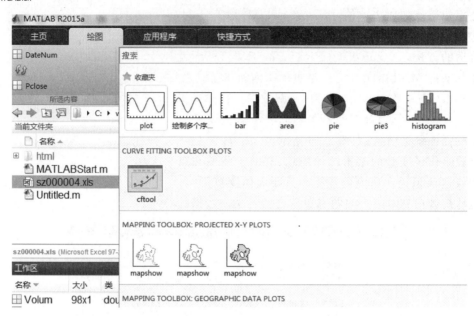

图 2-7 MATLAB"绘图"面板中的图例

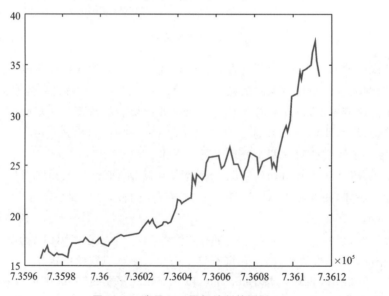

图 2-8 选用 plot 图标绘制的原图

们实现期望的结果。最直接获取帮助的两个命令是 doc 和 help,对于新手,推荐使用 doc,因为 doc 直接打开的是帮助系统中的某个命令的用法说明,不仅全,而且有应用实例(如图 2-9 所示),"照猫画虎",直接参考实例,将实例快速转化成自己需要的代码。

当然也可以在绘图面板上选择其他图标,然后与 plot 绘制的图进行对比,看哪种绘图形式更适合数据的可视化和理解。一般,我们在对数据进行初步认识之后,都能够在脑海中勾绘出比较理想的数据呈现形式,这时快速浏览一下绘图面板中的可用图标,即可选定中意的绘图形式。对于案例中的问题,还是觉得中规中矩的曲线图更容易描绘出收盘价随时间的变化趋势,所以在这个案例中,还是选择 plot 来对数据进行可视化。

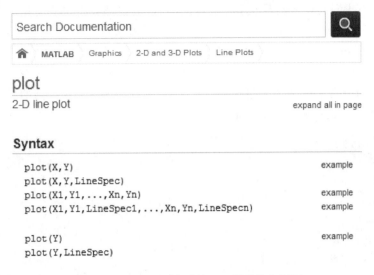

图 2-9 通过 doc 启动的 plot 帮助信息界面

接下来要考虑的是如何评估股票的价值和风险。

从图 2-8 中可以大致看出,对于一只好的股票,这样的走势,我们希望股票的增幅越大越好,体现在数学上,就是曲线的斜率越大越好。对于风险,同样的走势,则用最大回撤来描述它的风险更合适。

经过以上分析,接下来我们要计算的是曲线的斜率和该股票的最大回撤。首先是如何计算曲线的斜率。这个问题比较简单,从数据的可视化结果来看,数据近似呈线性,所以用多项式拟合的方法来拟合该组数据的方程,就可以得到斜率。

如何拟合?对于一个新手,并不清楚用什么命令。此时就可以用 MATLAB 自带的强大的帮助系统了。在 MATLAB 主面板(靠近右侧)单击"帮助",就可以打开帮助系统,在搜索框中搜索多项式拟合的关键词"polyfit",马上就可以列出与该关键词相关的帮助信息,并且正好有个命令就是 polyfit,果断单击该命令,进入该命令的用法界面,了解该命令的用法后就可以直接用了。也可以直接找中意的案例,直接将案例中的代码复制过去,修改数据和参数就可以了。

Step2.3 使用多项式拟合命令,并计算股票的价值,具体代码如下:

```
>> p = polyfit(DateNum,Pclose,1);  % 多项式拟合
>> value = p(1)  % 将斜率赋值给 value,作为股票的价值
value =
    0.1212
```

Step2.4 用 help 查询的方法可以很快得到计算最大回撤的代码:

```
>> MaxDD = maxdrawdown(Pclose);  % 计算最大回撤
>> risk = MaxDD  % 将最大回撤赋值给 risk,作为股票的风险
risk =
    0.1155
```

到此处,我们已经找到了评估股票价值和风险的方法,并能用 MATLAB 来实现了。但是,我们都是在命令行中实现的,并不能很方便地修改代码。而 MATLAB 中最经典的一种用法就是脚本,因为脚本不仅能够完整地呈现整个问题的解决方法,而且便于维护、完善、执行,

优点很多,所以当我们的探索和开发工作比较成熟后,通常都会将这些有用的程序进行归纳、整理,形成脚本。下面介绍如何快速开发解决该问题的脚本。

Step2.5 像 Step1.1 一样,重新选中数据文件并右击,在快捷菜单中选择"导入数据"项,待启动导入数据引擎后,选择"生成脚本",然后就会得到导入数据的脚本,并保存该脚本。

Step2.6 从命令历史中选择一些有用的命令,并复制到 Step2.5 得到的脚本中,这样就很容易得到解决该问题的完整脚本了,如下所示:

```matlab
%% MATLAB 入门案例
%% 导入数据
clc, clear, close all
% 导入数据
[~, ~, raw] = xlsread('sz000004.xls','Sheet1','A2:H99');

% 创建输出变量
data = reshape([raw{:}],size(raw));

% 将导入的数组分配给列变量名称
Date = data(:,1);
DateNum = data(:,2);
Popen = data(:,3);
Phigh = data(:,4);
Plow = data(:,5);
Pclose = data(:,6);
Volum = data(:,7);
Turn = data(:,8);
% 清除临时变量
clearvars data raw;

%% 数据探索
figure % 创建一个新的图像窗口
plot(DateNum,Pclose,'k')        % 将图的颜色设置为黑色(打印后不失真)
datetick('x','mm')              % 更改日期显示类型
xlabel('日期');                  % x 轴说明
ylabel('收盘价');                % y 轴说明
figure
bar(Pclose)                     % 作为对照图形

%% 股票价值的评估
p = polyfit(DateNum,Pclose,1);  % 多项式拟合
% 分号作用为不在命令窗口显示执行结果
P1 = polyval(p,DateNum);        % 得到多项式模型的结果
figure
plot(DateNum,P1,DateNum,Pclose,'*g');  % 模型与原始数据的对照
value = p(1)                    % 将斜率赋值给 value,作为股票的价值

%% 股票风险的评估
MaxDD = maxdrawdown(Pclose);    % 计算最大回撤
risk = MaxDD                    % 将最大回撤赋值给 risk,作为股票的风险
```

到此处,第二阶段的数据探索和建模工作就完成了。

第三阶段:发布。

当项目的主要工作完成之后,就进入了项目的发布阶段,换句话说,就是将项目的成果展示出来。

通常,展示项目的形式有以下几种:
① 能够独立运行的程序,比如在第二阶段得到的脚本;
② 报告或论文;
③ 软件和应用。

第①种形式在第二阶段已完成,第③种形式更适合大中型项目,用MATLAB开发应用也比较高效。这里重点关注第②种形式,因为这是比较常用也比较实用的项目展示形式。继续上面的案例,介绍如何通过MATLAB的publish功能快速发布报告。

Step3.1 在脚本编辑器的"发布"面板,从"发布"按钮(最右侧)的下拉菜单中,选择"编辑发布"选项,这样就打开了发布的"编辑配置"界面,如图2-10所示。

图2-10 "编辑配置"界面

Step3.2 根据需要,选择合适的"输出文件格式",默认为html(但比较常用的是Word格式,因为Word格式便于编辑,尤其是对于写报告或论文)。然后单击"发布"按钮,就可以运行程序了,之后会得到一份详细的运行报告,包括目录、实现过程、主要结果和图,当然也可以配置其他选项来控制是否显示代码等内容。

至此,整个项目就算完成了。在这个过程中,我们不需要记住多少个MATLAB命令,只用到了少数几个命令,MATLAB就帮我们完成了想做的事情。通过这个项目,我们可以有这样的基本认识,一是MATLAB的使用真的很简单,就像一般的办公软件工具那样好用;二是做项目过程中,思路的核心,只是用MATLAB快速实现我们想做的事情。

2.1.4 入门后的提高

快速入门是为了让我们快速建立对MATLAB的使用信心,有了信心后,提高就是自然而然的事情了。为了帮助读者能够更自如地应用MATLAB,下面介绍入门后提高MATLAB使用水平的几点建议:

一是要了解MATLAB最常用的操作技巧和最常用的知识点,基本上是每个项目中都会用到的最基本的技巧。

二是要了解 MATLAB 的开发模式,这样无论项目多复杂,都能灵活面对。

三是基于项目学习,积累经验和知识。

根据以上三点,大家就可以逐渐变成 MATLAB 高手了,至少可以很自信地使用 MATLAB。

2.2 MATLAB 常用技巧

2.2.1 常用标点的功能

标点符号在 MATLAB 中的地位极其重要,为确保指令正确执行,标点符号一定要在英文状态下输入。常用标点符号的功能如下:

逗号(,) 用作要显示计算结果的指令与其后面的指令之间的分隔;用作输入量与输入量之间的分隔;用作数组元素的分隔。

分号(;) 用作不显示计算结果指令的结尾标志;用作不显示计算结果的指令与其后面的指令之间的分隔;用作数组行间的分隔。

冒号(:) 用以生成一维数值数组;用作单下标援引时,表示全部元素构成的长列;用作多下标援引时,表示对应维度上的全部元素。

注释号(%) 由它起头的所有物理行被视为非执行的注释。

单引号(' ') 字符串标记符。

圆括号() 在数组援引时用;函数指令时表示输入变量。

方括号[ ] 输入数组时用;函数指令时表示输出变量。

花括号{ } 元胞数组标记符。

续行号(...) 由三个以上连续黑点构成。可视为其下的物理行是该行的逻辑继续,以构成一个较长的完整指令。

2.2.2 常用操作指令

在 MATLAB 指令窗口中,常见的通用操作指令主要有:

clc 清除指令窗口中显示的内容。

clear 清除 MATLAB 工作空间中保存的变量。

close all 关闭所有打开的图形窗口。

clf 清除图形窗的内容。

edit 打开 m 文件编辑器。

disp 显示变量的内容。

2.2.3 指令编辑操作键

↑ 前寻调回已输入过的指定行。

↓ 后寻调回已输入过的指定行。

Tab 补全命令。

2.2.4 MATLAB 数据类型

MATLAB 中绝大多数情况下所用的数据都是以数组形式使用。根据数据的类型,数组分成如图 2-11 所示的几种形式。其中的逻辑(logical)、字符(char)、数值(numeric)、结构体(structure),跟常用的编程语言相似,但元胞(cell)数组和表(table)类型的数据是 MATLAB 中比较有特色的数据类型,可以重点关注。

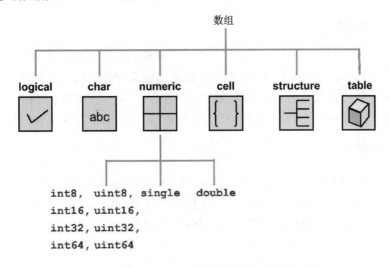

图 2-11　MATLAB 中常用的变量类型

元胞数组是 MATLAB 中的一种特殊数据类型,可以将元胞数组视为一种无所不包的通用矩阵,或者叫做广义矩阵。组成元胞数组的元素可以是任何一种数据类型的常数或者常量,每一个元素也可以具有不同的尺寸和内存占用空间,每一个元素的内容也可以完全不同,所以元胞数组的元素叫做元胞(cell)。和一般的数值矩阵一样,元胞数组的内存空间也是动态分配的。

"表"是从 MATLAB 2014a 开始出现的数据类型,在支持数据类型方面与元胞数组相似,能够包含所有的数据类型。但"表"在展示数据及操作数据方面更具有优势,"表"相当于一个小型数据库。在展示数据方面,它就像 EXCEL 表格那样容易展示数据;而在数据操作方面,表类型的数据常见于数据库操作,比如插入、查询、修改数据。

认识这两种数据类型比较直观的方式就是做"实验",在导入数据引擎中选择"元胞数组"或"表",然后查看两种方式导入的结果,如图 2-12 所示。

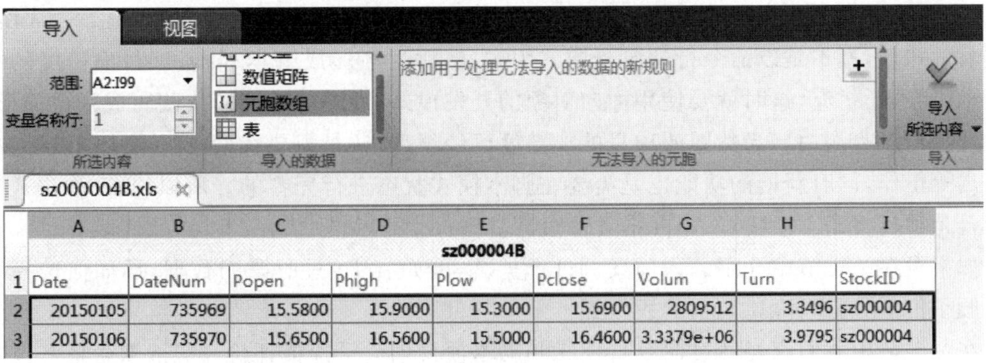

图 2-12　选择"元胞数组"后显示的导入结果

2.3 MATLAB开发模式

2.3.1 命令行模式

命令行模式即在命令行窗口区进行交互式的开发模式。命令行模式非常灵活，并且能够很快给出结果。所以命令的模式特别适合单个的小型科学计算问题的求解，比如解方程、拟合曲线等操作；也比较适合项目的探索分析、建模等工作，比如在入门案例中介绍的数据绘图、拟合，求最大回撤。命令行模式的缺点是不便于重复执行，也不便于自动化执行科学计算任务。

2.3.2 脚本模式

脚本模式是MATLAB最常见的开发模式，当MATLAB入门之后，我们的很多工作都是通过脚本模式进行的。我们在入门案例中产生的脚本就是在脚本模式产生的开发结果。在该模式，我们可以很方便地进行代码的修改，也可以继续更复杂的任务。脚本模式的优点是便于重复执行计算，并可以将整个计算过程保存在脚本中，移植性比较好，同时也非常灵活。

2.3.3 面向对象模式

面向对象编程是一种正式的编程方法，它将数据和相关操作（方法）合并到逻辑结构（对象）中。该方法具有可提升管理软件复杂性的能力，在开发和维护大型应用与数据结构时尤为重要。

MATLAB语言的面向对象编程功能使您能够以比其他语言（例如C++、C#和Java）更快的速度开发复杂的技术运算应用程序。您能够在MATLAB中定义类并应用面向对象的标准设计模式，可实现代码重用、继承、封装以及参考行为，无需费力执行其他语言所要求的那些低级整理工作。

MATLAB面向对象开发模式更适合稍微复杂一些的项目，更直接地说，就是更有效地组织程序的功能模块，便于项目的管理、重复使用，同时使得项目更简洁，更容易维护。

2.3.4 三种模式的配合

MATLAB的三种开发模式并不是孤立的，而是相互配合、不断提升的，如图2-13所示。在项目的初期，基本是以命令行的脚本模式为主，然后逐渐形成脚本；随着项目成熟度的不断提升，功能不断扩充，这时就要使用面向对象的开发模式，逐渐将功能模块改写成函数的形式，加强程序的重复调用。当然即便项目的成熟度已经很高，还是需要在命令行模式测试函数、测试输出等工作，同时新增的功能也是需要在脚本模式状态进行完善的。所以说，三种模式的有效配合是项目代码不断精炼、不断提升的过程。

如果对在2.1节中介绍的入门案例进行扩展，例如有10只股票的数据，那如何选择一只投资股票价值大且风险比较小的股票呢？

在2.1节中我们已经通过命令行模式和脚本模式创建了选择评价一只股票价值和风险的脚本，我们用该脚本如果重复执行10次再进行筛选，也能完成任务，但是当股票数达到上千只后，用这种方式就比较困难了，我们还是希望程序能够自动完成筛选过程。于是此时就可以采用面向对象的编程模式，将需要重复使用的脚本抽象成函数，就可以更容易完成该项目了。

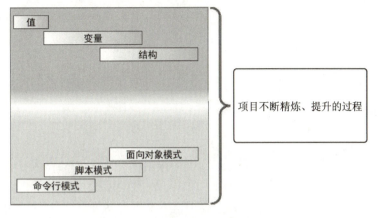

图 2-13 MATLAB 三种编程模式的配合

2.4 小结

通过一个简单的例子让读者了解如何把 MATLAB 当作工具去使用,实现了 MATLAB 的快速入门。这与传统的学编程基础有很大不同,这里倡导的一个理念是"在应用中学习"。除此之外,通过一个引例介绍了 MATLAB 最实用、也最常用的几个操作技巧,读者灵活使用这几个技巧,就能够解决各种科学计算问题。为了拓展 MATLAB 的知识面,本章还介绍了 MATLAB 中常用的知识点和操作技巧,如数据类型、常用的操作指令等。

参考文献

[1] 周英,卓金武,卞月青. 大数据挖掘:系统方法与实例分析[M]. 北京:机械工业出版社,2016.

第二篇 技术篇

第二篇(技术篇)是技术的主体部分,系统介绍了 MATLAB 建模的主流技术,这个部分又按照数学建模的类型分为五个方面:

(1)第 3~6 章主要讲数据建模技术,包括数据的准备、常用的数学建模方法、机器学习、灰色预测、神经网络以及小波分析。

(2)第 7~9 章主要介绍优化技术,包括标准规划模型的求解、MAT-LAB 全局优化技术。由于蚁群算法也是比较经典的全局优化算法,但不包含在全局优化工具箱中,所以单独介绍了这个算法。

(3)第 10 章介绍了连续模型的 MATLAB 求解方法。

(4)第 11 章介绍的是评价模型的求解方法。

(5)第 12 章介绍的是机理建模的 MATLAB 实现方法。

第 3 章 数据的准备

数据的准备是数据建模的基础,本章对数据准备过程中的三个环节(数据的获取、数据的分析和数据的预处理)进行了介绍。

3.1 数据的获取

3.1.1 从 EXCEL 中读取数据

下面介绍 MATLAB 与 EXCEL 交互经常用到的两个数据读写函数。首先是从 EXCEL 读出数据到 MATLAB 中,例如:

```
>> a = xlsread('D:\CO2.xlsx',2,'A1:B5')
a =
  1.0e+003 *
    1.9600    0.3169
    1.9610    0.3176
    1.9620    0.3185
    1.9630    0.3190
    1.9640    0.3196
```

其中,xlsread 命令具有实现在 MATLAB 中读入 EXCEL 数据(其他字符亦可)的功能;'D:\CO2.xlsx' 表示读入的 EXCEL 数据所在的路径以及 EXCEL 的文件名称;2 表示位于 sheet2;'A1:B5' 表示需要读入的数据范围。

```
>> xlswrite('D:\CO2.xlsx',a,3,'B1:C5')
```

理解了 xlsread 函数,xlswrite 函数就不难理解了:它能够实现从 MATLAB 中往 EXCEL 写入数据的功能。'D:\CO2.xlsx' 表示写入 EXCEL 工作簿所在的位置,如果指定位置不存在指定的 EXCEL 文件,则 MATLAB 会自动创建工作簿;a 表示待写入的数据;3 表示 sheet3;最后的 'B1:C5' 表示写入 EXCEL 中的具体位置。注意,不要在 MATLAB 读写操作的时候打开 EXCEL 工作簿,这样有可能使程序终止运行。xlsread 函数和 xlswrite 函数非常实用,比如在数学建模中经常会用到大量数据,如果这些数据全部贴在程序中,显得不美观也影响可读性,而放在 EXCEL 工作簿中存储是一个极好的方法,然后用 xlsread 命令读取;xlswrite 函数的用途也非常广泛,例如作者曾用 MATLAB 开发了大型机器人爬虫技术,然后把爬虫程序部署在商业服务器上运行。由于目前 EXCEL 存储能力很强,且设置了定时运行,所以每次"爬下"的 100 多万数据都可以很方便地自动写入 EXCEL 之中。

3.1.2 从 TXT 中读取数据

从 TXT 中读取数据可以使用 load 函数。其调用格式为:

```
load('* * *.txt')
```

例如,利用 load 函数完成一个存储过程。

```
>> a = linspace(1,30,8);
>> save d:\exper.txt a -ascii;
>> b = load('d:\exper.txt')
b =
  1.0000    5.1429    9.2857   13.4286   17.5714   21.7143   25.8571   30.0000
```

程序功能解释　save d:\exper.txt a -ascii 用来把变量 a 以 ASCII 码的形式存储在 D 盘的 exper.txt 文件中,如果不存在名为 exper.txt 的文本文件,MATLAB 将自动创建 exper.txt 文件。如果 TXT 文件中存储了不同类型的字符或者数据,分类读取数据就需要使用 textread 函数了。textread 读取信息的好处是,可以做到控制输出更精准,以及不需要使用 fopen 命令打开文件就可以直接读取 TXT 里的内容。其用法为:

```
[A,B,C,…] = textread('filename','format',N,'headerlines',M)
```

其中,filename 表示需要读取的 TXT 文件名称;format 表示所读取变量的字段格式;N 表示读取的次数,每次读取一行;headerlines 表示从第 $M+1$ 行开始读取。

例如,读取表 3-1 中的数据,则调用格式为:

```
>> [name,type,x,y,answer] = textread('D:\t.txt','%s Type %d %f %n %s',2,...
                                     'headerlines',1)
```

表 3-1　数　据

names	types	x	y	answer
Bill	Type1	5.4	89	Yes
Mark	Type4	2.589	20	Yes
Jimmy	Type3	0.51	16	No
Lucy	Type2	2.1	70	Uncertain

说明,t.txt 文本中不包含表头信息,则程序输出结果为:

```
name =
    'Mark'
    'Jimmy'
type =
    4
    3
x =
    2.5890
    0.5100
y =
    20
    16
answer =
    'Yes'
    'No'
```

实际上，MATLAB 可以读取多种扩展名的文本文件，例如读取 M 文件汉字字符信息。汉字字符在一些相对较低的 MATLAB 版本中是无法读取的，因为读取会发生乱码，但如果采用其他的方式读取，就可以避免这个问题。

```
% 用函数 fopen 打开文件,r 表示只读形式打开,w 表示写入形式打开,a 表示在文件末尾添加内容
% 注意:这里读取的不是 TXT 文件,而是 MATLAB 自带的 M 文件
>> fid = fopen('D:\CRM4.m','r');
% 以字符形式读取整个文本
>> var = fread(fid,'*char');
% 将中文字段转换为相应的 2 字节的代码,否则输出有可能会乱码
>> var = native2unicode(var)'
% 输出结果
var =
INSERT INTO temp1(买家会员名、收货人姓名、订单创建时间、当日购买总金额、当日购买商品总数量、
        当日购买商品种类)
SELECT 买家会员名,收货人姓名,LEFT(订单创建时间,10) 订单创建时间,SUM(总金额) 当日购买总金
    额,SUM(商品总数量) 当日购买商品总数量,SUM(商品种类) 当日购买商品种类
from fcorderbefore
where 订单状态 <> "交易关闭"
and 订单状态 <> "等待买家付款"
and 商品标题 not like "% 专拍 %"
and 商品标题 not like "% 补邮 %"
and 商品标题 not like "% 邮费 %"
and 买家实际支付金额/商品总数量> 2
GROUP BY 买家会员名,收货人姓名,LEFT(订单创建时间,10);
% 关闭刚才打开的文件
>> fclose(fid);
```

如果在数学建模过程中遇到海量数据（通常量级＞1000 万条），我们就需要借助 MATLAB 与数据库系统的对接了。当然，目前实际建模碰到的问题还不足以启动 MATLAB 与数据库系统（如 MYSQL）的接口。不过，未来数学建模增加"大数据"处理的能力可能也是趋势之一。

这里只介绍常用的 fprintf 函数，该函数能把 MATLAB 里的信息写入到 TXT 中，使用起来非常方便，尤其是控制写入的精度。举例来说，%6.2f 表示写入 TXT 的数据是浮点型的，输出的宽度是 6，精确到小数点 2 位。我们在 MATLAB 命令窗口输入以下命令：

```
>> file_h = fopen('D:\math114.txt','w');
>> fprintf(file_h, '%6.2f %12.8f', 3.14, 2.718);
>> fprintf(file_h, '\n %6f %12f', 3.14, -2.718);
>> fprintf(file_h, '\n %.2f %.8f', 3.14, -2.718);
>> fclose(file_h);
```

与 EXCEL 类似，如果在指定的硬盘位置找不到指定文件，则 MATLAB 会自动创建名为 math114.txt 的记事本。程序输出的结果为：

```
  3.14        2.71800000
  3.140000   -2.718000
  3.14       -2.71800000
```

由于能否正确换行跟 Windows 系统版本有很大关系，如果上述指令不能正确地换行，则需要把换行字符"\n"更改成"\r\n"方可达到预期效果：

```
>> file_h = fopen('D:\math114.txt','w');
>> fprintf(file_h,'%6.2f %12.8f',3.14,2.718);
>> fprintf(file_h,'\r\n %6f %12f',3.14,-2.718);
>> fprintf(file_h,'\r\n %.2f %.8f',3.14,-2.718);
>> fclose(file_h);
```

3.1.3 读取图片

图像数据也是数学建模中常见的数据形式,比如2013年碎纸机切割问题的数据就是图片形式的。MATLAB中读取图片的常用函数为imread,其用法为:

```
A = imread(filename)
A = imread(filename,fmt)
A = imread(___,idx)
A = imread(___,Name,Value)
[A,map] = imread(___)
[A,map,transparency] = imread(___)
```

其中,A为返回的数组,用于存放图像中的像素矩阵。2013年的碎纸机切割问题,可以用下面的代码实现对题目中数据的获取。

```
%% 读取图片
clc, clear, close all
a1 = imread('000.bmp');
[m,n] = size(a1);
%% 批量读取图片
dirname = 'ImageChips';
files = dir(fullfile(dirname,'*.bmp'));
a = zeros(m,n,19);
pic = [];
for ii = 1:length(files)
    filename = fullfile(dirname, files(ii).name);
    a(:,:,ii) = imread(filename);
    pic = [pic,a(:,:,ii)];
end
double(pic);
figure
imshow(pic,[])
```

运行该段脚本,会得到一幅图。这幅图是按照顺序拼接而成的,文字的拼接序列显然不正确,而原题所要解决的问题就是通过建模提高拼接的正确率;但实现图像的读入并能将图像拼接起来,显然是求解这个问题的技术基础。

3.1.4 读取视频

在MATLAB中,使用计算机视觉工具箱中的VideoFileReader来读取视频数据,包括mp4、avi等格式的视频文件。比如,可以用如下代码实现对一个示例视频的读取,并选取其中的某帧图像进行图像层面的分析。

```
%% 读取视频数据
videoFReader = vision.VideoFileReader('vippedtracking.mp4');
% 播放视频文件
```

```
videoPlayer = vision.VideoPlayer;
while ~isDone(videoFReader)
    videoFrame = step(videoFReader);
    step(videoPlayer, videoFrame);
end
release(videoPlayer);
%% 设置播放方式
% 重置播放器
reset(videoFReader)
% 增加播放器的尺寸
r = groot;
scrPos = r.ScreenSize;
%  Size/position is always a 4-element vector: [x0 y0 dx dy]
dx = scrPos(3); dy = scrPos(4);
videoPlayer = vision.VideoPlayer('Position',[dx/8, dy/8, dx*(3/4), dy*(3/4)]);
while ~isDone(videoFReader)
    videoFrame = step(videoFReader);
    step(videoPlayer, videoFrame);
end
release(videoPlayer);
reset(videoFReader)
%% 获取视频中的图像
videoFrame = step(videoFReader);
n = 0;
while n~=15
    videoFrame = step(videoFReader);
    n = n+1;
end
figure, imshow(videoFrame)
release(videoPlayer);
release(videoFReader)
```

MATLAB 读到的图片如图 3-1 所示。

图 3-1　MATLAB 读到的图片

3.2　数据的预处理

数学建模中的数据基本都来自生产、生活、商业中的实际数据，在现实世界中，由于各种原因导致数据总是有这样或那样的问题。现实就是这么残酷，我们采集到的数据往往存在缺失某些重要数据、不正确或含有噪声、不一致等问题,也就是说,数据质量的三个要素(准确性、完整性和一致性)都很差。不正确、不完整和不一致的数据是现实世界的大型数据库和数据仓库的共同特点。导致不正确的数据(即具有不正确的属性值)可能有多种原因:收集数据的设备可能出故障;输入错误数据;当用户不希望提交个人信息时,可能故意向强制输入字段输入不正确的值(例如,为生日选择默认值"1月1日"),这称为被掩盖的缺失数据。错误也可能在数据传输中出现,这些可能是由于技术的限制。不正确的数据也可能是由命名约定或所用的数据代码不一致,或输入字段(如日期)的格式不一致而导致的[1]。

影响数据质量的另外两个因素是可信性和可解释性。可信性(believability)反映有多少数据是用户信赖的,而可解释性(interpretability)反映数据是否容易理解。假设在某一时刻数据库有一些错误,之后都被更正,然而,错误已经给投资部门造成了问题,因此他们不再相信该数据。数据还使用了许多编码方式,即使该数据库现在是正确的、完整的、一致的、及时的,但是由于很差的可信性和可解释性,这时数据质量仍然可能被认为很低。

总之,现实世界的数据质量很难让人总是满意的,一般是很差的,原因也是很多的。但我们并不需要过多关注数据质量差的原因,只需关注如何让数据质量更好,也就是说,如何对数据进行预处理,以提高数据质量,满足数据建模的需要。

3.2.1 缺失值处理

对于缺失值的处理,不同的情况处理方法也不同,总的说来,缺失值处理可概括为删除法和插补法(或称填充法)两类方法。

1. 删除法

删除法是对缺失值进行处理的最原始方法,它将存在缺失值的记录删除。如果数据缺失可以通过简单删除小部分样本来达到目标,那么这个方法是最有效的。由于删除了非缺失信息,所以损失了样本量,进而削弱了统计功效。当样本量很大而缺失值所占比例较少(<5%)时就可以考虑使用此方法。

2. 插补法

它的思想来源是以最可能的值来插补缺失值,比全部删除不完全样本所产生的信息丢失要少。在数据建模中,面对的通常是大型的数据库,它的属性有几十个甚至几百个,因为一个属性值的缺失而放弃大量的其他属性值,这种删除是对信息的极大浪费,所以产生了以可能值对缺失值进行插补的思想与方法。常用的有如下3种方法:

① 均值插补。根据数据的属性,可将数据分为定距型和非定距型。如果缺失值是定距型的,就以该属性存在值的平均值来插补缺失的值;如果缺失值是非定距型的,就根据统计学中的众数原理,用该属性的众数(即出现频率最高的值)来补齐缺失的值;如果数据符合较规范的分布规律,则还可以用中值插补。

② 回归插补,即利用线性或非线性回归技术得到的数据来对某个变量的缺失数据进行插补。图3-2给出了回归插补、均值插补、中值插补等几种插补方法的示意图。从图中可以看出,采用不同的插补法,插补的数据略有不同,还需要根据数据的规律选择相应的插补方法。

③ 极大似然估计(Max Likelihood,ML)。在缺失类型为随机缺失的条件下,假设模型对于完整的样本是正确的,那么通过观测数据的边际分布可以对未知参数进行极大似然估计。这种方法也被称为忽略缺失值的极大似然估计。对于极大似然的参数估计,实际中常采用的计算方法是期望值最大化(Expectation Maximization,EM)。该方法比删除个案和单值插补

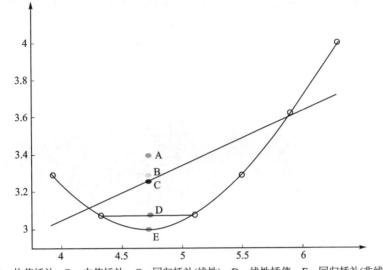

A—均值插补; B—中值插补; C—回归插补(线性); D—线性插值; E—回归插补(非线性)

图 3-2 几种常用的插补法缺失值处理方式示意图

更有吸引力,它的一个重要前提是适用于大样本。有效样本的数量足够以保证 ML 估计值是渐近无偏的并服从正态分布。

需要注意的是,在某些情况下,缺失值并不意味着数据有错误。例如,在申请信用卡时,可能要求申请人提供驾驶执照号,而没有驾驶执照的申请者可能不填写该字段。表格应当允许填表人使用诸如"不适用"等值。理想情况下,每个属性都应当有一个或多个关于空值条件的规则。这些规则可以说明是否允许空值,并且说明这样的空值应当如何处理或转换。如果在业务处理的稍后步骤提供值,某些字段也可能故意留下空白。因此,尽管在得到数据后,我们可以尽我们所能来清理数据,但好的数据库和数据输入设计将有助于在第一现场把缺失值或错误的数量降至最低。

3.2.2 噪声过滤

噪声(noise)即是数据中存在的数据随机误差。噪声数据的存在是正常的,但会影响变量真值的反映,所以有时也需要对这些噪声数据进行过滤。目前,常用的噪声过滤方法有回归法、均值平滑法、离群点分析法及小波过滤法。

1. 回归法

回归法是用一个函数拟合数据来光滑数据。线性回归可以得到两个属性(或变量)的"最佳"直线,使得一个属性可以用来预测另一个。多元线性回归是线性回归的扩充,其中涉及的属性多于两个。如图 3-3 所示,使用的是回归法去除数据中的噪声,使用回归后的函数值代替原始的数据,从而避免噪声数据的干扰。回归法首先依赖于对数据趋势的判断,即符合线性趋势的,才能用回归法;所以往往需要先对数据进行可视化,判断数据的趋势及规律,然后再确定是否可以用回归法进行去噪。

2. 均值平滑法

均值平滑法是指对于具有序列特征的变量用邻近的若干数据的均值来替换原始数据的方法。如图 3-4 所示,对于具有正弦时序特征的数据,利用均值平滑法对其噪声进行过滤。从图中可以看出,去噪效果还是很显著的。均值平滑法类似于股票中的移动均线,如 5 日均线、20 日均线。

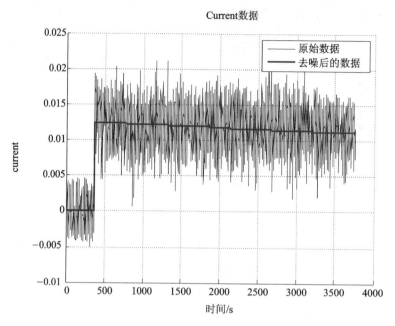

图 3-3　回归法去噪示意图

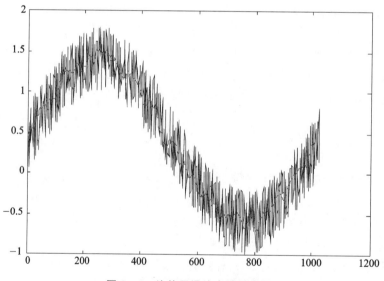

图 3-4　均值平滑法去噪示意图

3. 离群点分析法

离群点分析法是通过聚类等方法来检测离群点,并将其删除,从而实现去噪的方法。直观上,落在簇集合之外的值被视为离群点。

4. 小波过滤法(又称小波去噪)

在数学上,小波去噪问题的本质是一个函数逼近问题,即如何在由小波母函数伸缩和平移所展成的函数空间中,根据提出的衡量准则,寻找对原信号的最佳逼近,以完成原信号和噪声信号的区分;也就是寻找从实际信号空间到小波函数空间的最佳映射,以便得到原信号的最佳恢复。从信号学的角度看,小波去噪是一个信号滤波的问题,尽管在很大程度上小波去噪可以看成是低通滤波,但是由于在去噪后还能成功地保留信号特征,所以在这一点上又优于传统的低通滤波器。由此可见,小波去噪实际上是特征提取和低通滤波功能的综合。图3-5为用小波技术对数据进行去噪的效果图。

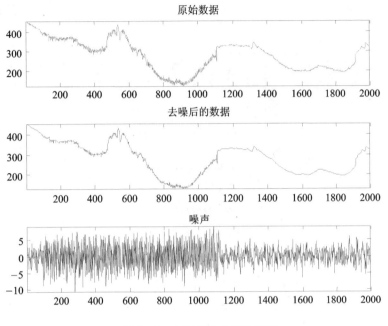

图3-5 小波去噪效果示意图

3.2.3 数据集成

数据集成就是将若干个分散的数据源中的数据,逻辑地或物理地集成到一个统一的数据集合中。数据集成的核心任务是要将互相关联的分布式异构数据源集成到一起,使用户能够以更透明的方式访问这些数据源。集成是指维护数据源整体上的数据一致性,提高信息共享利用的效率;透明的方式是指用户无需关心如何实现对异构数据源数据的访问,只关心以何种方式访问何种数据即可。实现数据集成的系统称为数据集成系统,它为用户提供统一的数据源访问接口,执行用户对数据源的访问请求。

数据集成的数据源广义上包括各类 XML 文档、HTML 文档、电子邮件、普通文件等结构化、半结构化信息。数据集成是信息系统集成的基础和关键。好的数据集成系统要保证用户以低代价、高效率使用异构的数据。

常用的数据集成方法,主要有联邦数据库、中间件集成方法和数据仓库方法,但这些方法都倾向于数据库系统构建的方法。从数据建模的角度,我们更倾向于如何直接获得某个数据建模项目需要的数据,而不是在 IT 系统的构建上。当然数据库系统集成度越高,数据建模的执行也就越方便。在实际中,更多的情况下,由于时间、周期等问题的制约,数据建模的实施往往只利用现有可用的数据库系统;也就是说,更多的情况下,只考虑某个数据建模项目如何实施。从这个角度上讲,对某个数据建模项目,更多的数据集成主要是指数据的融合,即数据表的集成。对于数据表的集成,主要有内接和外接两种方式,如图3-6所示。究竟如何拼接,则要具体问题具体分析了。

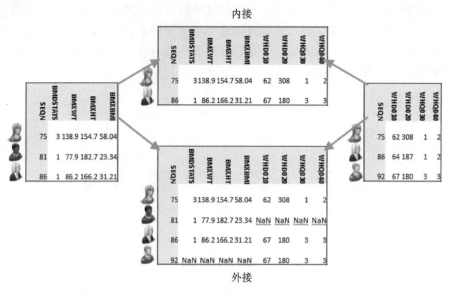

图 3-6 数据集成示意图

3.2.4 数据归约

用于分析的数据集可能包含数以百计的属性,其中大部分属性可能与挖掘任务不相关,或者是冗余的。尽管领域专家可以挑选出有用的属性,但这可能是一项困难而费时的任务,特别是当数据的行为不是十分清楚的时候,更是如此。遗漏相关属性或留下不相关属性都可能是有害的,会导致所用的挖掘算法无所适从,导致可能出现质量很差的模式。此外,不相关或冗余的属性增加了数据量。

数据归约的目的是得到能够与原始数据集近似等效甚至比其更好但数据量却较少的数据集。这样,对归约后的数据集进行挖掘将更有效,且能够产生相同(或几乎相同)的挖掘效果。

数据归约策略较多,但从数据建模的角度,常用的是属性选择和样本选择。

属性选择是通过删除不相关或冗余的属性(或维)减少数据量。属性选择的目标是找出最小属性集,使得数据类的概率分布尽可能地接近使用所有属性得到的原分布。在缩小的属性集上挖掘,还有其他优点,如它减少了出现在发现模式上的属性数目,使得模式更易于理解。究竟如何选择属性,主要看属性与挖掘目标的关联程度及属性本身的数据质量,根据数据质量评估的结果,可以删除一些属性;在利用数据相关性分析、数据统计分析、数据可视化和主成分分析技术上,还可以选择删除一些属性,最后剩下些更好的属性。

样本选择也就是上面介绍的数据抽样,所用的方法一致。在数据建模过程中,对样本的选择不是在收集阶段就确定的,而是有一个逐渐筛选、逐级抽样的过程。

在数据收集和准备阶段,数据归约通常用最简单、直观的方法,如直接抽样或直接根据数据质量分析结果删除一些属性。在数据探索阶段,随着对数据理解的深入,将会进行更细致的数据抽样,这时用的方法也会复杂些,比如相关性分析和主成分分析。

3.2.5 数据变换

数据变换是指将数据从一种表示形式变为另一种表现形式的过程。常用的数据变换方式是数据标准化、离散化和语义转换。

1. 标准化

数据的标准化(normalization)是将数据按比例缩放，使之落入一个小的特定区间。在某些比较和评价的指标处理中经常会用到，去除数据的单位限制，将其转化为无量纲的纯数值，便于不同单位或量级的指标能够进行比较和加权。其中最典型的就是0-1标准化和Z标准化。

(1) 0-1标准化(0-1 normalization)

0-1标准化也叫离差标准化，是对原始数据的线性变换，使结果落到[0,1]区间。其转换函数如下：

$$x^* = \frac{-x_{\min}}{x_{\max} - x_{\min}}$$

式中，$x_{\max}$为样本数据的最大值，$x_{\min}$为样本数据的最小值。这种方法有一个缺陷就是当有新数据加入时，可能导致$x_{\max}$和$x_{\min}$的变化，需要重新定义。

(2) Z标准化(zero-mean normalization)

Z标准化也叫标准差标准化，经过处理的数据符合标准正态分布，即均值为0，标准差为1，也是最为常用的标准化方法。其转换函数如下：

$$x^* = \frac{x - \mu}{\sigma}$$

式中，μ为所有样本数据的均值；σ为所有样本数据的标准差。

2. 离散化

离散化(discretization)是指把连续型数据切分为若干"段"，也称bin，是数据分析中常用的手段。有些数据建模算法，特别是某些分类算法，要求数据是分类属性形式。这样，常常需要将连续属性变换成分类属性(离散化)。此外，如果一个分类属性具有大量不同值(类别)，或者某些值出现不频繁，则对于某些数据建模任务，通过合并某些值而减少类别的数目。

在数据建模中，离散化得到普遍采用。究其原因，有以下几点：

① 算法需要。例如决策树、Naive Bayes等算法本身不能直接使用连续型变量，连续型数据只有经离散处理后才能进入算法引擎。这一点在使用具体软件时可能不明显，因为大多数数据建模软件内已经内建了离散化处理程序，所以从使用界面看，软件可以接纳任何形式的数据。但实际上，在运算决策树或Naive Bayes模型前，软件都要在后台对数据先做预处理。

② 离散化可以有效地克服数据中隐藏的缺陷，使模型结果更加稳定。例如，数据中的极端值是影响模型效果的一个重要因素。极端值导致模型参数过高或过低，或导致模型被虚假现象"迷惑"，把原来不存在的关系作为重要模式来学习。而离散化，尤其是等距离散，可以有效地减弱极端值和异常值的影响。

③ 有利于对非线性关系进行诊断和描述。对连续型数据进行离散处理后，自变量和目标变量之间的关系变得清晰化。如果两者之间是非线性关系，则可以重新定义离散后变量每段的取值，例如采取0,1的形式，由一个变量派生为多个亚变量，分别确定每段和目标变量间的联系。这样做，虽然减少了模型的自由度，但可以大大提高模型的灵活度。

数据离散化通常是将连续变量的定义域根据需要按照一定的规则划分为几个区间，同时对每个区间用一个符号来代替。比如，我们在定义好坏股票时，就可以用数据离散化的方法来刻画股票的好坏。如果以当天的涨幅这个属性来定义股票的好坏标准，将股票分为5类(非常好、好、一般、差、非常差），且每类用1~5来表示，我们就可以用表3-2所列的方式将股票的涨幅这个属性进行离散化。

离散化处理不免要损失一部分信息。很显然，对连续型数据进行分段后，同一个段内的观察点之间的差异便消失了，所以是否进行离散化还需要根据业务、算法等因素的需求综合考虑。

表3-2 变量离散化方法

区间	标准	类别
[7,10]	非常好	5
[2,7)	好	4
[-2,2)	一般	3
[-7,-2)	差	2
[-10,-7)	非常差	1

3. 语义转换

对于某些属性，其属性值是由字符型构成的，比如，如果上面这个属性为"股票类别"，其构成元素是{非常好、好、一般、差、非常差}，则对于这种变量，在数据建模过程中，非常不方便，且会占用更多的计算机资源。所以通常用整型数据来表示原始的属性值含义，如可以用{1、2、3、4、5}来同步替换原来的属性值，从而完成这个属性的语义转换。

3.3 数据的统计

对数据进行统计是从定量的角度去探索数据，也是最基本的数据探索方式，其主要目的是了解数据的基本特征。此时，虽然所用的方法同数据质量分析阶段相似，但其立足的重点不同，这时主要应关注数据从统计学上反映的量的特征，以便我们更好地认识这些将要被挖掘的数据。

这里需要清楚两个基本的统计概念：总体和样本。统计的总体是人们研究对象的全体，又称母体，如工厂一天生产的全部产品（按合格品、废品分类），学校全体学生的身高。总体中的每一个基本单位称为个体，个体的特征用一个变量（如 x）来表示。从总体中随机产生的若干个个体的集合称为样本，或子样，如 n 件产品，100名学生的身高，或者一根轴直径的10次测量。实际上这就是从总体中随机取得的一批数据，不妨记作 $x_1, x_2, \cdots, x_n$，n 称为样本容量。

从统计学的角度，简单地说，统计的任务是由样本推断总体。从数据探索的角度，我们就要关注更具体的内容，通常我们是由样本推断总体的数据特征。

3.3.1 基本描述性统计

假设有一个容量为 n 的样本（即一组数据），记作 $x = (x_1, x_2, \cdots, x_n)$，需要对它进行一定的加工，才能提出有用的信息。统计量就是加工出来的反映样本数量特征的函数，它不含任何未知量。

下面就介绍几种常用的统计量。

1. 表示位置的统计量：算术平均值和中位数

算术平均值（简称均值）描述数据取值的平均位置，记作 $\bar{x}$，数学表达式为

$$\bar{x} = \frac{1}{n}\sum_{i=1}^{n} x_i$$

中位数是将数据由小到大排序后位于中间位置的那个数值。

MATLAB 中，mean(x) 返回 x 的均值，median(x) 返回中位数。

2. 表示数据散度的统计量：标准差、方差和极差

标准差 s 定义为

$$s = \left[\frac{1}{n-1}\sum_{i=1}^{n}(x_i - \bar{x})^2\right]^{\frac{1}{2}}$$

它是各个数据与均值偏离程度的度量，这种偏离不妨称为变异。

方差是标准差的平方 s^2。

极差是 $x = (x_1, x_2, \cdots, x_n)$ 的最大值与最小值之差。

MATLAB 中，std(x) 返回 x 的标准差，var(x) 返回方差，range(x) 返回极差。

注意，标准差 s 的定义中，对 n 个 $x_i - \bar{x}$ 的平方求和，却被 $n-1$ 除，这是出于对无偏估计的要求。若需要改为被 n 除，则可用 MATLAB 中的 std(x,1) 和 var(x,1) 来实现。

3. 表示分布形状的统计量：偏度和峰度

偏度反映分布的对称性，$v_1 > 0$ 称为右偏态，此时位于均值右边的数据比位于左边的数据多；$v_1 < 0$ 称为左偏态，情况相反；而 v_1 接近 0，则可认为分布是对称的。

峰度是分布形状的另一种度量，正态分布的峰度为 3，若 v_2 比 3 大得多，则表示分布有沉重的尾巴，说明样本中含有较多远离均值的数据。因而峰度可以用作衡量偏离正态分布的尺度之一。

MATLAB 中，skewness(x) 返回 x 的偏度，kurtosis(x) 返回峰度。

在以上用 MATLAB 计算各个统计量的命令中，若 x 为矩阵，则作用于 x 的列返回一个行向量。

统计量中最重要、最常用的是均值和标准差。由于样本是随机变量，它们作为样本的函数自然也是随机变量，当用它们去推断总体时，有多大的可靠性就与统计量的概率分布有关。因此我们需要知道几个重要分布的简单性质。

3.3.2 分布描述性统计

随机变量的特性完全由它的（概率）分布函数或（概率）密度函数来描述。设有随机变量 X，其分布函数定义为 $X \leqslant x$ 的概率，即 $F(x) = P\{X \leqslant x\}$。若 X 是连续型随机变量，则其密度函数 $p(x)$ 与 $F(x)$ 的关系为

$$F(x) = \int_{-\infty}^{x} p(x) dx$$

分位数是常用的一个概念，其定义为：对于 $0 < \alpha < 1$，使某分布函数 $F(x) = \alpha$ 的 x 成为这个分布的 α 分位数，记作 x_α。

前面画过的直方图是频数分布图，频数除以样本容量 n，称为频率。当 n 充分大时，频率是概率的近似，因此直方图可以看作密度函数图形的（离散化）近似。

3.4 数据可视化

对数据进行统计之后，就会对数据有一定的认识了，但还是不够直观。最直观的方法就是

将这些数据进行可视化,用图的形式将数据的特征表现出来,这样我们就能够更清晰地认识数据了。

MATLAB提供了非常丰富的数据可视化函数,可以利用这些函数进行各种形式的数据可视化,但从数据建模的角度,还是数据分布形态、中心分布、关联情况等角度的数据可视化最有用。

3.4.1 基本可视化

基本可视化是最常用的方法。在对数据进行可视化探索时,通常先用plot这样最基本的绘图命令来绘制各变量的分布趋势,以了解数据的基本特征。

下面的程序就是对EXCEL中的数据进行可视化分析的例子。

```
% 数据可视化——基本绘图
% 读取数据
clc, clear al, close all
X = xlsread('dataTableA2.xlsx');
% 绘制变量dv1的基本分布
N = size(X,1);
id = 1:N;
figure
plot( id', X(:,2),'LineWidth',1)
set(gca,'linewidth',2);
xlabel(' 编号 ','fontsize',12);
ylabel('dv1', 'fontsize',12);
title(' 变量 dv1 分布图 ','fontsize',12);
```

该程序产生图3-7的数据可视化结果。图3-7是用plot绘制的数据最原始的分布形态,通过该图能了解数据大致的分布中心、边界、数据集中程度等信息。

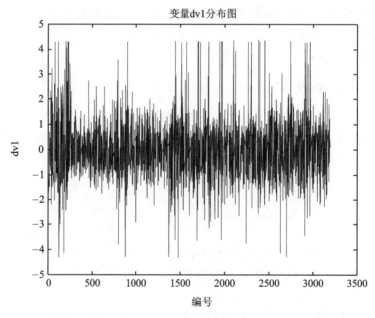

图 3-7 变量 dv1 的分布图

3.4.2 数据分布形状可视化

在数据建模中,数据的分布特征对我们了解数据是非常有利的,可以用下面的代码绘制变量 dv1~dv4 的柱状分布图。

```
% 同时绘制变量 dv1~dv4 的柱状分布图
Figure
subplot(2,2,1);
hist(X(:,2));
title('dv1 柱状分布图 ','fontsize',12)
subplot(2,2,2);
hist(X(:,3));
title('dv2 柱状分布图 ','fontsize',12)
subplot(2,2,3);
hist(X(:,4));
title('dv3 柱状分布图 ','fontsize',12)
subplot(2,2,4);
hist(X(:,5));
title('dv4 柱状分布图 ','fontsize',12)
```

图 3-8 即为用 hist 绘制的变量的柱状分布图,该图的优势是更直观地反映了数据的集中程序。由该图可以看出,变量 dv3 过于集中,这对数据建模是不利的,相当于这个变量基本是固定值,对任何样本都是一样的,所以没有区分效果,这样的变量就可以考虑删除了。可见对数据进行可视化分析,意义还是很大的。

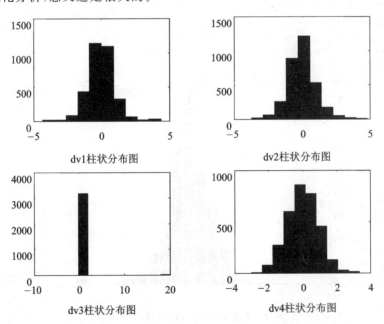

图 3-8 变量 dv1~dv4 的柱状分布图(1)

也可以将常用的统计量也绘制在分布图中,这样更有利于对数据特征的把握,就像是得到了数据的地图,这对全面认识数据是非常有利的。以下代码即实现了绘制这种图的功能,得到的图如图 3-9 所示。

```
% 数据可视化——数据分布形状图
% 读取数据
clc, clear al, close all
X = xlsread('dataTableA2.xlsx');
dv1 = X(:,2);
% 绘制变量 dv1 的柱状分布图
h = -5:0.5:5;
n = hist(dv1,h);
figure
bar(h, n)
% 计算常用的形状度量指标
mn = mean(dv1);                          % 均值
sdev = std(dv1);                         % 标准差
mdsprd = iqr(dv1);                       % 四分位数
mnad = mad(dv1);                         % 中位数
rng = range(dv1);                        % 极差
% 标识度量数值
x = round(quantile(dv1,[0.25,0.5,0.75]));
y = (n(h == x(1)) + n(h == x(3)))/2;
line(x,[y,y,y],'marker','x','color','r')
x = round(mn + sdev*[-1,0,1]);
y = (n(h == x(1)) + n(h == x(3)))/2;
line(x,[y,y,y],'marker','o','color',[0 0.5 0])
x = round(mn + mnad*[-1,0,1]);
y = (n(h == x(1)) + n(h == x(3)))/2;
line(x,[y,y,y],'marker','*','color',[0.75 0 0.75])
x = round([min(dv1),max(dv1)]);
line(x,[1,1],'marker','.','color',[0 0.75 0.75])
legend('Data','Midspread','Std Dev','Mean Abs Dev','Range')
```

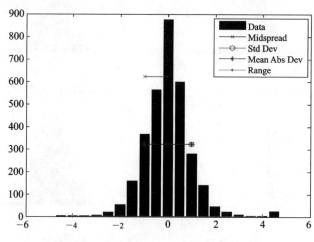

图 3-9 变量 dv1~dv4 的柱状分布图(2)

3.4.3 数据关联可视化

数据关联可视化对分析哪些变量更有效具有更直观的效果,所以在进行变量筛选前,可以先利用关联可视化了解各变量间的关联关系。具体实现代码如下:

```
% 数据可视化——变量相关性
% 读取数据
clc, clear al, close all
X = xlsread('dataTableA2.xlsx');
Vars = X(:,7:12);
% 绘制变量间相关性关联图
Figure
plotmatrix(Vars)
% 绘制变量间相关性强度图
covmat = corrcoef(Vars);
figure
imagesc(covmat);
grid;
colorbar;
```

该程序产生两幅图:一幅是变量间相关性关联图(见图3-10),通过该图可以看出任意两个变量的数据关联趋向;另一幅是变量间相关性强度图(见图3-11),宏观上表现为变量间的关联强度,实践中往往用于筛选变量。

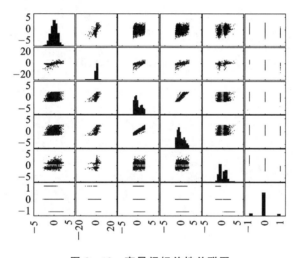

图3-10 变量间相关性关联图

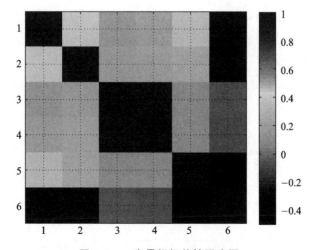

图3-11 变量间相关性强度图

3.4.4 数据分组可视化

数据分组可视化是指按照不同的分位数将数据进行分组,典型的图形是箱体图。箱体图的含义如图3-12所示。根据箱体图可以看出数据的分布特征和异常值的数量,这对于确定是否需要进行异常值处理是很有利的。

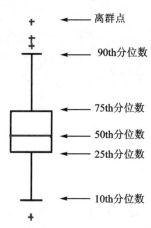

图3-12 箱体图含义示意图

绘制箱体图的MATLAB命令是boxplot,可以按照以下代码方式实现对数据的分组可视化。

```
% 数据可视化——数据分组
% 读取数据
clc, clear al, close all
X = xlsread('dataTableA2.xlsx');
dv1 = X(:,2);
eva = X(:,12);
% Boxplot
figure
boxplot(X(:,2:12))
figure
boxplot(dv1, eva)
```

该程序产生了所有变量的箱体图(见图3-13)和两个变量的关系箱体图(见图3-14),这样就能更全面地得出各变量的数据分布特征及任意两个变量的关系特征。

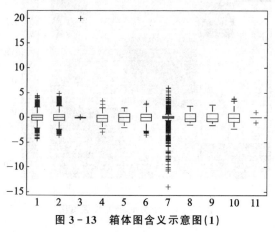

图3-13 箱体图含义示意图(1)

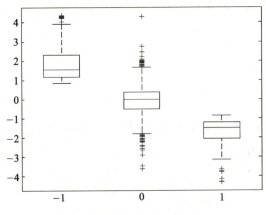

图 3-14 箱体图含义示意图(2)

3.5 数据降维

3.5.1 主成分分析(PCA)基本原理

在数据建模中,我们经常会遇到多个变量的问题,而且在多数情况下,多个变量之间常常存在一定的相关性。当变量个数较多且变量之间存在复杂关系时,会显著增加分析问题的复杂性。如果有一种方法可以将多个变量综合为少数几个代表性变量,使这些变量既能够代表原始变量的绝大多数信息又互不相关,那么这样的方法无疑有助于对问题的分析和建模。这时,就可以考虑用主成分分析法。

1. PCA 基本思想

主成分分析是采取一种数学降维的方法,其所要做的就是设法将原来众多具有一定相关性的变量,重新组合为一组新的相互无关的综合变量来代替原来的变量。通常,数学上的处理方法就是将原来的变量做线性组合,作为新的综合变量,但是这种组合如果不加以限制,则可以有很多。应该如何选择呢?如果将选取的第一个线性组合即第一个综合变量记为 F_1,自然希望它尽可能多地反映原来变量的信息。这里"信息"用方差来测量,即希望 $\mathrm{Var}(F_1)$ 越大,表示 F_1 包含的信息越多。因此在所有的线性组合中,所选取的 F_1 应该是方差最大的,故称 F_1 为第一主成分。如果第一主成分不足以代表原来 p 个变量的信息,再考虑选取 F_2,即第二个线性组合。为了有效地反映原来的信息,F_1 已有的信息就不需要再出现在 F_2 中,用数学语言表达就是要求 $\mathrm{Cov}(F_1,F_2)=0$,称 F_2 为第二主成分。以此类推,可以构造出第三、第四、…、第 p 个主成分。(注:Cov 表示统计学中的协方差。)

2. PCA 方法步骤

关于 PCA 方法的理论推导这里不再赘述,我们将重点放在如何应用 PCA 解决实际问题上。下面先简单介绍 PCA 的典型步骤。

① 对原始数据进行标准化处理。假设样本观测数据矩阵为

$$X = \begin{bmatrix} x_{11} & x_{12} & \cdots & x_{1p} \\ x_{21} & x_{22} & \cdots & x_{2p} \\ \vdots & \vdots & & \vdots \\ x_{n1} & x_{n2} & \cdots & x_{np} \end{bmatrix}$$

那么可以按照如下方法对原始数据进行标准化处理：

$$x_{ij}^* = \frac{x_{ij} - \bar{x}_j}{\sqrt{\text{Var}(x_j)}} \quad (i=1,2,\cdots,n; j=1,2,\cdots,p)$$

其中，

$$\bar{x}_j = \frac{1}{n}\sum_{i=1}^{n} x_{ij}, \ \text{Var}(x_j) = \frac{1}{n-1}\sum_{i=1}^{n}(x_{ij}-\bar{x}_j)^2 \quad (j=1,2,\cdots,p)$$

② 计算样本相关系数矩阵。为了方便，假定原始数据标准化后仍用 X 表示，则经标准化处理后的数据的相关系数为

$$R = \begin{bmatrix} r_{11} & r_{12} & \cdots & r_{1p} \\ r_{21} & r_{22} & \cdots & r_{2p} \\ \vdots & \vdots & & \vdots \\ r_{p1} & r_{p2} & \cdots & r_{pp} \end{bmatrix}$$

其中，

$$r_{ij} = \frac{\text{Cov}(x_i, x_j)}{\sqrt{\text{Var}(x_1)}\sqrt{\text{Var}(x_2)}} = \frac{\sum_{k=1}^{n}(x_{ki}-\bar{x}_i)(x_{kj}-\bar{x}_j)}{\sqrt{\sum_{k=1}^{n}(x_{ki}-\bar{x}_i)^2}\sqrt{\sum_{k=1}^{n}(x_{kj}-\bar{x}_j)^2}} \quad (n>1)$$

③ 计算相关系数矩阵 R 的特征值 $(\lambda_1, \lambda_2, \cdots, \lambda_p)$ 和相应的特征向量：

$$a_i = (a_{i1}, a_{i2}, \cdots, a_{ip}) \quad (i=1,2,\cdots,p)$$

④ 选择重要的主成分，并写出主成分表达式。主成分分析可以得到 p 个主成分，但是，由于各个主成分的方差是递减的，包含的信息量也是递减的，所以实际分析时，一般不是选取 p 个主成分，而是根据各个主成分累计贡献率的大小选取前 k 个主成分。这里贡献率是指某个主成分的方差占全部方差的比重，实际也就是某个特征值占全部特征值合计的比重，即

$$\text{贡献率} = \frac{\lambda_i}{\sum_{i=1}^{p}\lambda_i}$$

贡献率越大，说明该主成分所包含的原始变量的信息越强。主成分个数 k 的选取，主要根据主成分的累计贡献率来决定，即一般要求累计贡献率达到 85% 以上，这样才能保证综合变量能包括原始变量的绝大多数信息。

另外，在实际应用中，选择了重要的主成分后，还要注意主成分实际含义的解释。主成分分析中，一个很关键的问题是如何给主成分赋予新的意义，给出合理的解释。一般而言，这个解释是根据主成分表达式的系数结合定性分析来进行的。主成分是原来变量的线性组合，在这个线性组合中各变量的系数有大有小，有正有负，有的大小相当，因而不能简单地认为这个主成分是某个原变量的属性的作用。线性组合中，各变量系数的绝对值大者表明该主成分主要综合了绝对值大的变量，有几个变量系数大小相当时，应认为这一主成分是这几个变量的综合。这几个变量综合在一起应赋予怎样的实际意义，这要结合具体实际问题和专业，给出恰当的解释，进而才能达到深刻分析的目的。

⑤ 计算主成分得分。根据标准化的原始数据，按照各个样品，分别代入主成分表达式，就可以得到各主成分下各个样品的新数据，即为主成分得分。具体形式如下：

$$\begin{bmatrix} F_{11} & F_{12} & \cdots & F_{1k} \\ F_{21} & F_{22} & \cdots & F_{2k} \\ \vdots & \vdots & & \vdots \\ F_{n1} & F_{n2} & \cdots & F_{nk} \end{bmatrix}$$

其中,

$$F_{ij} = a_{j1}x_{i1} + a_{j2}x_{i2} + \cdots + a_{jp}x_{ip} \quad (i=1,2,\cdots,n; j=1,2,\cdots,k)$$

⑥ 依据主成分得分的数据,进一步对问题进行后续的分析和建模。后续的分析和建模常见的形式有主成分回归、变量子集合的选择、综合评价等。下面将以实例的形式介绍如何用 MATLAB 来实现 PCA 过程。

3.5.2 PCA 应用案例:企业综合实力排序

为了系统分析某 IT 类企业的经济效益,选择了 8 个不同的利润指标,对 15 家企业进行了调研,并得到如表 3-3 所列的数据。请根据这些数据对这 15 家企业进行综合实力排序。

表 3-3 企业综合实力评价表

企业序号	净利润率/%	固定资产利润率/%	总产值利润率/%	销售收入利润率/%	产品成本利润率/%	物耗利润率/%	人均利润(千元·人$^{-1}$)	流动资金利润率/%
1	40.4	24.7	7.2	6.1	8.3	8.7	2.442	20
2	25	12.7	11.2	11	12.9	20.2	3.542	9.1
3	13.2	3.3	3.9	4.3	4.4	5.5	0.578	3.6
4	22.3	6.7	5.6	3.7	6	7.4	0.176	7.3
5	34.3	11.8	7.1	7.1	8	8.9	1.726	27.5
6	35.6	12.5	16.4	16.7	22.8	29.3	3.017	26.6
7	22	7.8	9.9	10.2	12.6	17.6	0.847	10.6
8	48.4	13.4	10.9	9.9	10.9	13.9	1.772	17.8
9	40.6	19.1	19.8	19	29.7	39.6	2.449	35.8
10	24.8	8	9.9	8.9	11.9	16.2	0.789	13.7
11	12.5	9.7	4.2	4.2	4.6	6.5	0.874	3.9
12	1.8	0.6	0.7	0.7	0.8	1.1	0.056	1
13	32.3	13.9	9.4	8.3	9.8	13.3	2.126	17.1
14	38.5	9.1	11.3	9.5	12.2	16.4	1.327	11.6
15	26.2	10.1	5.6	15.6	7.7	30.1	0.126	25.9

由于本问题中涉及 8 个指标,这些指标间的关联关系并不明确,且各指标数值的数量级也有差异,为此这里将首先借助 PCA 方法对指标体系进行降维处理,然后根据 PCA 打分结果实现对企业的综合实力排序。

根据前面介绍的 PCA 步骤,编写了 MATLAB 程序,如 P3-1 所示。

程序编号	P3-1	文件名称	PCAa.m	说明	PCA方法的MATLAB实现

```matlab
% PCA方法的MATLAB实现
% ----------------------------------------------------------------
%% 数据导入及处理
clc
clear all
A = xlsread('Coporation_evaluation.xlsx', 'B2:I16');
% 数据标准化处理
a = size(A,1);
b = size(A,2);
for i = 1:b
    SA(:,i) = (A(:,i) - mean(A(:,i)))/std(A(:,i));
end
%% 计算相关系数矩阵的特征值和特征向量
CM = corrcoef(SA);                          % 计算相关系数矩阵(correlation matrix)
[V, D] = eig(CM);                           % 计算特征值和特征向量
for j = 1:b
    DS(j,1) = D(b+1-j, b+1-j);              % 对特征值按降序进行排序
end
for i = 1:b
    DS(i,2) = DS(i,1)/sum(DS(:,1));         % 贡献率
    DS(i,3) = sum(DS(1:i,1))/sum(DS(:,1));  % 累积贡献率
end
%% 选择主成分及对应的特征向量
T = 0.9;        % 主成分信息保留率
for K = 1:b
    if DS(K,3) >= T
        Com_num = K;
        break;
    end
end
% 提取主成分对应的特征向量
for j = 1:Com_num
    PV(:,j) = V(:,b+1-j);
end
%% 计算各评价对象的主成分得分
new_score = SA * PV;
for i = 1:a
    total_score(i,1) = sum(new_score(i,:));
    total_score(i,2) = i;
end
result_report = [new_score, total_score];   % 将各主成分得分与总分放在同一个矩阵中
result_report = sortrows(result_report, -4);% 按总分降序排序
%% 输出模型及结果报告
disp('特征值及其贡献率、累计贡献率:')
DS
disp('信息保留率T对应的主成分数与特征向量:')
Com_num
PV
disp('主成分得分及排序(按第4列的总分进行降序排序,前3列为各主成分得分,第5列为企业编号)')
result_report
```

运行程序,显示如下结果报告:

特征值及其贡献率、累计贡献率:
DS =
    5.7361   0.7170   0.7170
    1.0972   0.1372   0.8542
    0.5896   0.0737   0.9279
    0.2858   0.0357   0.9636
    0.1456   0.0182   0.9818
    0.1369   0.0171   0.9989
    0.0060   0.0007   0.9997
    0.0027   0.0003   1.0000

信息保留率 T 对应的主成分数与特征向量:
Com_num = 3
PV =
    0.3334   0.3788   0.3115
    0.3063   0.5562   0.1871
    0.3900   -0.1148   -0.3182
    0.3780   -0.3508   0.0888
    0.3853   -0.2254   -0.2715
    0.3616   -0.4337   0.0696
    0.3026   0.4147   -0.6189
    0.3596   -0.0031   0.5452

主成分得分及排序(按第 4 列的总分进行降序排序,前 3 列为各主成分得分,第 5 列为企业编号)
result_report =
    5.1936   -0.9793   0.0207   4.2350   9.0000
    0.7662   2.6618   0.5437   3.9717   1.0000
    1.0203   0.9392   0.4081   2.3677   8.0000
    3.3891   -0.6612   -0.7569   1.9710   6.0000
    0.0553   0.9176   0.8255   1.7984   5.0000
    0.3735   0.8378   -0.1081   1.1033   13.0000
    0.4709   -1.5064   1.7882   0.7527   15.0000
    0.3471   -0.0592   -0.1197   0.1682   14.0000
    0.9709   0.4364   -1.6996   -0.2923   2.0000
   -0.3372   -0.6891   0.0188   -1.0075   10.0000
   -0.3262   -0.9407   -0.2569   -1.5238   7.0000
   -2.2020   -0.1181   0.2656   -2.0545   4.0000
   -2.4132   0.2140   -0.3145   -2.5137   11.0000
   -2.8818   -0.4350   -0.3267   -3.6435   3.0000
   -4.4264   -0.6180   -0.2884   -5.3327   12.0000

由该报告可知,第 9 家企业的综合实力最强,第 12 家企业的综合实力最弱。报告还给出了各主成分的权重信息(贡献率)及与原始变量的关联关系(特征向量),这样就可以根据实际问题做进一步的分析。

以上是一种比较简单的应用实例,具体的 PCA 方法的使用还要根据实际问题和需要灵活使用。

3.5.3 相关系数降维

定义 设有如下两组观测值：

$$X: x_1, x_2, \cdots, x_n$$
$$Y: y_1, y_2, \cdots, y_n$$

则称 $r = \dfrac{\sum_{i=1}^{n}(X_i - \overline{X})(Y_i - \overline{Y})}{\sqrt{\sum_{i=1}^{n}(X_i - \overline{X})^2}\sqrt{\sum_{i=1}^{n}(Y_i - \overline{Y})^2}}$ 为"X 与 Y 的相关系数"。

相关系数用 r 表示，r 在 -1~$+1$ 之间取值。相关系数 r 的绝对值大小（即 $|r|$），表示两个变量之间的直线相关强度；相关系数 r 的正负号，表示相关的方向，分别是正相关和负相关；若相关系数 $r=0$，则称零线性相关，简称零相关；若相关系数 $|r|=1$，则表示两个变量是完全相关的，这时两个变量之间的关系为确定性的函数关系，这种情况在行为科学与社会科学中是极少存在的。

一般，若观测数据的个数足够多，计算出来的相关系数 r 就会更真实地反映客观事物之间的本来面目。

当 $0.7 < |r| < 1$ 时，称为高度相关；当 $0.4 \leqslant |r| < 0.7$ 时，称为中等相关；当 $0.2 \leqslant |r| < 0.4$ 时，称为低度相关；当 $|r| < 0.2$ 时，称为极低相关或接近零相关。

由于事物之间联系的复杂性，在实际研究中，通过统计方法确定出来的相关系数 r 即使是高度相关，我们在解释相关系数的时候，也还要结合具体变量的性质特点和有关专业知识进行。两个高度相关的变量，它们之间可能具有明显的因果关系，也可能只具有部分因果关系，还可能没有直接的因果关系；其数量上的相互关联，只是它们共同受到其他第三个变量所支配的结果。除此之外，相关系数 r 接近零，这只是表示这两个变量不存在明显的直线性相关模式，但不能肯定地说这两个变量之间就没有规律性的联系。通过散点图我们有时会发现，两个变量之间存在明显的某种曲线性相关，但计算直线性相关系数时，其 r 值往往接近零。对于这一点，读者应该有所认识。

3.6 小 结

本章介绍了数据探索的相关内容。在数据建模中，数据探索的目的是为建模做准备，包括衍生变量、数据可视化、样本筛选和数据降维。从这几个方面的内容可以看出，实际上，数据探索还是集中在数据进一步的处理的归约，它所要解决的问题是对哪些变量建模，用哪些样本。可以说，数据探索是深度的数据预处理，相比一般的数据预处理，数据探索阶段更强调的是探索性，即要探索用哪些变量建模更合适。

衍生变量是为了得到更多有利于描述问题的变量，其要点是通过创造性和务实的设计产生一些与问题的研究有关的变量。衍生变量的方式很多，也很灵活，要有助于问题的研究。但也要掌握适度，过多的衍生变量会稀释原有变量，所以并不是变量越多越好。

数据的统计和数据可视化的主要目的还是进一步了解数据，了解哪些变量包含的信息更多、更规范，对描述所研究的事物更有利。这部分的内容相对较简单，也有自己的固定模式，只要通过这些基本的数据分析方法能够分析出哪些变量包含了有效的数据信息就可以了。样本

选择更多的是从数据记录中筛选数据,一是要注意筛选出的数据对建模来说是足够的,二是要具有代表性。

关于数据降维,这里介绍了两个方法:主成分分析法和相关系数法。在数据建模中,并不是所有项目都需要用到这两种方法进行降维。事实上很少项目中会直接使用主成分分析法进行降维,但有时会使用主成分分析法分析案例中的影响因素;而相关系数法,则是一个既简单、灵活,又非常有效的方法,当数据变量较多时,该方法可以只是进行变量的筛选。

参考文献

[1] 卓金武,周英. 量化投资:数据挖掘技术与实践(MATLAB版)[M]. 北京:电子工业出版社,2015.

第 4 章

MATLAB 常用的数据建模方法

以数据为基础而建立数学模型的方法称为数据建模方法,包括回归、统计、机器学习、深度学习、灰色预测、主成分分析、神经网络、时间序列分析等方法,其中最常用的方法还是回归方法。本章主要介绍在数学建模中常用的几种回归方法的 MATLAB 实现过程。

根据回归方法中因变量的个数和回归函数的类型(线性或非线性),可将回归方法分为一元线性回归、一元非线性回归和多元回归。另外,还有两种特殊的回归方式:一种是在回归过程中可以调整变量数量的回归方法,称为逐步回归;另一种是以指数结构函数作为回归模型的回归方法,称为 Logistic 回归。本章逐一介绍这几种回归方法[1]。

4.1 一元回归

4.1.1 一元线性回归

【例 4-1】 近 10 年来,某市社会商品零售总额与职工工资总额(单位:亿元)的数据见表 4-1,请建立社会商品零售总额与职工工资总额数据的回归模型。

表 4-1 商品零售总额与职工工资总额　　　　　　　　　亿元

职工工资总额	23.8	27.6	31.6	32.4	33.7	34.9	43.2	52.8	63.8	73.4
商品零售总额	41.4	51.8	61.7	67.9	68.7	77.5	95.9	137.4	155.0	175.0

该问题是典型的一元回归问题。首先要确定的是线性还是非线性,然后就可以利用对应的回归方法建立它们之间的回归模型了。具体实现的 MATLAB 代码如下:

(1)输入数据

```
clc, clear all, close all
x = [23.80,27.60,31.60,32.40,33.70,34.90,43.20,52.80,63.80,73.40];
y = [41.4,51.8,61.70,67.90,68.70,77.50,95.90,137.40,155.0,175.0];
```

(2)采用最小二乘回归

```
Figure
plot(x,y,'r*')                                  % 作散点图
xlabel('x(职工工资总额)','fontsize', 12)         % 横坐标名
ylabel('y(商品零售总额)', 'fontsize',12)         % 纵坐标名
set(gca,'linewidth',2);
% 采用最小二乘拟合
Lxx = sum((x - mean(x)).^2);
Lxy = sum((x - mean(x)).*(y - mean(y)));
b1 = Lxy/Lxx;
b0 = mean(y) - b1 * mean(x);
y1 = b1 * x + b0;
```

```
hold on
plot(x, y1,'linewidth',2);
```

运行上面的程序,会得到图 4-1 所示的回归图形。在用最小二乘回归之前,先绘制了数据的散点图,这样就可以从图形上判断这些数据是否近似呈线性关系。当发现它们的确近似在一条线上后,再用线性回归的方法进行回归,这样更符合分析数据的一般思路。

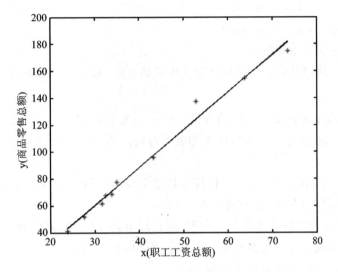

图 4-1 职工工资总额和商品零售总额关系趋势图

(3) 采用 LinearModel.fit 函数进行线性回归

```
m2 = LinearModel.fit(x,y)
```

运行结果如下:

```
m2 =
Linear regression model:
    y ~ 1 + x1
Estimated Coefficients:
                 Estimate      SE        tStat      pValue
    (Intercept)  -23.549     5.1028    -4.615     0.0017215
    x1            2.7991     0.11456   24.435     8.4014e-09
R-squared: 0.987,   Adjusted R-Squared 0.985
F-statistic vs. constant model: 597, p-value = 8.4e-09
```

(4) 采用 regress 函数进行回归

```
Y = y';
X = [ones(size(x,2),1),x'];
[b, bint, r, rint, s] = regress(Y, X)
```

运行结果如下:

```
b =
  -23.5493
    2.7991
```

在以上回归程序中,使用了两个回归函数 LinearModel.fit 和 regress。在实际使用中,根据需要选一种就可以了。函数 LinearModel.fit 输出的内容为典型的线性回归的参数。regress 的用法多样,在 MATLAB 的帮助文档中关于 regress 的用法有以下几种:

$$b = regress(y, X)$$
$$[b, bint] = regress(y, X)$$
$$[b, bint, r] = regress(y, X)$$
$$[b, bint, r, rint] = regress(y, X)$$
$$[b, bint, r, rint, stats] = regress(y, X)$$
$$[\ldots] = regress(y, X, alpha)$$

输入有 y(因变量,列向量)、X(与自变量组成的矩阵)和 alpha(是显著性水平,缺省时默认为 0.05)。

输出 b 为 $(\hat{\beta}_0, \hat{\beta}_1)$;bint 是 β_0、β_1 的置信区间;r 是残差(列向量);rint 是残差的置信区间;stats 包含 4 个统计量:决定系数 R^2(R 为相关系数)、F 值、$F(1, n-2)$ 分布大于 F 值的概率 p、剩余方差 s^2。

s^2 也可由程序 sum(r.^2)/(n-2) 计算。其意义和用法如下:R^2 的值越接近 1,变量的线性相关性越强,说明模型有效;如果满足 $F_{1-\alpha}(1, n-2) < F$,则认为变量 y 与 x 显著地有线性关系,其中 $F_{1-\alpha}(1, n-2)$ 的值可查 F 分布表,或直接用 MATLAB 命令 finv$(1-\alpha, 1, n-2)$ 计算得到;如果 $p < \alpha$,表示线性模型可用。这三个值可以相互印证。s^2 的值主要用来比较模型是否有改进,其值越小说明模型精度越高。

4.1.2 一元非线性回归

在实际问题中,变量间的关系并不都是线性的,此时就应该用非线性回归。用非线性回归首先要解决的问题是回归方程中的参数如何估计。下面通过一个实例来说明如何利用非线性回归技术解决实际问题。

【例 4-2】 为了解百货商店销售额 x 与流通费率 y(这是反映商业活动的一个质量指标,指每元商品流转额所分摊的流通费用)y 之间的关系,收集了 9 个商店的有关数据(见表 4-2)。请建立它们关系的数学模型。

表 4-2 销售额与流通费率数据

样本点	销售额 x/万元	流通费率 y/%	样本点	销售额 x/万元	流通费率 y/%
1	1.5	7.0	6	16.5	2.5
2	4.5	4.8	7	19.5	2.4
3	7.5	3.6	8	22.5	2.3
4	10.5	3.1	9	25.5	2.2
5	13.5	2.7			

为了得到 x 与 y 之间的关系,先绘制出它们之间的散点图,即如图 4-2 所示的"雪花"点图。由该图可以判断它们之间的关系近似为对数关系或指数关系,为此可以利用这两种函数形式进行非线性拟合,具体实现步骤及每个步骤的结果如下。

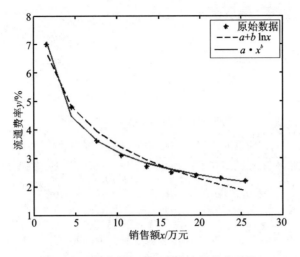

图4-2 销售额与流通费率之间的关系图

(1) 输入数据

```
clc, clear all, close all
x = [1.5,4.5,7.5,10.5,13.5,16.5,19.5,22.5,25.5];
y = [7.0,4.8,3.6,3.1,2.7,2.5,2.4,2.3,2.2];
plot(x,y,'*','linewidth',2);
set(gca,'linewidth',2);
xlabel('销售额 x/万元','fontsize', 12)
ylabel('流通费率 y/%', 'fontsize',12)
```

(2) 对数形式非线性回归

```
m1 = @(b,x) b(1) + b(2) * log(x);
nonlinfit1 = fitnlm(x,y,m1,[0.01;0.01])
b = nonlinfit1.Coefficients.Estimate;
Y1 = b(1,1) + b(2,1) * log(x);
hold on
plot(x,Y1,'--k','linewidth',2)
```

运行结果如下:

```
nonlinfit1 =
Nonlinear regression model:
    y ~ b1 + b2 * log(x)
Estimated Coefficients:
         Estimate     SE         tStat      pValue
    b1    7.3979     0.26667    27.742     2.0303e-08
    b2   -1.713      0.10724   -15.974     9.1465e-07
R-Squared: 0.973, Adjusted R-Squared 0.969
F-statistic vs. constant model: 255, p-value = 9.15e-07
```

(3) 指数形式非线性回归

```
m2 = 'y ~ b1 * x^b2';
nonlinfit2 = fitnlm(x,y,m2,[1;1])
b1 = nonlinfit2.Coefficients.Estimate(1,1);
b2 = nonlinfit2.Coefficients.Estimate(2,1);
```

```
Y2 = b1 * x.^b2;
hold on
plot(x,Y2,'r','linewidth',2)
legend('原始数据','a + b * lnx','a * x^b')
```

运行结果如下:

```
nonlinfit2 =
Nonlinear regression model:
    y ~ b1 * x^b2
Estimated Coefficients:
          Estimate      SE         tStat      pValue
    b1     8.4112      0.19176     43.862    8.3606e-10
    b2    -0.41893     0.012382   -33.834    5.1061e-09
R-Squared: 0.993,   Adjusted R-Squared 0.992
F-statistic vs. zero model: 3.05e+03, p-value = 5.1e-11
```

在该案例中,选择了两种函数形式进行非线性回归。从回归结果来看,对数形式的决定系数为 0.973,而指数形式的决定系数为 0.993,优于前者,所以可以认为指数形式的函数形式更符合 y 与 x 之间的关系,这样就可以确定它们之间的函数关系形式了。

4.2 多元回归

【例 4-3】 某科学基金会希望估计从事某研究的学者的年薪 Y 与他们的研究成果(论文、著作等)的质量指标 X_1、从事研究工作的时间 X_2、能成功获得资助的指标 X_3 之间的关系,为此按一定的实验设计方法调查了 24 位研究学者,得到表 4-3 所列的数据(i 为学者序号),试建立 Y 与 X_1,X_2,X_3 之间关系的数学模型,并得出有关结论和作统计分析。

表 4-3 从事某种研究的学者的相关指标数据

i	1	2	3	4	5	6	7	8	9	10	11	12
x_{i1}	3.5	5.3	5.1	5.8	4.2	6.0	6.8	5.5	3.1	7.2	4.5	4.9
x_{i2}	9	20	18	33	31	13	25	30	5	47	25	11
x_{i3}	6.1	6.4	7.4	6.7	7.5	5.9	6.0	4.0	5.8	8.3	5.0	6.4
y_i	33.2	40.3	38.7	46.8	41.4	37.5	39.0	40.7	30.1	52.9	38.2	31.8
i	13	14	15	16	17	18	19	20	21	22	23	24
x_{i1}	8.0	6.5	6.6	3.7	6.2	7.0	4.0	4.5	5.9	5.6	4.8	3.9
x_{i2}	23	35	39	21	7	40	35	23	33	27	34	15
x_{i3}	7.6	7.0	5.0	4.4	5.5	7.0	6.0	3.5	4.9	4.3	8.0	5.8
y_i	43.3	44.1	42.5	33.6	34.2	48.0	38.0	35.9	40.4	36.8	45.2	35.1

该问题是典型的多元回归问题,但能否应用多元线性回归,最好先通过数据可视化判断它们之间的变化趋势,如果近似满足线性关系,则可以执行利用多元线性回归方法对该问题进行回归。具体步骤如下:

(1) 作出因变量 Y 与各自变量的样本散点图

作散点图的目的主要是观察因变量 Y 与各自变量间是否有比较好的线性关系,以便选择恰当的数学模型形式。图4-3分别为年薪Y与成果质量指标X_1、研究工作时间X_2、获得资助的指标X_3之间的散点图。从图中可以看出,这些点大致分布在一条直线旁边,因此,可判断有比较好的线性关系,可以采用线性回归。绘制图4-3的代码如下:

```
subplot(1,3,1),plot(x1,Y,'g*'),
subplot(1,3,2),plot(x2,Y,'k+'),
subplot(1,3,3),plot(x3,Y,'ro'),
```

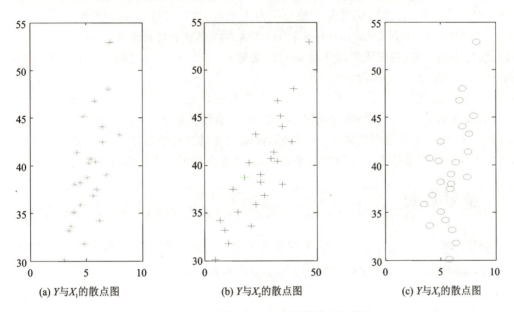

图4-3 因变量Y与各自变量的样本散点图

(2)进行多元线性回归

这里可以直接使用regress函数执行多元线性回归,具体代码如下:

```
x1 = [3.5 5.3 5.1 5.8 4.2 6.0 6.8 5.5 3.1 7.2 4.5 4.9 8.0 6.5 6.5 3.7 6.2 7.0 4.0 4.5 5.9 5.6 4.8 3.9];
x2 = [9 20 18 33 31 13 25 30 5 47 25 11 23 35 39 21 7 40 35 23 33 27 34 15];
x3 = [6.1 6.4 7.4 6.7 7.5 5.9 6.0 4.0 5.8 8.3 5.0 6.4 7.6 7.0 5.0 4.0 5.5 7.0 6.0 3.5 4.9 4.3 8.0 5.0];
Y = [33.2 40.3 38.7 46.8 41.4 37.5 39.0 40.7 30.1 52.9 38.2 31.8 43.3 44.1 42.5 33.6 34.2 48.0 38.0 35.9 40.4 36.8 45.2 35.1];
n = 24; m = 3;
X = [ones(n,1),x1',x2',x3'];
[b,bint,r,rint,s] = regress(Y',X,0.05);
```

运行后即得到结果,如表4-4所列。

表4-4 对初步回归模型的计算结果

回归系数	回归系数的估计值	回归系数的置信区间
β_0	18.0157	[13.9052, 22.1262]
β_1	1.0817	[0.3900, 1.7733]
β_2	0.3212	[0.2440, 0.3984]
β_3	1.2835	[0.6691, 1.8979]

注:$R^2 = 0.9106$, $F = 67.9195$, $p < 0.0001$, $s^2 = 3.0719$。

计算结果包括回归系数 $b=(\beta_0,\beta_1,\beta_2,\beta_3)=(18.0157,1.0817,0.3212,1.2835)$,回归系数的置信区间,以及统计变量 stats(它包含 4 个检验统计量:相关系数的平方 R^2,假设检验统计量 F,与 F 对应的概率 p,s^2)。因此我们得到初步的回归方程为

$$\hat{y}=18.0157+1.0817x_1+0.3212x_2+1.2835x_3$$

由结果对模型的判断:回归系数置信区间不包含零点表示模型较好,残差在零点附近也表示模型较好,接着就是利用检验统计量 R、F、p 的值判断该模型是否可用。

① 相关系数 R 的评价:本例 R 的绝对值为 0.9542,表明线性相关性较强。

② F 检验:当 $F>F_{1-\alpha}(m,n-m-1)$ 时,即认为因变量 y 与自变量 $x_1,x_2,\cdots,x_m$ 之间有显著的线性相关关系;否则认为因变量 y 与自变量 $x_1,x_2,\cdots,x_m$ 之间线性相关关系不显著。本例 $F=67.919>F_{1-0.05}(3,20)=3.10$。

③ p 值检验:若 $p<\alpha$(α 为预定显著水平),则说明因变量 y 与自变量 $x_1,x_2,\cdots,x_m$ 之间有显著的线性相关关系。本例输出结果 $p<0.0001$,显然满足 $p<\alpha=0.05$。

以上三种统计方法推断的结果是一致的,说明因变量与自变量之间有显著的线性相关关系,所得线性回归模型可用。s^2 当然越小越好,这主要在模型改进时作为参考。

4.3 逐步归回

【例 4-4】 (Hald,1960)Hald 数据是关于水泥生产的数据。某种水泥在凝固时放出的热量 Y(单位:卡/克)与水泥中 4 种化学成分所占的百分比有关:

X_1:$3CaO \cdot Al_2O_3$

X_2:$3CaO \cdot SiO_2$

X_3:$4CaO \cdot Al_2O_3 \cdot Fe_2O_3$

X_4:$2CaO \cdot SiO_2$

在生产中测得 12 组数据,见表 4-5,试建立 Y 关于这些因子的"最优"回归方程。

表 4-5 水泥生产的数据

序号	1	2	3	4	5	6	7	8	9	10	11	12
X_1	7	1	11	11	7	11	3	1	2	21	1	11
X_2	26	29	56	31	52	55	71	31	54	47	40	66
X_3	6	15	8	8	6	9	17	22	18	4	23	9
X_4	60	52	20	47	33	22	6	44	22	26	34	12
Y	78.5	74.3	104.3	87.6	95.9	109.2	102.7	72.5	93.1	115.9	83.8	113.3

对于例 4-4 中的问题,可以使用多元线性回归、多元多项式回归,但也可以考虑使用逐步回归。从逐步回归的原理来看,逐步回归是以上两种回归方法的结合,可以自动使得方程的因子设置最合理。对于该问题,逐步回归的代码如下:

```
X = [7,26,6,60;1,29,15,52;11,56,8,20;11,31,8,47;7,52,6,33;11,55,9,22;3,71,17,6;1,31,22,44;
    2,54,18,22;21,47,4,26;1,40,23,34;11,66,9,12];                    %自变量数据
Y = [78.5,74.3,104.3,87.6,95.9,109.2,102.7,72.5,93.1,115.9,83.8,113.3];   %因变量数据
Stepwise(X,Y,[1,2,3,4],0.05,0.10)          % in=[1,2,3,4]表示 X1、X2、X3、X4 均保留在模型中
```

程序执行后显示逐步回归操作界面,如图 4-4 所示。

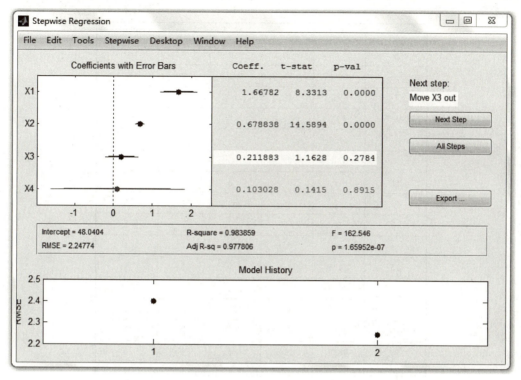

图 4-4 逐步回归操作界面

在图 4-4 中,变量 X1、X2、X3、X4 均保留在模型中,用蓝色行显示,窗口右侧按钮上方提示:Move X3 out(表示将变量 X3 剔除回归方程),单击 Next Step 按钮,进行下一步运算,将第 3 列数据对应的变量 X3 剔除回归方程。单击 Next Step 按钮后,剔除的变量 X3 所对应的行用红色表示,同时又得到提示:Move X4 out(将变量 X4 剔除回归方程),单击 Next Step 按钮,一直重复这样的操作,直到 Next Step 按钮变灰,表明逐步回归结束,此时得到的模型即为逐步回归最终的结果。

4.4 Logistic 回归

【例 4-5】 企业到金融商业机构贷款,金融商业机构需要对企业进行评估。评估结果为 0、1 两种形式,0 表示企业两年后破产,将拒绝贷款;而 1 表示企业两年后具备还款能力,可以贷款。在表 4-6 中,已知前 20 家企业的三项评价指标值和评估结果,试建立模型对其他 5 家企业(企业 21~25)进行评估。

表 4-6 企业还款能力评价表

企业编号	X_1	X_2	X_3	Y	预测值
1	−62.8	−89.5	1.7	0	0
2	3.3	−3.5	1.1	0	0
3	−120.8	−103.2	2.5	0	0
4	−18.1	−28.8	1.1	0	0

续表 4-6

企业编号	X_1	X_2	X_3	Y	预测值
5	-3.8	-50.6	0.9	0	0
6	-61.2	-56.2	1.7	0	0
7	-20.3	-17.4	1	0	0
8	-194.5	-25.8	0.5	0	0
9	20.8	-4.3	1	0	0
10	-106.1	-22.9	1.5	0	0
11	43	16.4	1.3	1	1
12	47	16	1.9	1	1
13	-3.3	4	2.7	1	1
14	35	20.8	1.9	1	1
15	46.7	12.6	0.9	1	1
16	20.8	12.5	2.4	1	1
17	33	23.6	1.5	1	1
18	26.1	10.4	2.1	1	1
19	68.6	13.8	1.6	1	1
20	37.3	33.4	3.5	1	1
21	-49.2	-17.2	0.3	?	0
22	-19.2	-36.7	0.8	?	0
23	40.6	5.8	1.8	?	1
24	34.6	26.4	1.8	?	1
25	19.9	26.7	2.3	?	1

对于该问题,很明显可以用 Logistic 模型来回归,具体求解程序如下:

```
% logistic 回归 MATLAB 实现程序
%% 数据准备
clc, clear, close all
X0 = xlsread('logistic_ex1.xlsx', 'A2:C21');    % 回归模型的输入
Y0 = xlsread('logistic_ex1.xlsx', 'D2:D21');    % 回归模型的输出
X1 = xlsread('logistic_ex1.xlsx', 'A2:C26');    % 预测数据输入
%% logistics 函数
GM = fitglm(X0,Y0,'Distribution','binomial');
Y1 = predict(GM,X1);
%% 模型的评估
N0 = 1:size(Y0,1); N1 = 1:size(Y1,1);
plot(N0', Y0, '-kd');
hold on; scatter(N1', Y1, 'b');
xlabel('数据点编号'); ylabel('输出值');
```

得到的回归结果与原始数据的比较如图 4-5 所示。

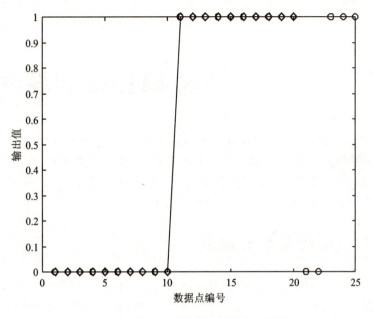

图 4-5 回归结果与原始数据的比较图

4.5 小结

本章主要介绍数学建模中常用的几种回归方法。在使用回归方法的时候,首先要判断自变量的个数,如果超过 2 个,则需要用到多元回归的方法,否则考虑用一元回归。然后判断是线性还是非线性,这对于一元回归是比较容易的,而如果是多元,往往是其他变量保持不变,将多元转化为一元再去判断是线性还是非线性。如果变量很多,而且复杂,则可以首先考虑多元线性回归,检验回归效果,也可以用逐步回归。总之,用回归方法比较灵活,根据具体情景还是比较容易找到合适的方法的。

参考文献

[1] 周英,卓金武,卞月青. 大数据挖掘:系统方法与实例分析[M]. 北京:机械工业出版社,2016.

第 5 章 MATLAB 机器学习方法

近年来,全国赛的题目中,多少都有些数据的题目,而且数据量总体呈不断增加的趋势。这是由于在科研界和工业界已积累了比较丰富的数据,伴随大数据概念的兴起及机器学习(machine learning)技术的发展,这些数据需要转化成更有意义的知识或模型。所以在建模比赛中,只要数据量比较大,就有机器学习的用武之地。

5.1 MATLAB 机器学习概况

机器学习是一门多领域交叉学科,它涉及概率论、统计学、计算机科学以及软件工程。机器学习是指一套工具或方法,凭借这套工具和方法,利用历史数据对机器进行"训练"进而"学习"到某种模式或规律,并建立预测未来结果的模型。

机器学习涉及两类学习方法,如图 5-1 所示。第一类是有监督学习,主要用于决策支持,它利用有标识的历史数据进行训练,以实现对新数据的标识的预测。有监督学习方法主要包括分类和回归,第 4 章介绍的回归方法,从机器学习的角度也是一种有监督的学习方法。本章主要介绍分类方法。第二类是无监督学习,主要用于知识发现,它在历史数据中发现隐藏的模式或内在结构,无监督学习方法主要包括聚类。

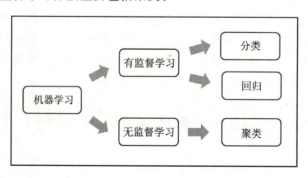

图 5-1 机器学习方法

MATLAB 统计与机器学习工具箱(Statistics and Machine Learning Toolbox)支持大量的分类模型、回归模型和聚类模型,并提供专门的应用程序(APP),以图形化的方式实现模型的训练、验证,以及模型之间的比较。

1. 分 类

分类技术预测的数据对象是离散值。例如,电子邮件是否为垃圾邮件,肿瘤是恶性还是良性等。分类模型将输入数据分类,典型应用包括医学成像、信用评分等。MATLAB 提供的经典分类方法如图 5-2 所示。

2. 聚 类

聚类算法用于在数据中寻找隐藏的模式或分组。聚类算法构成分组或类,类中的数据具有更高的相似度。聚类建模的相似度衡量可以通过欧几里得距离、概率距离或其他指标进行定义。MATLAB 支持的聚类方法如图 5-3 所示。

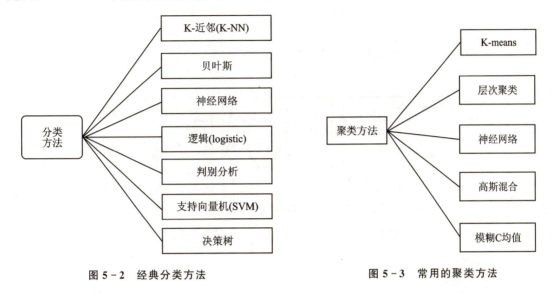

图 5-2　经典分类方法　　　　　　　　图 5-3　常用的聚类方法

以下将通过示例演示如何使用 MATLAB 提供的机器学习相关方法进行数据的分类、回归和聚类。

5.2　分类方法

5.2.1　K-近邻分类

K-近邻（K-NN,K-Nearest Neighbors）算法是一种基于实例的分类方法,最初是由 Cover 和 Hart 于 1968 年提出的,是一种非参数的分类方法。

K-近邻分类方法通过计算每个训练样例到待分类样品的距离,取和待分类样品距离最近的 k 个训练样例,k 个样品中哪个类别的训练样例占多数,则待分类元组就属于哪个类别。使用最近邻确定类别的合理性可用下面的谚语来说明:"如果走像鸭子,叫像鸭子,看起来还像鸭子,那么它很可能就是一只鸭子",如图 5-4 所示。最近邻分类器把每个样例看作 d 维空间上的一个数据点,其中 d 是属性个数。给定一个测试样例,我们可以计算该测试样例与训练集中其他数据点的距离(邻近度),给定样例 z 的 K-近邻是指找出和 z 距离最近的 k 个数据点。

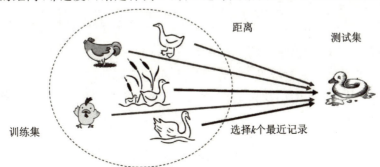

图 5-4　K-NN 方法原理示意图

图 5-5 给出了位于圆圈中心的数据点的 1-近邻、2-近邻和 3-近邻。该数据点根据其近邻的类标号进行分类。如果数据点的近邻中含有多个类标号,则将该数据点指派到其最近邻的多数类。在图 5-5(a)中,数据点的 1-近邻是一个负例,因此该点被指派到负类。如果最近邻是三个,如图 5-5(c)所示,其中包括两个正例和一个负例,根据多数表决方案,该点被指派到正类。在最近邻中正例和负例个数相同的情况下[见图 5-5(b)],可随机选择一个类标号来分类该点。

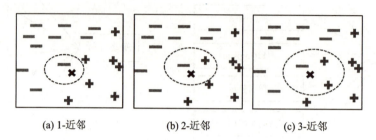

(a) 1-近邻　　　　(b) 2-近邻　　　　(c) 3-近邻

图 5-5　一个实例的 1-近邻、2-近邻和 3-近邻

K-NN 算法具体步骤如下:
① 初始化距离为最大值;
② 计算未知样本和每个训练样本的距离 dist;
③ 得到目前 k 个最临近样本中的最大距离 maxdist;
④ 如果 dist 小于 maxdist,则将该训练样本作为 K-近邻样本;
⑤ 重复步骤②、③、④,直到未知样本和所有训练样本的距离都计算完;
⑥ 统计 k 个最近邻样本中每个类别出现的次数;
⑦ 选择出现频率最大的类别作为未知样本的类别。

根据 K-NN 算法的原理和步骤,可以看出,K-NN 算法对 k 值的依赖较高,所以 k 值的选择就非常重要了。如果 k 太小,预测目标容易产生变动性;相反,如果 k 太大,最近邻分类器可能会误分类测试样例,因为最近邻列表中可能包含远离其近邻的数据点(见图 5-6)。确定 k 值的有益途径是通过有效参数的数目这个概念,有效参数的数目是和 k 值相关的,大致等于 n/k,其中,n 是这个训练数据集中实例的数目。在实践中往往通过若干次实验来确定 k 值,取分类误差率最小的 k 值。

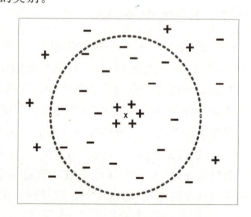

图 5-6　k 较大时的 K-近邻分类

【例 5-1】　背景:一家银行的工作人员通过电话调查客户是否会愿意购买一种理财产品,并记录调查结果 y。另外,银行有这些客户的一些资料 X,包括 16 个属性,如表 5-1 所列。现在希望建立一个分类器,来预测一个新客户是否愿意购买该产品。

表 5-1 银行客户资料的属性及意义

属性名称	属性意义及类型
age	年龄,数值变量
job	工作类型,分类变量
marital	婚姻状况,分类变量
education	学历情况,分类变量
default	信用状况,分类变量
balance	平均每年结余,数值变量
housing	是否有房贷,分类变量
loan	是否有个人贷款,分类变量
contact	留下的通信方式,分类变量
day	上次联系日期中日的数字,数值变量
month	上次联系日期中月的类别,分类变量
duration	上次联系持续时间(秒),数值变量
campaign	本次调查该客户的电话受访次数,数值变量
pdays	上次市场调查后到现在的天数,数值变量
previous	本次调查前与该客户联系的次数,数值变量
poutcome	之前市场调查的结果

现在我们就用 K-NN 算法建立该问题的分类器,在 MATLAB 中具体的实现步骤如下:

(1) 准备环境

```
clc, clear all, close all
```

(2) 导入数据及数据预处理

```
load bank.mat
%将分类变量转换成分类数组
names = bank.Properties.VariableNames;
category = varfun(@iscellstr, bank, 'Output', 'uniform');
for i = find(category)
    bank.(names{i}) = categorical(bank.(names{i}));
end
%跟踪分类变量
catPred = category(1:end-1);
%设置默认随机数生成方式,确保该脚本中的结果是可以重现的
rng('default');
%数据探索——数据可视化
figure(1)
gscatter(bank.balance,bank.duration,bank.y,'kk','xo')
xlabel('年平均余额/万元','fontsize',12)
ylabel('上次接触时间/秒','fontsize',12)
title('数据可视化效果图','fontsize',12)
set(gca,'linewidth',2);
%设置响应变量和预测变量
X = table2array(varfun(@double, bank(:,1:end-1)));   %预测变量
Y = bank.y;     %响应变量
disp('数据中 Yes & No 的统计结果:')
```

```
tabulate(Y)
%将分类数组进一步转换成二进制数组,以便某些算法对分类变量的处理
XNum = [X(:,~catPred) dummyvar(X(:,catPred))];
YNum = double(Y)-1;
```

执行以上程序,会得到数据中 Yes 和 No 的统计结果:

```
Value     Count    Percent
no        888      88.80%
yes       112      11.20%
```

同时还会得到数据的可视化结果,如图 5-7 所示。图 5-7 显示的是两个变量(上次接触时间与年平均余额)的散点图,也可以说是这两个变量的相关性关系图,因为根据这些散点,能大致看出 Yes 和 No 的两类人群关于这两个变量的分布特征。

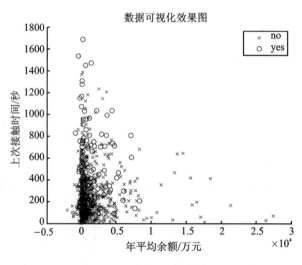

图 5-7　数据可视化结果

(3) 设置交叉验证方式

随机选择 40% 的样本作为测试样本。

```
cv = cvpartition(height(bank),'holdout',0.40);
%训练集
Xtrain = X(training(cv),:);
Ytrain = Y(training(cv),:);
XtrainNum = XNum(training(cv),:);
YtrainNum = YNum(training(cv),:);
%测试集
Xtest = X(test(cv),:);
Ytest = Y(test(cv),:);
XtestNum = XNum(test(cv),:);
YtestNum = YNum(test(cv),:);
disp('训练集:')
tabulate(Ytrain)
disp('测试集:')
tabulate(Ytest)
```

程序执行结果如下:

训练集：
```
Value    Count      Percent
  no      528        88.00%
  yes      72        12.00%
```
测试集：
```
Value    Count      Percent
  no      360        90.00%
  yes      40        10.00%
```

(4) 训练 K-NN 分类器

```
knn = ClassificationKNN.fit(Xtrain,Ytrain,'Distance','seuclidean',...
                            'NumNeighbors',5);
%进行预测
[Y_knn, Yscore_knn] = knn.predict(Xtest);
Yscore_knn = Yscore_knn(:,2);
%计算混淆矩阵
disp('最近邻方法分类结果：')
C_knn = confusionmat(Ytest,Y_knn)
```

最近邻方法分类结果如下：

```
C_knn =
    352     8
     28    12
```

K-NN 方法在类别决策时，只与极少量的相邻样本有关，因此，采用这种方法可以较好地避免样本的不平衡问题。另外，由于 K-NN 方法主要靠周围有限的邻近的样本，而不是靠判别类域的方法来确定所属类别，因此对于类域的交叉或重叠较多的待分样本集来说，K-NN 方法较其他方法更为适合。

该方法的不足之处是计算量较大，因为对每一个待分类的样本都要计算它到全体已知样本的距离，才能求得它的 k 个最近邻点。针对该不足，主要有以下两类改进方法：

① 对于计算量大的问题，目前常用的解决方法是事先对已知样本点进行剪辑，去除对分类作用不大的样本。这样可以挑选出对分类计算有效的样本，使样本总数合理地减少，以同时达到减少计算量、存储量的双重效果。该算法适用于样本容量比较大的类域的自动分类，而那些样本容量较小的类域，采用这种算法容易产生误分。

② 对样本进行组织、整理、分群、分层，尽可能将计算压缩到接近测试样本邻域的小范围内，避免盲目地与训练样本集中的每个样本进行距离计算。

总的来说，该算法的适应性强，尤其适用于样本容量比较大的自动分类问题，而那些样本容量较小的分类问题，采用这种算法容易产生误分。

5.2.2 贝叶斯分类

贝叶斯分类是一类分类算法的总称，这类算法均以贝叶斯定理为基础，故统称为贝叶斯分类。

贝叶斯分类是一类利用概率统计知识进行分类的算法，其分类原理是贝叶斯定理。贝叶斯定理是由 18 世纪概率论和决策论的早期研究者 Thomas Bayes 发明的，故用其名字命名为贝叶斯定理。

贝叶斯定理(Bayes' theorem)是概率论中的一个结果，它跟随机变量的条件概率以及边缘概率分布有关。在有些关于概率的解说中,贝叶斯定理能够告诉我们如何利用新证据修改已有的看法。通常,事件 A 在事件 B(发生)的条件下的概率,与事件 B 在事件 A 的条件下的概率是不一样的;然而,这两者有确定的关系,贝叶斯定理就是对这种关系的陈述。

假设 X、Y 是一对随机变量,它们的联合概率 $P(X=x,Y=y)$ 是指 X 取值 x 且 Y 取值 y 的概率,条件概率是指一随机变量在另一随机变量取值已知的情况下取某一特定值的概率。例如,条件概率 $P(Y=y|X=x)$ 是指在变量 X 取值 x 的情况下,变量 Y 取值 y 的概率。X 和 Y 的联合概率、条件概率满足如下关系:

$$P(X,Y) = P(Y|X)P(X) = P(X|Y)P(Y)$$

此式变形可得到下面的公式:

$$P(Y|X) = \frac{P(X|Y)P(Y)}{P(X)}$$

称为贝叶斯定理。

贝叶斯定理很有用,因为它允许我们用先验概率 $P(Y)$、条件概率 $P(X|Y)$ 和证据 $P(X)$ 来表示后验概率。而在贝叶斯分类器中,朴素贝叶斯最为常用,下面介绍朴素贝叶斯的原理。

朴素贝叶斯分类是一种十分简单的分类算法,叫它朴素贝叶斯分类是因为这种方法的思想真的很朴素。朴素贝叶斯的思想基础是这样的:对于给出的待分类项,求解在此项出现的条件下各个类别出现的概率,哪个最大,就认为此待分类项属于哪个类别。通俗来说,就好比你在街上看到一个黑人,我让你猜他是从哪里来的,你十有八九猜非洲。为什么呢?因为黑人中非洲人的比率最高,当然也可能是美洲人或亚洲人,但在没有其他可用信息的条件下,我们会选择条件概率最大的类别,这就是朴素贝叶斯的思想基础。

朴素贝叶斯分类器以简单的结构和良好的性能受到人们的关注,它是最优秀的分类器之一。朴素贝叶斯分类器建立在一个类条件独立性假设(朴素假设)基础之上:给定类结点(变量)后,各属性结点(变量)之间相互独立。根据朴素贝叶斯的类条件独立假设,则有

$$P(X|C_i) = \prod_{k=1}^{m} P(X_k|C_i)$$

条件概率 $P(X_1|C_i)$,$P(X_2|C_i)$,$\cdots$,$P(X_n|C_i)$ 可以从训练数据集求得。根据此方法,对一个未知类别的样本 X,可以先计算出 X 属于每一个类别 C_i 的概率 $P(X|C_i)P(C_i)$,然后选择其中概率最大的类别作为其类别。

朴素贝叶斯分类的正式步骤如下:
① 设 $x=\{a_1,a_2,\cdots,a_m\}$ 为一个待分类项,而每个 a 为 x 的一个特征属性;
② 有类别集合 $C=\{y_1,y_2,\cdots,y_n\}$;
③ 计算 $P(y_1|x),P(y_2|x),\cdots,P(y_n|x)$;
④ 如果 $P(y_k|x)=\max\{P(y_1|x),P(y_2|x),\cdots,P(y_n|x)\}$,则 $x\in y_k$。

那么现在的关键就是如何计算第③步中的各条件概率,我们可以这么做:
(a) 找到一个已知分类的待分类项集合,这个集合叫作训练样本集。
(b) 统计得到在各类别下各个特征属性的条件概率估计,即

$$P(a_1|y_1),P(a_2|y_1),\cdots,P(a_m|y_1);$$
$$P(a_1|y_2),P(a_2|y_2),\cdots,P(a_m|y_2);$$
$$\vdots$$
$$P(a_1|y_n),P(a_2|y_n),\cdots,P(a_m|y_n)$$

(c) 如果各个特征属性是条件独立的,则根据贝叶斯定理有如下推导:

$$P(y_i \mid x) = \frac{P(x \mid y_i)P(y_i)}{P(x)}$$

因为分母对于所有类别为常数,因此只要将分子最大化即可;又因为各特征属性是条件独立的,所以有

$$P(x \mid y_i)P(y_i) = P(a_1 \mid y_i)P(a_2 \mid y_i)\cdots P(a_m \mid y_i)P(y_i) = P(y_i)\prod_{j=1}^{m} P(a_j \mid y_i)$$

根据上述分析,朴素贝叶斯分类的流程可以由图 5-8 表示(暂时不考虑验证)。

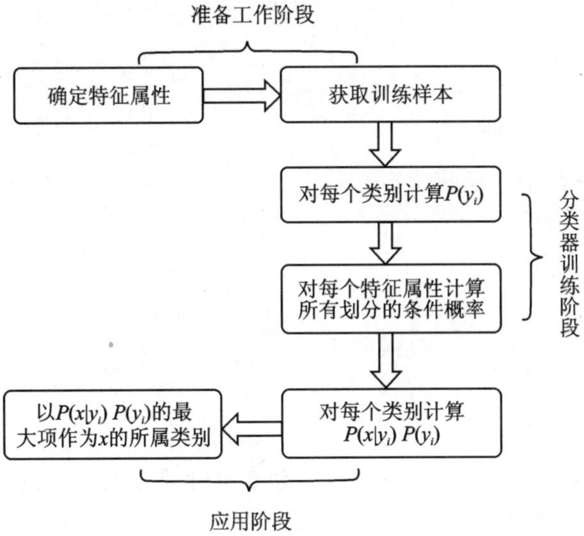

图 5-8 朴素贝叶斯分类流程图

由图 5-8 可以看到,整个朴素贝叶斯分类分为三个阶段:

第一阶段:准备工作阶段。这个阶段的任务是为朴素贝叶斯分类做必要的准备,主要工作是根据具体情况确定特征属性,并对每个特征属性进行适当划分,然后由人工对一部分待分类项进行分类,形成训练样本集合。这一阶段的输入是所有待分类数据,输出是特征属性和训练样本。这一阶段是整个朴素贝叶斯分类中唯一需要人工完成的阶段,其质量对整个过程将有重要影响。分类器的质量很大程度上由特征属性、特征属性划分及训练样本质量决定。

第二阶段:分类器训练阶段。这个阶段的任务就是生成分类器,主要工作是计算每个类别在训练样本中的出现频率及每个特征属性划分对每个类别的条件概率估计,并记录结果。其输入是特征属性和训练样本,输出是分类器。这一阶段是机械性阶段,根据前面讨论的公式,由程序自动计算完成。

第三阶段:应用阶段。这个阶段的任务是使用分类器对待分类项进行分类,其输入是分类器和待分类项,输出是待分类项与类别的映射关系。这一阶段也是机械性阶段,由程序完成。

朴素贝叶斯算法成立的前提是各属性之间相互独立。当数据集满足这种独立性假设时,分类的准确度较高,否则可能较低。另外,该算法没有分类规则输出。

在许多场合,朴素贝叶斯(Naïve Bayes,NB)分类可以与决策树和神经网络分类算法相媲美,其算法能运用到大型数据库中,且方法简单,分类准确率高,速度快。由于贝叶斯定理假设一个属性值对给定类的影响独立于其他的属性值,而此假设在实际情况中经常是不成立的,因

此其分类准确率可能会下降。为此,就出现了许多降低独立性假设的贝叶斯分类算法,如 TAN(Tree Augmented Bayes Network)算法、贝叶斯网络分类器(Bayesian Network Classifier,BNC)。

【例 5-2】 用朴素贝叶斯算法来训练例 5-1 中关于银行市场调查的分类器。

具体实现代码如下:

```
dist = repmat({'normal'},1,width(bank)-1);
dist(catPred) = {'mvmn'};
%训练分类器
Nb = NaiveBayes.fit(Xtrain,Ytrain,'Distribution',dist);
%进行预测
Y_Nb = Nb.predict(Xtest);
Yscore_Nb = Nb.posterior(Xtest);
Yscore_Nb = Yscore_Nb(:,2);
%计算混淆矩阵
disp('贝叶斯方法分类结果:')
C_nb = confusionmat(Ytest,Y_Nb)
```

贝叶斯方法分类结果如下:

```
C_nb =
   305    55
    19    21
```

朴素贝叶斯分类器一般具有以下特点:

① 简单、高效、健壮。面对孤立的噪声点,朴素贝叶斯分类器是健壮的,因为从数据中估计条件概率时,这些点被平均;另外,朴素贝叶斯分类器也可以处理属性值遗漏问题。而面对无关属性,该分类器依然是健壮的,因为如果 X_i 是无关属性,那么 $P(X_i|Y)$ 几乎变成了均匀分布,X_i 的类条件概率不会对总的后验概率的计算产生影响。

② 相关属性可能会降低朴素贝叶斯分类器的性能,因为对这些属性,条件独立的假设已不成立。

5.2.3 支持向量机分类

支持向量机(Support Vector Machine,SVM)法是由 Vapnik 等人于 1995 年提出的,具有相对优良的性能指标。该方法是建立在统计学理论基础上的机器学习方法。通过学习算法,SVM 可以自动找出那些对分类有较好区分能力的支持向量,由此构造出的分类器可以最大化类与类的间隔,因而有较好的适应能力和较高的分辨率。该方法只需由各类域的边界样本的类别来决定最后的分类结果。

SVM 属于有监督(有导师)学习方法,即已知训练点的类别,求训练点和类别之间的对应关系,以便将训练集按照类别分开,或者是预测新的训练点所对应的类别。由于 SVM 在实例的学习中能够提供清晰、直观的解释,所以在文本分类、文字识别、图像分类、升序序列分类等方面的实际应用中,其都呈现了非常好的性能。

SVM 构建了一个分割两类的超平面(这也可以扩展到多类问题)。在构建的过程中,SVM 算法试图使两类之间的分割达到最大化,如图 5-9 所示。

以一个很大的边缘分隔两个类可以使期望泛化误差最小化。"最小化泛化误差"的含义是:当对新的样本(数值未知的数据点)进行分类时,基于学习所得的分类器(超平面),使我们

(对其所属分类)预测错误的概率被最小化。直觉上,这样的一个分类器实现了两个分类之间的分离边缘最大化。图5-9解释了"最大化边缘"的概念。和分类器平面平行、分别穿过数据集中的一个或多个点的两个平面称为边界平面(bounding plane),这些边界平面的距离称为边缘(margin),而"通过SVM学习"的含义是找到最大化这个边缘的超平面。落在边界平面上的

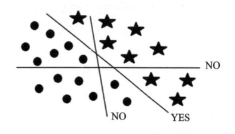

图5-9 SVM划分算法示意图

(数据集中的)点称为支持向量(support vector)。这些点在这一理论中的作用至关重要,故称为"支持向量机"。支持向量机的基本思想就是,与分类器平行的两个平面,能很好地分开两类不同的数据,且穿越两类数据区域集中的点,现在欲寻找最佳超几何分隔平面使之与两个平面间的距离最大,如此便能实现分类总误差最小。支持向量机是基于统计学模式识别理论之上的,其理论相对难懂一些,因此我们侧重用实例来引导和讲解。

支持向量机最初是在研究线性可分问题的过程中提出的,所以这里先来介绍线性SVM的基本原理。不失一般性,假设容量为 n 的训练样本集 $\{(\boldsymbol{x}_i, y_i), i=1,2,\cdots,n\}$ 由两个类别组成(黑体符号表示向量或矩阵),若 $\boldsymbol{x}_i$ 属于第一类,则记为 $y_i=1$;若 $\boldsymbol{x}_i$ 属于第二类,则记为 $y_i=-1$。

若存在分类超平面:

$$\boldsymbol{w}^\mathrm{T}\boldsymbol{x}+b=0$$

能够将样本正确地划分成两类,即相同类别的样本都落在分类超平面的同一侧,则称该样本集是线性可分的,即满足:

$$\begin{cases} \boldsymbol{w}^\mathrm{T}\boldsymbol{x}_i+b \geqslant 1, y_i=1 \\ \boldsymbol{w}^\mathrm{T}\boldsymbol{x}_i+b \leqslant -1, y_i=-1 \end{cases} \tag{5-1}$$

此处,可知平面 $\boldsymbol{w}^\mathrm{T}\boldsymbol{x}_i+b=1$ 和 $\boldsymbol{w}^\mathrm{T}\boldsymbol{x}_i+b=-1$ 即为该分类问题中的边界超平面,这个问题可以回归到初中学过的线性规划问题。边界超平面 $\boldsymbol{w}^\mathrm{T}\boldsymbol{x}_i+b=1$ 到原点的距离为 $\frac{|b-1|}{\|\boldsymbol{w}\|}$;而边界超平面 $\boldsymbol{w}^\mathrm{T}\boldsymbol{x}_i+b=-1$ 到原点的距离为 $\frac{|b+1|}{\|\boldsymbol{w}\|}$。所以这两个边界超平面的距离是 $\frac{2}{\|\boldsymbol{w}\|}$。同时注意,这两个边界超平面是平行的。而根据SVM的基本思想,最佳超平面应该使两个边界平面的距离最大化,即最大化 $\frac{2}{\|\boldsymbol{w}\|}$,也就是最小化其倒数,即

$$\min \frac{\|\boldsymbol{w}\|}{2}=\frac{1}{2}\sqrt{\boldsymbol{w}^\mathrm{T}\boldsymbol{w}} \tag{5-2}$$

为了求解这个超平面的参数,可以以最小化式(5-2)为目标,而其要满足式(5-1)。式(5-1)中的两个表达式可以综合表达为

$$y_i(\boldsymbol{w}^\mathrm{T}\boldsymbol{x}_i+b) \geqslant 1$$

由此,可以得到如下目标规划问题:

$$\min \frac{\|\boldsymbol{w}\|}{2}=\frac{1}{2}\sqrt{\boldsymbol{w}^\mathrm{T}\boldsymbol{w}}$$

$$\mathrm{s.t.} \ y_i(\boldsymbol{w}^\mathrm{T}\boldsymbol{x}_i+b) \geqslant 1, \quad i=1,2,\cdots,n$$

得到这个形式以后,就可以很明显地看出它是一个凸优化问题,或者更具体地说,它是一个二次优化问题——目标函数是二次的,约束条件是线性的。这个问题可以用现成的 QP(Quadratic Programming)的优化包进行求解。虽然这个问题确实是一个标准 QP 问题,但是也有其特殊结构,通过拉格朗日变换到对偶变量(dual variable)的优化问题之后,可以找到一种更加有效的方法来进行求解。通常情况下,这种方法比直接使用通用的 QP 优化包进行优化更高效,而且便于推广。拉格朗日变换的作用,简单来说,就是通过给每一个约束条件加上一个拉格朗日乘值(Lagrange multiplier)α,就可以将约束条件融合到目标函数里去(也就是说,把条件融合到一个函数里,现在只用一个函数表达式便能清楚地表达出我们的问题)。该问题的拉格朗日表达式为

$$L(\boldsymbol{w},b,\boldsymbol{\alpha}) = \frac{1}{2}\|\boldsymbol{w}\|^2 - \sum a_i[y_i(\boldsymbol{w}^T\boldsymbol{x}_i+b)-1]$$

式中,$a_i > 0 (i=1,2,\cdots,n)$,为 Lagrange 系数。

然后依据拉格朗日对偶理论将其转化为对偶问题,即

$$\begin{cases} \max L(\boldsymbol{\alpha}) = \sum_{i=1}^n a_i - \frac{1}{2}\sum_{i=1}^n\sum_{j=1}^n a_i a_j y_i y_j (\boldsymbol{x}_i^T \boldsymbol{x}_j) \\ \text{s.t.} \sum_{i=1}^n a_i y_i = 0, a_i \geqslant 0 \end{cases}$$

这个问题可以用二次规划方法求解。设求解所得的最优解为 $\boldsymbol{a}^* = [a_1^*, a_2^*, \cdots, a_n^*]^T$,则可以得到最优的 $\boldsymbol{w}^*$ 和 $\boldsymbol{b}^*$ 为

$$\begin{cases} \boldsymbol{w}^* = \sum_{i=1}^n a_i^* \boldsymbol{x}_i y_i \\ b^* = -\frac{1}{2}\boldsymbol{w}^*(\boldsymbol{x}_r + \boldsymbol{x}_s) \end{cases}$$

式中,$\boldsymbol{x}_r$ 和 $\boldsymbol{x}_s$ 为两个类别中任意的一对支持向量。

最终得到的最优分类函数为

$$f(x) = \text{sgn}\left[\sum_{i=1}^n a_i^* y_i(\boldsymbol{x}^T \boldsymbol{x}_i) + b^*\right]$$

在输入空间中,如果数据不是线性可分的,那么 0 支持向量机通过非线性映射 $\phi:R^n \to F$ 将数据映射到某个其他点积空间(称为特征空间)F,然后在 F 中执行上述线性算法。这只需计算点积 $[\phi(\boldsymbol{x})]^T\phi(\boldsymbol{x})$ 即可完成映射。在很多文献中,这一函数被称为核函数(kernel),用 $K(\boldsymbol{x},\boldsymbol{y}) = [\phi(\boldsymbol{x})]^T\phi(\boldsymbol{x})$ 表示。

支持向量机的理论有三个要点:
① 最大化间距;
② 核函数;
③ 对偶理论。

对于线性 SVM,还有一种更便于理解和便于 MATLAB 编程的求解方法,即引入松弛变量,转化为纯线性规划问题。同时引入松弛变量后,SVM 更符合大部分的样本,因为对于大部分的情况,很难将所有的样本都能明显地分成两类,总有少数样本导致寻找不到最佳超平面的情况。为了加深大家对 SVM 的理解,本书也详细介绍一下这种 SVM 的解法。

一个典型的线性 SVM 模型可以表示为

$$\begin{cases} \min \dfrac{\|\boldsymbol{w}\|^2}{2} + v \sum_{i=1}^{n} \lambda_i \\ \text{s.t.} \begin{cases} y_i(\boldsymbol{w}^\mathrm{T}\boldsymbol{x}_i + \boldsymbol{b}) + \lambda_i \geq 1 \\ \lambda_i \geq 0 \end{cases}, i=1,2,\cdots,n \end{cases}$$

Mangasarian 证明该模型与下面模型的解几乎完全相同:

$$\begin{cases} \min v \sum_{i=1}^{n} \lambda_i \\ \text{s.t.} \begin{cases} y_i(\boldsymbol{w}^\mathrm{T}\boldsymbol{x}_i + \boldsymbol{b}) + \lambda_i \geq 1 \\ \lambda_i \geq 0 \end{cases}, i=1,2,\cdots,n \end{cases}$$

这样,对于二分类的 SVM 问题就可以转化为非常便于求解的线性规划问题了。

【例 5-3】 用支持向量机的方法来训练例 5-1 中关于银行市场调查的分类器。具体实现代码如下:

```
opts = statset('MaxIter',45000);
% 训练分类器
svmStruct = svmtrain(Xtrain,Ytrain,'kernel_function','linear',
                    'kktviolationlevel',0.2,'options',opts);
% 进行预测
Y_svm = svmclassify(svmStruct,Xtest);
Yscore_svm = svmscore(svmStruct, Xtest);
Yscore_svm = (Yscore_svm - min(Yscore_svm))/range(Yscore_svm);
% 计算混淆矩阵
disp('SVM 方法分类结果:')
C_svm = confusionmat(Ytest,Y_svm)
```

SVM 方法分类结果如下:

```
C_svm =
   276    84
     9    31
```

* SVM 具有许多很好的性质,因此它已经成为广泛使用的分类算法之一。下面简要总结 SVM 的一般特征。

① SVM 学习问题可以表示为凸优化问题,因此可以利用已知的有效算法发现目标函数的全局最小值。而其他的分类方法(如基于规则的分类器和人工神经网络)都采用一种基于贪心学习的策略来搜索假设空间,这种方法一般只能获得局部最优解。

② SVM 通过最大化决策边界的边缘来控制模型的能力。尽管如此,用户必须提供其他参数,如使用的核函数类型,为了引入松弛变量所需的代价函数 C 等。当然一些 SVM 工具都会有默认设置,一般选择默认的设置就可以了。

③ 通过对数据中每个分类属性值引入一个亚变量,SVM 就可以应用于分类数据。例如,如果婚姻状况有三个值(单身,已婚,离异),就可以对每一个属性值引入一个二元变量。

5.3 聚类方法

5.3.1 K-means 聚类

K-means 算法(即 K-均值聚类算法)是著名的划分聚类分割方法。划分方法的基本思想是:给定一个有 N 个元组或者记录的数据集,分裂法将构造 K 个分组,每一个分组就代表一个聚类,$K<N$,而且这 K 个分组满足下列条件:

① 每一个分组至少包含一个数据记录;
② 每一个数据记录属于且仅属于一个分组。

对于给定的 K,算法首先给出一个初始的分组方法,以后通过反复迭代的方法改变分组,使得每一次改进之后的分组方案都较前一次好。而所谓好的标准就是:同一分组中的记录越近越好(已经收敛,反复迭代至组内的数据几乎无差异),而不同分组中的记录越远越好。

K-means 算法的工作原理:首先随机从数据集中选取 K 个点,每个点初始地代表每个簇的聚类中心,然后计算剩余各个样本到聚类中心的距离,将它赋给最近的簇,接着重新计算每一簇的平均值,整个过程不断重复,如果相邻两次调整没有明显变化,则说明数据聚类形成的簇已经收敛。本算法的一个特点是在每次迭代中都要考察每个样本的分类是否正确。若不正确,就要调整,在全部样本调整完后,再修改聚类中心,进入下一次迭代。这个过程将不断重复直到满足某个终止条件,终止条件可以是以下任何一个:

① 没有对象被重新分配给不同的聚类;
② 聚类中心再发生变化;
③ 误差平方和局部最小。

K-means 算法步骤:

① 从 n 个数据对象中任意选择 k 个对象作为初始聚类中心。
② 根据每个聚类对象的均值(中心对象),计算每个对象与这些中心对象的距离,并根据最小距离重新对相应对象进行划分。
③ 重新计算每个聚类的均值(中心对象),直到聚类中心不再变化。这种划分使得下式最小:

$$E = \sum_{j=1}^{k} \sum_{x_i \in \omega_j} \| x_i - m_j \|^2$$

式中,x_i 为第 i 样本点的位置;m_j 第 j 个聚类中心的位置。

④ 循环第②、③步,直到每个聚类不再发生变化为止。

K-means 算法是很典型的基于距离的聚类算法,采用距离作为相似性的评价指标,即认为两个对象的距离越近,其相似度就越大。该算法认为簇是由距离靠近的对象组成的,因此把得到紧凑且独立的簇作为最终目标。

K-means 算法:

输入:聚类个数 k,以及包含 n 个数据对象的数据库。
输出:满足方差最小标准的 k 个聚类。
处理流程:

① 从 n 个数据对象中任意选择 k 个对象作为初始聚类中心;

② 根据每个聚类对象的均值(中心对象),计算每个对象与这些中心对象的距离,并根据最小距离重新对相应对象进行划分;

③ 重新计算每个(有变化)聚类的均值(中心对象);

④ 循环②、③,直到每个聚类不再发生变化为止。

K-means 算法接受输入量 k,然后将 n 个数据对象划分为 k 个聚类,以便使所获得的聚类满足:同一聚类中的对象相似度较高,而不同聚类中的对象相似度较小。聚类相似度是利用各聚类中对象的均值获得一个"中心对象"(引力中心)来进行计算的。

K-means 算法的特点:采用两阶段反复循环过程算法,结束的条件是不再有数据元素被重新分配。

下面以一个小实例为载体来学习如何用 K-means 算法实现实际的分类问题。

【例 5-4】 已知有 20 个样本,每个样本有 2 个特征,数据分布如表 5-3 所列,试对这些数据进行分类。

表 5-3 数据分布

X_1	0	1	0	1	2	1	2	3	6	7
X_2	0	0	1	1	1	2	2	2	6	6
X_1	8	6	7	8	9	7	8	9	8	9
X_2	6	7	7	7	7	8	8	8	9	9

根据以上理论编写本实例的 MATLAB 程序。

程序编号	P5-1	文件名称	kmeans_v1	说明	K-means 方法的 MATLAB 实现

```
%% K-means 方法的 MATLAB 实现
%% 数据准备和初始化
clc
clear
x = [0 0;1 0;0 1;1 1;2 1;1 2;2 2;3 2;6 6;7 6;
     6 7;7 7;8 7;9 7;7 8;8 8;9 8;8 9;9 9];
z = zeros(2,2);
z1 = zeros(2,2);
z = x(1:2,1:2);
%% 寻找聚类中心
while 1
    count = zeros(2,1);
    allsum = zeros(2,2);
    for i = 1:20  % 对每一个样本 i,计算到两个聚类中心的距离
        temp1 = sqrt((z(1,1) - x(i,1)).^2 + (z(1,2) - x(i,2)).^2);
        temp2 = sqrt((z(2,1) - x(i,1)).^2 + (z(2,2) - x(i,2)).^2);
        if(temp1<temp2)
            count(1) = count(1) + 1;
            allsum(1,1) = allsum(1,1) + x(i,1);
            allsum(1,2) = allsum(1,2) + x(i,2);
        else
            count(2) = count(2) + 1;
            allsum(2,1) = allsum(2,1) + x(i,1);
            allsum(2,2) = allsum(2,2) + x(i,2);
        end
    end
    z1(1,1) = allsum(1,1)/count(1);
```

```
            z1(1,2) = allsum(1,2)/count(1);
            z1(2,1) = allsum(2,1)/count(2);
            z1(2,2) = allsum(2,2)/count(2);
            if(z == z1)
                break;
            else
                z = z1;
            end
end
%% 结果显示
disp(z1);              % 输出聚类中心
plot( x(:,1), x(:,2),'k*',...
    'LineWidth',2,...
    'MarkerSize',10,...
    'MarkerEdgeColor','k',...
    'MarkerFaceColor',[0.5,0.5,0.5])
hold on
plot(z1(:,1),z1(:,2),'ko',...
    'LineWidth',2,...
    'MarkerSize',10,...
    'MarkerEdgeColor','k',...
    'MarkerFaceColor',[0.5,0.5,0.5])
set(gca,'linewidth',2) ;
xlabel('特征 x1','fontsize',12);
ylabel('特征 x2', 'fontsize',12);
title('K-means 分类图 ','fontsize',12);
```

运行程序,可以很快得到结果,如图 5-10 所示,可以看出,K-means 聚类的效果非常显著。

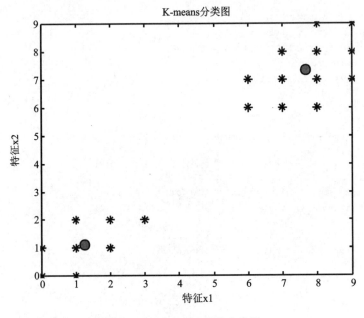

图 5-10 K-means 聚类分类图

以上实例中,根据 K-means 算法步骤,通过自主编程就可以实现对问题的聚类,这对加深算法的理解非常有帮助。在实际中,也可以使用更集成的方法,就是指使用 kmeans 函数。在以下实例中将介绍如何使用 MATLAB 自带的 kmeans 函数高效实现该方法。

【例 5-5】 背景:一家银行希望对债券进行分类,但不知道分成几类合适。已经知道这些债券的一些基本的属性(如表 5-4 所列),和这些债券的目前的评级,所以希望先通过聚类来确定分成几类合适。

表 5-4 客户资料的属性及意义

属性名称	属性意义及类型
Type	债券的类型,分类变量
Name	发行债券的公司名称,字符变量
Price	债券的价格,数值型变量
Coupon	票面利率,数值变量
Maturity	到期日,符号日期
YTM	到期收益率,数值变量
CurrentYield	当前收益率,数值变量
Rating	评级结果,分类变量
Callable	是否随时可偿还,分类变量

下面用 K-means 算法来对这些债券样本进行聚类,在 MATLAB 中具体的实现步骤如下:

(1) 导入数据和预处理数据

```
clc, clear all, close all
load BondData
settle = floor(date);
% 数据预处理
bondData.MaturityN = datenum(bondData.Maturity,'dd-mmm-yyyy');
bondData.SettleN = settle * ones(height(bondData),1);
% 筛选数据
corp = bondData(bondData.MaturityN > settle &...
                bondData.Type == 'Corp'&...
                bondData.Rating >= 'CC'&...
                bondData.YTM < 30 &...
                bondData.YTM >= 0, :);
% 设置随机数生成方式,保证结果可重现
rng('default');
```

(2) 探索数据

```
Figure
gscatter(corp.Coupon,corp.YTM,corp.Rating)
set(gca,'linewidth',2);
xlabel('票面利率')
ylabel('到期收益率')
% 选择聚类变量
corp.RatingNum = double(corp.Rating);
bonds = corp{:,{'Coupon','YTM','CurrentYield','RatingNum'}};
% 设置类别数量
```

```
numClust = 3;
% 设置用于可视化聚类效果的变量
VX = [corp.Coupon, double(corp.Rating), corp.YTM];
```

执行以上代码产生了如图 5-11 所示的数据分布图,通过该图可以看出债券评级结果与指标变量之间的大致关系,即到期收益率越大,票面利率越大,债券被评为 CC 或 CCC 级别的可能性越高。

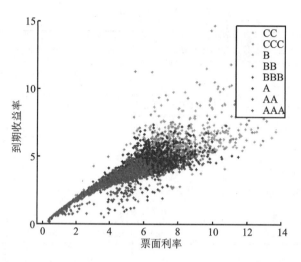

图 5-11 数据分布图

(3) K-means 聚类

```
dist_k = 'cosine';
kidx = kmeans(bonds, numClust,'distance', dist_k);
% 绘制聚类效果图
Figure
F1 = plot3(VX(kidx == 1,1), VX(kidx == 1,2),VX(kidx == 1,3),'r*',...
           VX(kidx == 2,1), VX(kidx == 2,2),VX(kidx == 2,3),'bo',...
           VX(kidx == 3,1), VX(kidx == 3,2),VX(kidx == 3,3),'kd');
set(gca,'linewidth',2);
grid on;
set(F1,'linewidth',2, 'MarkerSize',8);
xlabel(' 票面利率 ','fontsize',12);
ylabel(' 评级得分 ','fontsize',12);
ylabel(' 到期收益率 ','fontsize',12);
title('K - means 方法聚类结果 ')
% 评估各类别的相关程度
dist_metric_k = pdist(bonds,dist_k);
dd_k = squareform(dist_metric_k);
[~,idx] = sort(kidx);
dd_k = dd_k(idx,idx);
figure
imagesc(dd_k)
set(gca,'linewidth',2);
xlabel(' 数据点 ','fontsize',12)
ylabel(' 数据点 ', 'fontsize',12)
title('K - means 聚类结果相关程度图 ', 'fontsize',12)
ylabel(colorbar,[' 距离矩阵:', dist_k])
axis square
```

以上代码具体执行了 K-means 方法聚类,并将结果以聚类效果图(见图 5-12)和簇间的相关程度图(见图 5-13)的形式表现了出来。

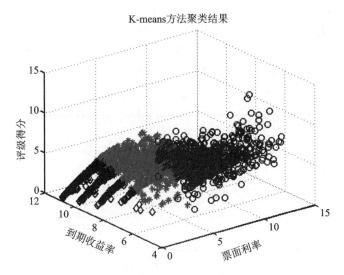

图 5-12　K-means 方法聚类结果图

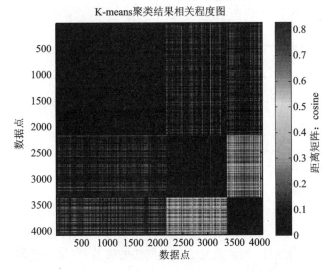

图 5-13　K-means 聚类结果簇间的相关程度图

① 在 K-means 算法中,K 是事先给定的,这个 K 值的选定是非常难以估计的。

② 在 K-means 算法中,首先需要根据初始聚类中心来确定一个初始划分,然后对初始划分进行优化。

③ K-means 算法需要不断地进行样本分类调整,不断地计算调整后的新的聚类中心,因此当数据量非常大时,算法计算的时间非常长。

④ K-means 算法对一些离散点和初始 K 值敏感,不同的距离初始值对同样的数据样本可能得到不同的结果。

5.3.2 层次聚类

层次聚类算法是通过将数据组织为若干组并形成一个相应的树来进行聚类的。根据层次是自底向上还是自顶向下形成,层次聚类算法可以进一步分为凝聚型的聚类(AGENES)算法和分裂型的聚类(DIANA)算法,如图 5-14 所示。一个完全层次聚类的质量由于无法对已经做的合并或分解进行调整而受到影响。但是层次聚类算法没有使用准则函数,它所含的对数据结构的假设更少,所以它的通用性更强。

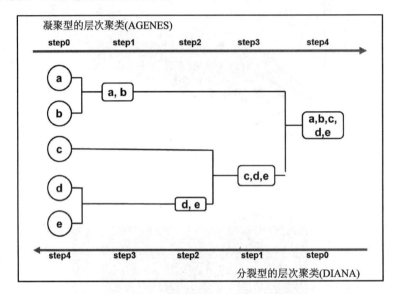

图 5-14 凝聚型和分裂型的层次聚类的处理过程

在实际应用中,一般有两种层次聚类方法。

① 凝聚型的层次聚类:这种自底向上的策略首先将每个对象作为一个簇,然后将这些原子簇合并为越来越大的簇,直到所有的对象都在一个簇中,或者某个终结条件被达到要求。大部分的层次聚类方法都属于一类,它们在簇间的相似度的定义有点不一样。

② 分裂型的层次聚类:这种自顶向下的策略与凝聚型的层次聚类有些不一样,它首先将所有对象放在一个簇中,然后慢慢地细分为越来越小的簇,直到每个对象自行形成一簇,或者直达满足其他的一个终结条件,例如满足了某个期望的簇数目,又或者两个最近的簇之间的距离达到了某一个阈值。

图 5-14 描述了一个凝聚型的层次聚类方法和一个分裂型的层次聚类方法在一个包括五个对象数据集合{a,b,c,d,e}上的处理过程。初始时,AGENES 将每个样本点自为一簇,之后这样的簇依照某一种准则逐渐合并。例如,簇 C1 中的某个样本点和簇 C2 中的一个样本点相隔的距离是所有不同类簇的样本点间欧几里得距离最近的,则认为簇 C1 和簇 C2 是相似可合并的。这就是一类单链接的方法,其每一个簇能够被簇中其他所有的对象所代表,两簇之间的相似度是由这里的两个不同簇中的距离最相近的数据点对的相似度来定义的。聚类的合并进程往复地进行,直到其他的对象合并形成了一个簇。而 DIANA 方法的运行过程中,初始时 DIANA 将所有样本点归为同一类簇,然后根据某种准则进行逐渐分裂。例如,类簇 C 中两个样本点 A 和 B 之间的距离是类簇 C 中所有样本点间距离最远的一对,那么样本点 A 和 B 将分裂成两个簇 C1 和 C2,并且先前类簇 C 中其他样本点根据与 A 和 B 之间的距离,分别纳入

到簇 C1 和 C2 中（例如，类簇 C 中样本点 O 与样本点 A 的欧几里得距离为 2，与样本点 B 的欧几里得距离为 4，因为 Distance(A,O)＜Distance(B,O)，所以 O 将纳入到类簇C1 中）。

AGENES 算法的核心步骤：

输入：K（目标类簇数）、D（样本点集合）；

输出：K 个类簇集合。

AGENES 算法的具体步骤：

① 将 D 中每个样本点当作其类簇；

② 重复第①步；

③ 找到分属两个不同类簇，且距离最近的样本点对；

④ 将两个类簇合并；

⑤ util 类簇数＝K。

DIANA 算法的核心步骤：

输入：K（目标类簇数）、D（样本点集合）；

输出：K 个类簇集合。

DIANA 算法的具体步骤：

① 将 D 中所有样本点归并成类簇；

② 重复第①步；

③ 在同类簇中找到距离最远的样本点对；

④ 以该样本点对为代表，将原类簇中的样本点重新分属到新类簇；

⑤ util 类簇数＝K。

【例 5-6】 用层次聚类方法对例 5-5 的债券进行聚类。

具体实现代码如下：

```
dist_h = 'spearman';
link = 'weighted';
hidx = clusterdata(bonds, 'maxclust', numClust, 'distance', dist_h, 'linkage', link);
% 绘制聚类效果图
Figure
F2 = plot3(VX(hidx == 1,1), VX(hidx == 1,2),VX(hidx == 1,3),'r*',...
           VX(hidx == 2,1), VX(hidx == 2,2),VX(hidx == 2,3), 'bo',...
           VX(hidx == 3,1), VX(hidx == 3,2),VX(hidx == 3,3), 'kd');
set(gca,'linewidth',2);
grid on
set(F2,'linewidth',2, 'MarkerSize',8);
set(gca,'linewidth',2);
xlabel('票面利率','fontsize',12);
ylabel('评级得分','fontsize',12);
ylabel('到期收益率','fontsize',12);
title('层次聚类方法聚类结果')
% 评估各类别的相关程度
dist_metric_h = pdist(bonds,dist_h);
dd_h = squareform(dist_metric_h);
[~,idx] = sort(hidx);
dd_h = dd_h(idx,idx);
figure
imagesc(dd_h)
```

```
set(gca,'linewidth',2);
xlabel('数据点','fontsize',12)
ylabel('数据点','fontsize',12)
title('层次聚类结果相关程度图')
ylabel(colorbar,['距离矩阵:',dist_h])
axis square

%计算同型相关系数
Z = linkage(dist_metric_h,link);
cpcc = cophenet(Z,dist_metric_h);
disp('同表象相关系数:')
disp(cpcc)

%层次结构图
set(0,'RecursionLimit',5000)
figure
dendrogram(Z)
set(gca,'linewidth',2);
set(0,'RecursionLimit',500)
xlabel('数据点','fontsize',12)
ylabel ('距离','fontsize',12)
title(['CPCC: ' sprintf('%0.4f',cpcc)])
```

程序执行结果如下:

同表象相关系数:
0.8903

得到的结果是利用 cophenet 函数得到的描述聚类树信息与原始数据距离之间相关性的同表象相关系数,这个值越大越好。

本小节代码具体执行了层次聚类方法聚类,并产生了聚类效果图(见图 5-15)、簇间相关程度图(见图 5-16)和簇的层次结构图(见图 5-17)。

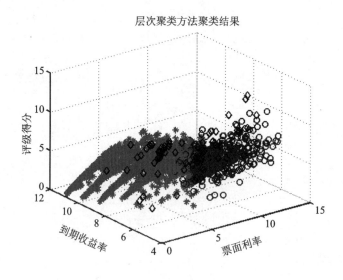

图 5-15　层次聚类方法聚类结果图

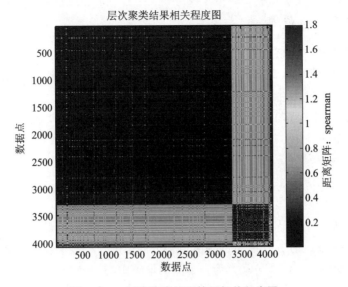

图 5-16 层次聚类结果簇间相关程度图

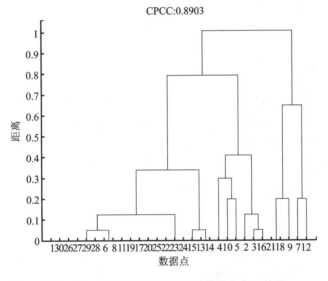

图 5-17 层次聚类方法产生的簇的层次结构图

① 在凝聚型的层次聚类和分裂型的层次聚类的所有方法中,都需要用户提供希望得到的聚类的单个数量和阈值作为聚类分析的终止条件,但是对于复杂的数据来说,这个是很难事先判定的。尽管层次聚类的方法实现很简单,但是偶尔会遇见合并或分裂点抉择的困难。这样的抉择特别关键,因为只要其中的两个对象被合并或者分裂,接下来的处理将只能在新生成的簇中完成,已形成的处理就不能被撤消,两个聚类之间也不能交换对象。如果在某个阶段没有选择合并或分裂的决策,就会导致质量不高的聚类结果。而且这种聚类方法不具有特别好的可伸缩性,因为它们合并或分裂的决策需要经过检测和估算大量的对象或簇。

② 层次聚类算法由于要使用距离矩阵,所以它的时间和空间复杂性都很高,几乎不能在大数据集上使用。层次聚类算法只处理符合某静态模型的簇,忽略了不同簇间的信息,而且忽略了簇间的互连性(互连性是指簇间距离较近数据对的多少)和近似度(近似度是指簇间对数据对的相似度)。

5.3.3 模糊C-均值聚类

模糊C-均值聚类算法(Fuzzy C-means Algorithm,FCMA)是用隶属度确定每个数据点属于某个聚类的程度的一种聚类算法。1973年,Bezdek提出了该算法,作为早期硬C-均值聚类(HCM)方法的一种改进。

给定样本观测数据矩阵：

$$X = \begin{bmatrix} x_1 \\ x_2 \\ \vdots \\ x_n \end{bmatrix} = \begin{bmatrix} x_{11} & x_{12} & \cdots & x_{1p} \\ x_{21} & x_{22} & \cdots & x_{2p} \\ \vdots & \vdots & & \vdots \\ x_{n1} & x_{n2} & \cdots & x_{np} \end{bmatrix}$$

其中,X 的每一行为一个样品(或观测),每一列为一个变量的 n 个观测值,也就是说,X 是由 n 个样品 $(x_1,x_2,\cdots,x_n)$ 的 p 个变量的观测值构成的矩阵。模糊聚类就是将 n 个样品划分为 c 类 $(2 \leq c \leq n)$,记 $V=(v_1,v_2,\cdots,v_c)$ 为 c 个类的聚类中心,其中 $v_i=(v_{i1},v_{i2},\cdots,v_{ip})(i=1,2,\cdots,c)$。在模糊划分中,每个样品不是严格地划分为某一类,而是以一定的隶属度划分,这里 $0 \leq u_{ik} \leq 1, \sum_{i=1}^{c} u_{ik} = 1$。

定义目标函数

$$J(U,V) = \sum_{k=1}^{n} \sum_{i=1}^{c} u_{ik}^{m} d_{ik}^{2}$$

其中,$U=(u_{ik})_{c \times n}$ 为隶属度矩阵,$d_{ik} = \| x_k - v_i \|$。显然 $J(U,V)$ 表示了各类中样品到聚类中心的加权平方距离之和,权重是样品 x_k 属于第 i 类的隶属度的 m 次方。模糊C-均值聚类法的聚类准则是求 U、V,使得 $J(U,V)$ 取得最小值。模糊C-均值聚类法的具体步骤如下：

① 确定类的个数 c,幂指数 $m>1$ 和初始隶属度矩阵 $U^{(0)}=(u_{ik}^{(0)})$,通常的做法是取 $[0,1]$ 上的均匀分布随机数来确定初始隶属度矩阵 $U^{(0)}$。令 $l=1$ 表示第1步迭代。

② 通过下式计算第 l 步的聚类中心 $V^{(l)}$：

$$v_i^{(l)} = \frac{\sum_{k=1}^{n} (u_{ik}^{(l-1)})^m x_k}{\sum_{k=1}^{n} (u_{ik}^{(l-1)})^m} \quad (i=1,2,\cdots,c)$$

③ 修正隶属度矩阵 $U^{(l)}$,计算目标函数值 $J^{(l)}$。

$$u_{ik}^{(l)} = 1 \Big/ \sum_{j=1}^{c} (d_{ik}^{(l)}/d_{jk}^{(l)})^{\frac{2}{m-1}} \quad (i=1,2,\cdots,c; k=1,2,\cdots,n)$$

$$J^{(l)}(U^{(l)},V^{(l)}) = \sum_{k=1}^{n} \sum_{i=1}^{c} (u_{ik}^{(l)})^m (d_{ik}^{(l)})^2$$

其中,$d_{ik}^{(l)} = \| x_k - v_i^{(l)} \|$。

④ 对给定的隶属度终止容限 $\varepsilon_u > 0$(或目标函数终止容限 $\varepsilon_J > 0$,或最大迭代步长 $L_{\max}$),当 $\max\{|u_{ik}^{(l)} - u_{ik}^{(l-1)}|\} < \varepsilon_u$(或当 $l>1$, $|J^{(l)} - J^{(l-1)}| < \varepsilon_J$ 或 $l \geq L_{\max}$)时,停止迭代,否则 $l=l+1$,然后转到步骤②。

经过以上步骤的迭代之后,可以求得最终的隶属度矩阵 U 和聚类中心 V,使得目标函数 $J(U,V)$ 的值达到最小。根据最终的隶属度矩阵 U 中元素的取值可以确定所有样品的归属,

当 $u_{jk} = \max\limits_{1 \leq i \leq c} \{u_{ik}\}$ 时,可将样品 x_k 归为第 j 类。

【例 5-7】 用 FCM 算法对例 5-5 的债券进行聚类。

具体实现代码如下:

```
options = nan(4,1);
options(4) = 0;
[centres,U] = fcm(bonds,numClust,options);
[~,fidx] = max(U);
fidx = fidx';
%绘制聚类效果图
Figure
F4 = plot3(VX(fidx==1,1),VX(fidx==1,2),VX(fidx==1,3),'r*',...
           VX(fidx==2,1),VX(fidx==2,2),VX(fidx==2,3),'bo',...
           VX(fidx==3,1),VX(fidx==3,2),VX(fidx==3,3),'kd');
set(gca,'linewidth',2);
grid on
set(F4,'linewidth',2,'MarkerSize',8);
xlabel('票面利率','fontsize',12);
ylabel('评级得分','fontsize',12);
ylabel('到期收益率','fontsize',12);
title('模糊C-means方法聚类结果')
```

图 5-18 所示为 FCM 算法产生的聚类效果。

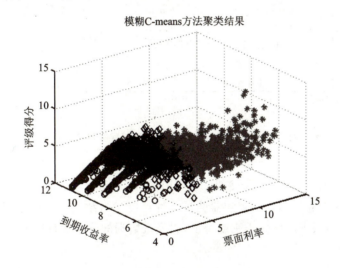

图 5-18 FCM 算法产生的聚类效果图

FCM 算法用隶属度确定每个样本属于某个聚类的程度。它与 K-means 算法和中心点算法等相比,计算量可大大减少,因为它省去了多重迭代的反复计算过程,效率将大大提高。同时,模糊聚类分析可根据数据库中的相关数据计算形成模糊相似矩阵,形成相似矩阵之后,直接对相似矩阵进行处理即可,无须多次反复扫描数据库。根据实验要求动态设定 m 值,以满足不同类型数据挖掘任务的需要,适于高维度数据的处理,具有较好的伸缩性,便于找出异常点。但 m 值是根据经验或者实验得来的,故具有不确定性,可能影响实验结果;并且,由于梯度法的搜索方向总是沿着能量减小的方向,使得算法存在易陷入局部极小值和对初始化敏感的缺点。为了克服上述缺点,可在 FCM 算法中引入全局寻优法,以摆脱 FCM 聚类运算时可能陷入的局部极小点,优化聚类效果。

5.4 深度学习

5.4.1 深度学习的崛起

人工智能、机器学习和深度学习之间的关系如图 5-19 所示。横轴代表的是粗略的时间线,从 1950 年开始,纵轴代表应用的广度。应用范围从推理和感知等基本模块到自动驾驶和语音识别。人工智能是首要的领域,涵盖了所有这些应用程序和术语的起源,可以追溯到 1956 年 John McCarthy 举办的研讨会议,著名科学家和数学家 Marvin Minsky 和 Claude Shannon 也都出席了会议。在 20 世纪 70 年代,一个新的子领域开始出现,专家系统变得相当普遍,我们把这个子领域称为机器学习。今天,几乎在每个技术方面都能遇到它,从垃圾检测、语音识别到机器人等应用。最近算法的突破和强大的计算设备的可用性带来了一个新的分支,叫作深度学习。深度学习在自动驾驶、自然语言处理和机器人技术等领域已经取得了显著成果,我们期待在不久的将来它使许多新的应用成为可能。

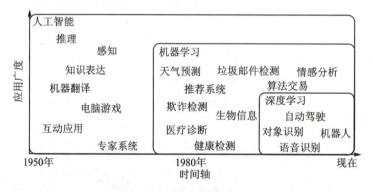

图 5-19 人工智能、机器学习和深度学习的关系

深度学习是机器学习研究中的一个新的领域,其动机在于建立、模拟人脑进行分析学习的神经网络,它模仿人脑的机制来解释数据,例如图像、声音和文本。深度学习的概念源于人工神经网络的研究,含多隐层的多层感知器就是一种深度学习结构。深度学习通过组合低层特征形成更加抽象的高层表示属性类别或特征,以发现数据的分布式特征表示,可以简单地理解为神经网络的发展。

5.4.2 深度学习的原理

深度学习的实质,是通过构建具有很多隐层的机器学习模型和海量的训练数据(如图 5-20 所示),来学习更有用的特征,从而最终提升分类或预测的准确性。因此,"深度模型"是手段,"特征学习"是目的。相较于传统的浅层学习,深度学习的不同在于:①强调了模型结构的深度,通常有 5 层、6 层,甚至 10 多层的隐层节点;②明确突出了特征学习的重要性,也就是说,通过逐层特征变换,将样本在原空间的特征表示变换到一个新特征空间,从而使分类或预测更加容易。与人工构造特征的方法相比,利用大数据来学习特征,更能够刻画数据的丰富内在信息。

2006 年,加拿大多伦多大学教授、机器学习领域的泰斗 Geoffrey Hinton 和他的学生在《科学》杂志上发表了一篇文章,开启了深度学习在学术界和工业界的浪潮。这篇文章有两个主要观点：①多隐层的人工神经网络具有优异的特征学习能力，学习得到的特征对数据有更本质的刻画，从而更有利于可视化或分类；②深度神经网络在训练上的难度，可以通过"逐层初始化"(layer-wise pre-training)来有效克服，而逐层初始化是通过无监督学习实现的。当前多数分类、回归等学习方法为浅层结构算法，其局限性在于有限样本和计算单元对复杂函数的表示能力有限，针对复杂分类问题，其泛化能力受到一定制约。深度学习可通过学习一种深层非线性网络结构，实现复杂函数逼近，表征输入数据的表示，并展现了强大的从少数样本集中学习数据集本质特征的能力。

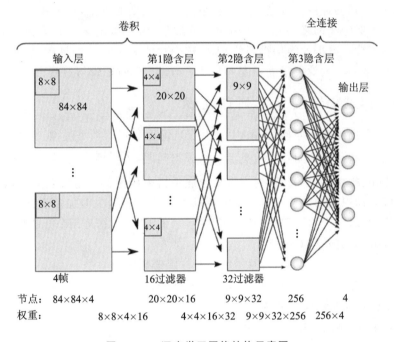

图 5-20 深度学习网络结构示意图

深度学习与传统的神经网络之间有相同的地方，也有很多不同。二者的相同之处在于深度学习采用了与神经网络相似的分层结构，系统由包括输入层、隐层(多层)、输出层组成的多层网络组成，只有相邻层节点之间有连接，同一层以及跨层节点之间相互无连接，每一层可以看作是一个回归模型。这种分层结构比较接近人类大脑的结构。为了克服神经网络训练中出现的问题，深度学习采用了与神经网络很不同的训练机制。传统神经网络中，采用反向传播方式进行，简单讲就是采用迭代的算法来训练整个网络，随机设定初值，计算当前网络的输出，然后根据当前输出和标签之间的差去改变前面各层的参数，直到收敛(整体是一个梯度下降法)。而深度学习整体上是一个层层传导的训练机制。这样做的原因是，如果采用反向传播的机制，对于一个深层网络(7层以上)，残差传播到最前面的层已经变得太小，会出现所谓的梯度扩散问题。

5.4.3 深度学习训练过程

深度学习训练过程如下：

① 使用自底向上的非监督学习(就是从底层开始，一层一层地往顶层训练)。

采用无标定数据(有标定数据也可)分层训练各层参数，这一步可以看作是一个无监督训练过程,是和传统神经网络区别最大的部分(这个过程可以看作是特征学习过程)。

具体的,先用无标定数据训练第一层,训练时先学习第一层的参数(这一层可以看作是得到一个使得输出和输入差别最小的三层神经网络的隐层),由于模型能力的限制以及稀疏性的约束,使得得到的模型能够学习到数据本身的结构,从而得到比输入更具有表示能力的特征;在学习得到第 $n-1$ 层后,将 $n-1$ 层的输出作为第 n 层的输入,训练第 n 层,由此分别得到各层的参数。

② 自顶向下的监督学习(就是通过带标签的数据去训练,误差自顶向下传输,对网络进行微调)。

基于第①步得到的各层参数进一步调整整个多层模型的参数,这一步是一个有监督训练的过程;第①步类似神经网络的随机初始化初值过程,由于深度学习的第①步不是随机初始化,而是通过学习输入数据的结构得到的,因而这个初值更接近全局最优,从而能够取得更好的效果。所以深度学习的效果很大程度上归功于第①步的特征学习过程。

5.4.4 MATLAB深度学习训练过程

下面通过一个例子介绍如何用MATLAB实现深度学习的训练过程。

【例5-8】 所研究的问题是人类活动的分类问题:人类活动传感器数据来自于人们进行不同活动(走路、爬楼梯、坐着等)时携带的智能手机中传感器测量的观测值,目标是建立一个分类器,可以自动识别给定传感器测量的活动类型[1]。数据集由加速度计和陀螺仪的数据组成,进行的活动包括"走路""爬楼梯""坐""站立""平躺"。数据采用公开的数据(https://archive.ics.uci.edu),主要数据包括:

① total_acc_(x/y/z)_train:原始加速度传感器数据;
② body_gyro_(x/y/z)_train:原始陀螺仪传感器数据;
③ trainActivity:训练数据标签;
④ testActivity:测试数据标签。

MATLAB具体实现过程如下:

(1) 下载数据

```
if false % ~exist('UCI HAR Dataset','file')
    downloadSensorData;
end
if ~exist('rawSensorData_train.mat','file') && ~exist('rawSensorData_test.mat','file')
    LoadSensorData;
end
load rawSensorData_train
```

(2) 定义深度学习结构

```
allRawDataDL = cat(3, body_gyro_x_train, body_gyro_y_train, body_gyro_z_train, total_acc_x_train, total_acc_y_train, total_acc_z_train);
C = num2cell(allRawDataDL, [2 3]);
C = cellfun(@squeeze, C, 'UniformOutput', false);
trainingData = table(C);
trainingData.activity = categorical(trainActivity);
% class(trainingData{:,1}) % should be cell
layers = [imageInputLayer([128 6])
          convolution2dLayer(3, 2)
          reluLayer
```

```
                maxPooling2dLayer([12 2],'Stride',1)
                fullyConnectedLayer(5)
                softmaxLayer
                classificationLayer()];
options = trainingOptions('sgdm','MaxEpochs',15, ...
                    'InitialLearnRate',0.005);
convnet = trainNetwork(trainingData, layers, options);
```

脚本运行结果如下：

Epoch	Iteration	Time Elapsed (seconds)	Mini-batch Loss	Mini-batch Accuracy	Base Learning Rate
1	1	0.27	1.6101	11.72%	0.0050
1	50	2.18	1.0049	49.22%	0.0050
2	100	3.56	0.6705	66.41%	0.0050
3	150	4.99	0.5285	72.66%	0.0050
4	200	6.45	0.5423	75.00%	0.0050
5	250	8.09	0.6598	59.38%	0.0050
6	300	10.04	0.5536	74.22%	0.0050
7	350	11.79	0.4877	77.34%	0.0050
8	400	13.20	0.5901	72.66%	0.0050
8	450	14.69	0.5148	75.78%	0.0050
9	500	16.22	0.5011	75.00%	0.0050
10	550	17.76	0.5818	69.53%	0.0050
11	600	19.23	0.4174	82.81%	0.0050
12	650	21.01	0.3457	88.28%	0.0050
13	700	22.63	0.3659	90.63%	0.0050
14	750	24.27	0.4962	78.91%	0.0050
15	800	25.79	0.3703	83.59%	0.0050
15	850	27.33	0.3301	86.72%	0.0050
15	855	27.46	0.3719	81.25%	0.0050

（3）训练深度网络

```
load rawSensorData_test
%
allRawDataTestDL = cat(3, body_gyro_x_test, body_gyro_y_test, body_gyro_z_test, total_acc_x_
                    test, total_acc_y_test, total_acc_z_test);
Ctest = num2cell(allRawDataTestDL, [2 3]);
Ctest = cellfun(@squeeze, Ctest, 'UniformOutput', false);
testData = table(Ctest);
testData.activity = categorical(testActivity);
Y_test = classify(convnet, testData(:,1));
accuracy_test = sum(Y_test == testActivity)/numel(testActivity) %#ok<*NOPTS>
cm = confusionmat(testActivity, Y_test);
% Display in a table
test_results = array2table(cm, ...,'RowNames',
{'Walking', 'ClibmingStairs', 'Sitting', 'Standing', 'Laying'}, ...'VariableNames',
{'Walking', 'ClibmingStairs', 'Sitting', 'Standing', 'Laying'})
```

脚本运行结果如下：

```
accuracy_test =
    0.7818
test_results =
  5×5 table

                  Walking    ClibmingStairs    Sitting    Standing    Laying
                  _____    _____    _____    _____    _____

    Walking           300         194             0          2           0
    ClibmingStairs    231         649             0         11           0
    Sitting             6           2           335        143           5
    Standing            6           4            38        484           0
    Laying              0           0             1          0         536
```

5.5 小 结

　　机器学习的算法较多，主要研究的还是分类和聚类的问题。从应用的角度，分类为主，聚类往往为分类服务（先通过聚类确定分类的最佳类别）。在数学建模中，机器学习适合于数据类的建模问题，并且数据量相对较多，至少具有样本的样子。关于算法的选择，最好根据算法的原理和具体问题的场景来确定，或者将常用的算法（本章介绍的）都使用一遍，从而选择一个最佳的算法。关于深度学习，在数学建模中应用还非常少，但会是一个趋势，在需要选择特征的一类建模问题中，深度学习就是一个很有价值的技术。

参考文献

[1] Davide Anguita, Alessandro Ghio, Luca Oneto, et al. 使用多类硬件支持向量机在智能手机上进行人类活动识别[C]. 国际环境协助生活研讨会（IWAAL 2012），维多利亚，加泰罗尼亚，西班牙，2012.

第 6 章
其他数据建模方法

数据建模的方法比较多,除了常见的回归和机器学习等大类方法,还有一些专业领域的方法,比如灰色系统、神经网络等方法。本章主要介绍有些特色的数据建模方法。

6.1 灰色预测方法

6.1.1 灰色预测概述

在数学建模中经常遇到数据的预测问题,甚至在有些赛题中,数据预测占主导地位,如表 6-1 所列。

表 6-1 CUMCM 数据预测题目

年 度	类 别	题 目	命题人
2003	A 题	SARS 的传播问题	CUMCM 组委会
2005	A 题	长江水质的评价和预测问题	韩中庚
2006	B 题	艾滋病疗法的评价及疗效的预测问题	边馥萍
2007	A 题	中国人口增长预测问题	唐云

有些赛题则是在求解的过程中进行数据预测,如 2009 年 CUMCM 的 D 题"会议筹备",要求参赛者对与会人数进行预测。灰色模型(Gray Model,又称灰色理论)有严格的理论基础,其最大的优点是实用,用灰色模型预测的结果比较稳定,不仅适用于大数据量的预测,在数据量较少时预测结果依然较准确。

灰色预测通过鉴别系统因素之间发展趋势的相异程度,生成有较强规律性的数据序列,然后建立相应的微分方程模型,从而预测事物未来的发展趋势。灰色理论认为:系统的行为现象尽管是朦胧的、复杂的,但毕竟是有序的,是有整体功能的。在建立灰色预测模型之前,需先对原始时间序列进行数据处理,经过数据预处理后的数据序列称为生成列。灰色预测是以灰色理论为基础的,在诸多的灰色模型中,以灰色系统中单序列一阶线性微分方程模型 GM(1,1) 模型最为常用。

6.1.2 灰色模型的预测步骤

下面简要介绍一下 GM(1,1) 模型的预测步骤。设有原始数据列:
$$x^{(0)} = (x^{(0)}(1), x^{(0)}(2), \cdots, x^{(0)}(n)) \quad (n \text{ 为数据个数})$$

如果根据 $x^{(0)}$ 数据列建立 GM(1,1) 来实现预测功能,则基本步骤如下:

步骤 1 原始数据累加以便弱化随机序列的波动性和随机性,得到新数据序列
$$x^{(1)} = (x^{(1)}(1), x^{(1)}(2), \cdots, x^{(1)}(n))$$

其中,$x^{(1)}(t)$ 中各数据表示对应前几项数据的累加

$$x^{(1)}(t) = \sum_{k=1}^{t} x^{(0)}(k), \quad t = 1, 2, 3, \cdots, n$$

或

$$x^{(1)}(t+1) = \sum_{k=1}^{t+1} x^{(0)}(k), \quad t = 1, 2, 3, \cdots, n$$

步骤 2 对 $x^{(1)}(t)$ 建立 $x^{(1)}(t)$ 的一阶线性微分方程

$$\frac{\mathrm{d}x^{(1)}}{\mathrm{d}t} + ax^{(1)} = u$$

其中，a, u 为待定系数，分别称为发展系数和灰色作用量，a 的有效区间是 $(-2, 2)$，并记 a, u 构成的矩阵为 $\hat{a} = \begin{pmatrix} a \\ u \end{pmatrix}$。只要求出参数 a, u，就能求出 $x^{(1)}(t)$，进而求出 $x^{(0)}$ 的未来预测值。

步骤 3 对累加生成数据作均值生成 $\boldsymbol{B}$ 与常数项向量 $\boldsymbol{Y}_n$，即

$$\boldsymbol{B} = \begin{bmatrix} 0.5(x^{(1)}(1) + x^{(1)}(2)) \\ 0.5(x^{(1)}(2) + x^{(1)}(3)) \\ 0.5(x^{(1)}(n-1) + x^{(1)}(n)) \end{bmatrix}$$

$$\boldsymbol{Y}_n = (x^{(0)}(2), x^{(0)}(3), \cdots, x^{(0)}(n))^{\mathrm{T}}$$

步骤 4 用最小二乘法求解灰参数 $\hat{a}$，则

$$\hat{a} = \begin{pmatrix} a \\ u \end{pmatrix} = (\boldsymbol{B}^{\mathrm{T}} \boldsymbol{B})^{-1} \boldsymbol{B}^{\mathrm{T}} \boldsymbol{Y}_n$$

步骤 5 将灰参数 $\hat{a}$ 代入 $\frac{\mathrm{d}x^{(1)}}{\mathrm{d}t} + ax^{(1)} = u$，并对 $\frac{\mathrm{d}x^{(1)}}{\mathrm{d}t} + ax^{(1)} = u$ 进行求解，得

$$\hat{x}^{(1)}(t+1) = (x^{(0)}(1) - \frac{u}{a}) \mathrm{e}^{-at} + \frac{u}{a}$$

由于 $\hat{a}$ 是通过最小二乘法求出的近似值，所以 $\hat{x}^{(1)}(t+1)$ 函数表达式是一个近似表达式，为了与原序列 $x^{(1)}(t+1)$ 区分开来故记为 $\hat{x}^{(1)}(t+1)$。

步骤 6 对函数表达式 $\hat{x}^{(1)}(t+1)$ 及 $\hat{x}^{(1)}(t)$ 进行离散并将二者作差以便还原 $x^{(0)}$ 原序列，得到近似数据序列 $\hat{x}^{(0)}(t+1)$ 如下：

$$\hat{x}^{(0)}(t+1) = \hat{x}^{(1)}(t+1) - \hat{x}^{(1)}(t)$$

步骤 7 对建立的灰色模型进行检验，步骤如下：

① 计算 $x^{(0)}$ 与 $\hat{x}^{(0)}(t)$ 之间的残差 $e^{(0)}(t)$ 和相对误差 $q(x)$：

$$e^{(0)}(t) = x^{(0)} - \hat{x}^{(0)}(t)$$

$$q(x) = e^{(0)}(t) / x^{(0)}(t)$$

② 求原始数据 $x^{(0)}$ 的均值以及方差 s_1；

③ 求 $e^{(0)}(t)$ 的平均值 $\bar{q}$ 以及残差的方差 s_2；

④ 计算方差比 $C = \dfrac{s_2}{s_1}$；

⑤ 求小误差概率 $P = P\{|e(t)| < 0.6745 s_1\}$；

⑥ 灰色模型精度检验如表 6-2 所列。

表 6-2 灰色模型精度检验对照表

等 级	相对误差 q	方差比 C	小误差概率 P
Ⅰ级	<0.01	<0.35	>0.95
Ⅱ级	<0.05	<0.50	<0.80
Ⅲ级	<0.10	<0.65	<0.70
Ⅳ级	>0.20	>0.80	<0.60

在实际应用过程中,检验模型精度的方法并不唯一。可以利用上述方法进行模型的检验,也可以根据 $q(x)$ 的误差百分比并结合预测数据与实际数据之间的测试结果酌情认定模型是否合理。

步骤 8 利用模型进行预测

$$\hat{x}^{(0)} = [\underbrace{\hat{x}^{(0)}(1), \hat{x}^{(0)}(2), \cdots, \hat{x}^{(0)}(n)}_{\text{原数列的模拟}}, \underbrace{\hat{x}^{(0)}(n+1), \cdots, \hat{x}^{(0)}(n+m)}_{\text{未来数列的预测}}]$$

6.1.3 灰色预测典型 MATLAB 程序结构

灰色预测中有很多关于矩阵的运算,这可是 MATLAB 的强项,所以 MATLAB 是实现灰色预测的首选。用 MATLAB 编写灰色预测程序时,可以完全按照预测模型的求解步骤,即:

步骤 1 对原始数据进行累加;
步骤 2 构造累加矩阵 **B** 与常数向量;
步骤 3 求解灰参数;
步骤 4 将参数带入预测模型进行数据预测。

下面以一个公司收入预测问题来介绍灰色预测的 MATLAB 实现过程。

已知某公司 1999—2008 年的利润为(单位:元/年):
[89 677,99 215,109 655,120 333,135 823,159 878,182 321,209 407,246 619,300 670],试预测该公司未来几年的的利润情况。

具体的 MATLAB 程序如 P6-1 所示。

程序编号	P6-1	文件名称	main0601.m	说明	灰色预测公司的利润

```
clear
syms a b;
c=[a b]';
A=[89677,99215,109655,120333,135823,159878,182321,209407,246619,300670];
B=cumsum(A);                    %原始数据累加
n=length(A);
fori=1:(n-1)
    C(i)=(B(i)+B(i+1))/2;       %生成累加矩阵
end
%计算待定参数的值
D=A;D(1)=[];
D=D';
E=[-C;ones(1,n-1)];
c=inv(E*E')*E*D;
c=c';
a=c(1);b=c(2);
%预测后续数据
```

```
F = [];F(1) = A(1);
for i = 2:(n + 10)
    F(i) = (A(1) - b/a)/exp(a * (i - 1)) + b/a;
end
G = [];G(1) = A(1);
for i = 2:(n + 10)
    G(i) = F(i) - F(i - 1);   % 得到预测出来的数据
end
t1 = 1999:2008;
t2 = 1999:2018;
G
plot(t1,A,'o',t2,G)   % 原始数据与预测数据的比较
```

运行该程序,得到的预测数据如下:

```
G =
  1.0e + 006 *
  Columns 1 through 14
    0.0897    0.0893    0.1034    0.1196    0.1385    0.1602    0.1854
    0.2146    0.2483    0.2873    0.3325    0.3847    0.4452    0.5152
  Columns 15 through 20
    0.5962    0.6899    0.7984    0.9239    1.0691    1.2371
```

该程序还显示了预测数据与原始数据的比较图,如图 6-1 所示。

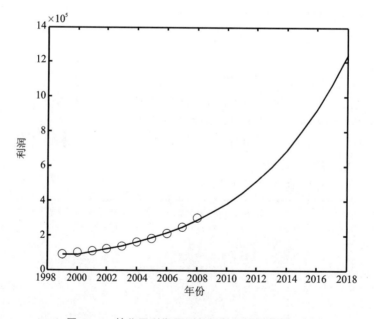

图 6-1　某公司利润预测数据与原始数据的比较

6.1.4　应用实例一:长江水质的预测(CUMCM 2005A)

长江的水质问题是一个复杂的非线性系统,但是由于数据样本少,需要预测的时间长,直接应用神经网络很难取得理想的效果。考虑到污水排放量的变化是一个不确定的系统,且本题给出污水排放量数据样本比较少,还要求做出长达十年的预测,因此采用灰色预测方法来预测未来的污水排放量。

表6-3所列为1995—2004年的长江污水排放量数据。

表6-3 1995—2004年的长江污水排放量

年 份	1995	1996	1997	1998	1999
污水量/亿吨	174	179	183	189	207
年 份	2000	2001	2002	2003	2004
污水量/亿吨	234	220.5	256	270	285

以P6-1的程序段为基础,将表6-3的数据代入,并更新时间轴数据,即得到新的程序(见P6-2)。程序输出的图形如图6-2所示。

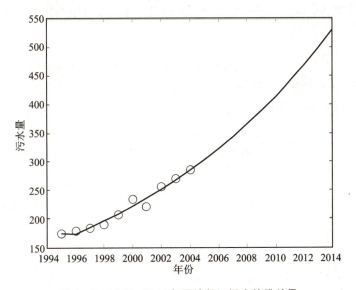

图6-2 1995—2014年预计长江污水的排放量

程序编号	P6-2	文件名称	Changjiang.m	说明	预计长江污水的排放量

```
clear
syms a b;
c = [a b]';
A = [174 179 183 189 207 234 220.5 256 270 285];
B = cumsum(A);              %原始数据累加
n = length(A);
for i = 1:(n-1)
    C(i) = (B(i) + B(i+1))/2;  %生成累加矩阵
end
%计算待定参数的值
D = A;D(1) = [];
D = D';
E = [-C;ones(1,n-1)];
c = inv(E * E') * E * D;
c = c';
a = c(1);b = c(2);
%预测后续数据
F = [];F(1) = A(1);
for i = 2:(n+10)
```

```
        F(i) = (A(1) - b/a)/exp(a * (i - 1)) + b/a;
end
G = [ ];G(1) = A(1);
for i = 2:(n + 10)
        G(i) = F(i) - F(i - 1); % 得到预测出来的数据
end
t1 = 1995:2004;
t2 = 1995:2014;
G;a, b % 输出预测值,发展系数和灰作用量
plot(t1,A,'o',t2,G)       % 原始数据与预测数据的比较
```

6.1.5 应用实例二：与会代表人数（CUMCM 2009D）

（1）问题描述

该题要求为会议筹备组制定一个预订宾馆客房、租借会议室、租用客车的合理方案,为了解决这个问题,需要先预测与会代表的人数。预测的依据是代表回执数量及往届的与会人员数据。已知本届会议的回执情况（见表6-4）及以往几届会议代表回执和与会情况（见表6-5）,我们要解决的问题是：根据这些数据预测本届与会代表人数。

表6-4 本届会议的代表回执中有关住房要求的信息

人

性 别	合住1	合住2	合住3	独住1	独住2	独住3
男	154	104	32	107	68	41
女	78	48	17	59	28	19

说明：表头第一行中的数字1、2、3分别指每天每间120~160元、161~200元、201~300元三种不同价格的房间。合住是指要求两人合住一间。独住是指可安排单人间,或一人单独住一个双人间。

（2）问题求解

根据表6-4的数据,可知本届发来回执的数量为755。根据表6-5的数据,可以知道发来回执但未与会的代表数、未发回执但与会的代表以及发来回执数间的关系。

表6-5 以往几届会议代表回执和与会情况

人

代表数	第一届	第二届	第三届	第四届
发来回执的代表数	315	356	408	711
发来回执但未与会的代表数	89	115	121	213
未发回执但与会的代表数	57	69	75	104

定义6.1 未知与会率＝未发回执但与会的代表数/发来回执的代表数

定义6.2 缺席率＝发来回执但未与会的代表数/发来回执的代表数

根据以上定义,可以得到往届的缺席率和未知与会率,如表6-6所列。

表 6-6　往届的缺席率和未知与会率

缺席率和未知与会率	第一届	第二届	第三届	第四届
缺席率	0.28254	0.323034	0.296569	0.299578
未知与会率	0.180952	0.19382	0.183824	0.146273

从表 6-6 可以看出，缺席率一直保持在 0.3 左右，而未知与会率却变化较快。由此，认为第五届的缺席率仍为 0.3，这样缺席的人数为：755×0.3＝226.5，为了保守起见，对 226.5 进行向下取整，即缺席的人数为 226 人。

未知与会率变化相对剧烈，不适合应用比例方法确定，同时由于数据有限，所以应用灰色预测方法比较合适。从实际问题的角度，我们认为以未知与会率为研究对象较为合适。将往届的未知与会率数据带入程序 P6-1，并对输入数据和预测数据做相应修改，可很快得到本届的未知与会率为 0.1331，所以本届未发回执但与会的代表数量为：755×0.1331＝100.4905，同样保守考虑，向上取整为 101 人。这样就可以预测本届与会代表的数量为：755＋101－226＝630。

6.1.6　灰色预测经验小结

关于灰色预测的经验，总结如下：

① 先熟悉程序中各条命令的功能，以加深对灰色预测理论的理解；

② 在实际使用时，可以直接套用程序框架，把原数据和时间序列数据替换就可以了；

③ 模型的误差检验可以灵活处理，可以进行预测数据与原始数据的比较，也可以对预测数据进行其他方式的精度检验。

6.2　神经网络

6.2.1　神经网络的原理

神经网络是分类技术中重要方法之一。人工神经网络（Artificial Neural Networks，ANN）是一种应用类似于大脑神经突触连接的结构进行信息处理的数学模型。在这种模型中，大量的结点（或称"神经元""单元"）之间相互连接构成网络，即"神经网络"，以达到处理信息的目的。神经网络通常需要进行训练，训练的过程就是网络进行学习的过程。训练改变了网络结点的连接权的值，使其具有分类的功能，经过训练的网络就可用于对象的识别。神经网络的优势在于：

① 可以任意精度逼近任意函数；

② 神经网络方法本身属于非线性模型，能够适应各种复杂的数据关系；

③ 神经网络具有很强的学习能力，它能比很多分类算法更好地适应数据空间的变化；

④ 神经网络借鉴人脑的物理结构和机理，能够模拟人脑的某些功能，具备"智能"的特点[1]。

人工神经网络的研究是由试图模拟生物神经系统而激发的。人类的大脑主要由称为神经元（neuron）的神经细胞组成，神经元通过叫作轴突（axon）的纤维丝连在一起。当神经元受到刺激时，神经脉冲通过轴突从一个神经元传到另一个神经元。一个神经元通过树突（dendrite）连接到其他神经元的轴突，树突是神经元细胞的延伸物。树突和轴突的连接点叫作神经键（synapse）。神经学家发现，人的大脑通过在同一个脉冲反复刺激下改变神经元之间的神经键连接强度来进行学习。

类似于人脑的结构，ANN 由一组相互连接的结点和有向链构成。本节将分析一系列 ANN 模型，从最简单的模型感知器（perceptron）开始，看看如何训练这种模型解决分类问题。

图 6-3 展示了一个简单的神经网络结构——感知器。感知器包含两种结点：几个输入结点，用来表示输入属性；一个输出结点，用来提供模型输出。神经网络结构中的结点通常叫作神经元或单元。在感知器中，每个输入结点都通过一个加权的链连接到输出结点。这个加权的链用来模拟神经元间神经键连接的强度。像生物神经系统一样，训练一个感知器模型就相当于不断调整链的权值，直到能拟合训练数据的输入、输出关系为止。

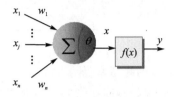

图 6-3 感知器结构示意图

感知器对输入加权求和，再减去偏置因子 t，然后考察结果的符号，得到输出值 $\hat{y}$。例如，在一个有三个输入结点的感知器中，各结点到输出结点的权值都等于 0.3，偏置因子 $t=0.4$，模型的输出计算公式如下：

$$\hat{y} = \begin{cases} 1, & 0.3x_1 + 0.3x_2 + 0.3x_3 - 0.4 > 0 \\ -1, & 0.3x_1 + 0.3x_2 + 0.3x_3 - 0.4 < 0 \end{cases}$$

例如，如果 $x_1=1, x_2=1, x_3=0$，那么 $\hat{y}=+1$，因为 $0.3x_1+0.3x_2+0.3x_3-0.4$ 是正的。另外，如果 $x_1=0, x_2=1, x_3=0$，那么 $\hat{y}=-1$，因为加权和减去偏置因子值为负。

注意感知器的输入结点和输出结点之间的区别。输入结点简单地把接收到的值传送给输出链，而不作任何转换。输出结点则是一个数学装置，计算输入的加权和，减去偏置项，然后根据结果的符号产生输出。更具体地，感知器模型的输出可以用如下数学方式表示：

$$\hat{y} = \mathrm{sign}(w_1 x_1 + w_2 x_2 + \cdots + w_n x_n - t)$$

式中，$w_1, w_2, \cdots, w_n$ 是输入链的权值；$x_1, x_2, \cdots, x_n$ 是输入属性值；sign 为符号函数，作为输出神经元的激活函数（activation function），当参数为正时输出 $+1$，参数为负时输出 -1。

感知器模型可以写成下面更简洁的形式：

$$\hat{y} = \mathrm{sign}(\boldsymbol{w}\boldsymbol{x} - t)$$

式中，$\boldsymbol{w}$ 是权值向量，$\boldsymbol{x}$ 是输入向量。

在感知器模型的训练阶段，权值参数不断调整直到输出和训练样例的实际输出一致，感知器具体的学习算法如下：

① 令 $D = \{(x_i, y_i), i=1, 2, \cdots, N\}$ 是训练样例集；

② 用随机值初始化权值向量 $\boldsymbol{w}^{(0)}$；

③ 对每个训练样例 (x_i, y_i)，计算预测输出 $\hat{y}_i^{(k)}$；

④ 对每个权值 w_j 更新权值 $w_j^{(k+1)} = w_j^{(k)} + \lambda(y_i - \hat{y}_i^{(k)})x_{ij}$；

⑤ 重复步骤③和④直至满足终止条件。

算法的主要计算是权值更新公式：

$$w_j^{(k+1)} = w_j^{(k)} + \lambda(y_i - \hat{y}_i^{(k)})x_{ij}$$

式中，$w(k)$ 是第 k 次循环后第 i 个输入链上的权值；参数 λ 为学习率（learning rate）；x_{ij} 是训练样例 x_i 的第 j 个属性值。权值更新公式的理由是相当直观的。由权值更新公式可以看出，新权值 $w(k+1)$ 等于旧权值 $w(k)$ 加上一个正比于预测误差 $(y-\hat{y})$ 的项。如果预测正确，那么权值保持不变；否则，按照如下方法更新。
- 如果 $y=+1, \hat{y}=-1$，那么预测误差 $(y-\hat{y})=2$。为了补偿这个误差，需要通过提高所有正输入链的权值、降低所有负输入链的权值来提高预测输出值。
- 如果 $y=-1, \hat{y}=+1$，那么预测误差 $(y-\hat{y})=-2$。为了补偿这个误差，需要通过降低所有正输入链的权值、提高所有负输入链的权值来减少预测输出值。

在权值更新公式中，对误差项影响最大的链，需要的调整最大。然而，权值不能改变太大，因为仅对当前训练样例计算了误差项；否则，以前的循环中所作的调整就会失效。学习率 λ 在 0 和 1 之间，可以用来控制每次循环时的调整量，如果 λ 接近 0，那么新权值主要受旧权值的影响；如果 λ 接近 1，则新权值对当前循环中的调整量更加敏感。在某些情况下，可以使用一个自适应的 λ 值：在前几次循环时 λ 值相对较大，而在接下来的循环中 λ 逐渐减小。

用于分类常见的神经网络模型包括：BP（Back Propagation）神经网络、RBF 网络、Hopfield 网络、自组织特征映射神经网络、学习矢量化神经网络。目前，神经网络分类算法研究主要集中在以 BP 为代表的神经网络上。当前的神经网络仍普遍存在收敛速度慢、计算量大、训练时间长和不可解释等缺点。

6.2.2 神经网络的实例

【例 6-2】 用神经网络方法来训练例 5-1 中关于银行市场调查的分类器。

具体实现代码如下：

```
hiddenLayerSize = 5;
net = patternnet(hiddenLayerSize);
%设置训练集、验证机和测试集
net.divideParam.trainRatio = 70/100;
net.divideParam.valRatio = 15/100;
net.divideParam.testRatio = 15/100;
%训练网络
net.trainParam.showWindow = false;
inputs = XtrainNum';
targets = YtrainNum';
[net,~] = train(net,inputs,targets);
%用测试集数据进行预测
Yscore_nn = net(XtestNum')';
Y_nn = round(Yscore_nn);
%计算混淆矩阵
disp('神经网络方法分类结果:')
C_nn = confusionmat(YtestNum,Y_nn)
```

神经网络方法分类结果：

```
C_nn =
    348    12
     26    14
```

6.2.3 神经网络的特点

人工神经网络的一般特点概括如下：

① 至少含有一个隐藏层的多层神经网络，它是一种普适近似（universal approximator），

即可以用来近似任何目标函数。由于 ANN 具有丰富的假设空间,因此对于给定的问题,选择合适的拓扑结构来防止模型的过分拟合是很重要的。

② ANN 可以处理冗余特征,因为权值在训练过程中自动学习。冗余特征的权值非常小。

③ 神经网络对训练数据中的噪声非常敏感。处理噪声问题,一种方法是使用确认集来确定模型的泛化误差;另一种方法是每次迭代权值减少一个因子。

④ ANN 权值学习使用的梯度下降方法经常会收敛到局部极小值。避免局部极小值的方法是在权值更新公式中加一个动量项(momentum term)。

⑤ 训练 ANN 是一个很耗时的过程,特别是当隐藏结点数量很大时。然而,测试样例分类时,却非常快。

6.3 小波分析

6.3.1 小波分析概述

小波分析是近年来发展起来的一种新的时频分析方法。其典型应用包括齿轮变速控制、起重机的非正常噪声、通信信号处理、物理中的间断现象等。而频域分析的着眼点在于,区分突发信号和稳定信号,以及定量分析其能量;其典型应用包括细胞膜的识别、金属表面的探伤、金融学中快变量的检测、INTERNET 的流量控制等。

从以上信号分析的典型应用可以看出,时频分析应用非常广泛,涵盖了物理学、工程技术、生物科学、经济学等众多领域,而且在很多情况下,单单分析其时域或频域的性质是不够的,比如在电力监测系统中,既要监控稳定信号的成分,又要准确定位故障信号。这就需要引入新的时频分析方法,小波分析正是应这类需求发展起来的。

在传统的傅里叶分析中,信号完全是在频域展开的,不包含任何时频的信息,这对于某些应用来说是很恰当的,因为信号的频率的信息对其是非常重要的。但其丢弃的时域信息可能对某些应用同样非常重要,所以人们对傅里叶分析进行了推广,提出了很多能表征时域和频域信息的信号分析方法,如短时傅里叶变换、Gabor 变换、时频分析、小波变换等。其中短时傅里叶变换是在傅里叶分析基础上引入时域信息的最初尝试,其基本假定是,在一定的时间窗内信号是平稳的,那么通过分割时间窗,在每个时间窗内把信号展开到频域就可以获得局部的频域信息,但是它的时域区分度只能依赖于大小不变的时间窗,对某些瞬态信号来说粒度还是太大。换言之,短时傅里叶分析只能在一个分辨率上进行。所以对很多应用来说不够精确,存在很大的缺陷。

而小波分析则克服了短时傅里叶变换在单分辨率上的缺陷,具有多分辨率分析的特点,在时域和频域都有表征信号局部信息的能力,时间窗和频率窗都可以根据信号的具体形态动态调整。一般情况下,在低频部分(信号较平稳),可以采用较低的时间分辨率提高频率的分辨率;在高频情况下(频率变化不大),可以用较低的频率分辨率换取精确的时间定位。因为这些特点,小波分析可以探测正常信号中的瞬态,并展示其频率成分,被称为数学显微镜,广泛应用于各个时频分析领域。

小波分析在图像处理中有非常重要的应用,包括图像压缩、图像去噪、图像融合、图像分解、图像增强等。除此之外,还给出了详细的程序范例,用 MATLAB 实现了基于小波变换的图像处理。

6.3.2 常见的小波分析方法

1. 一维连续小波变换

定义 设 $\psi(t) \in L^2(\mathbf{R})$，其傅里叶变换为 $\hat{\psi}(\omega)$，当 $\hat{\psi}(\omega)$ 满足允许条件（完全重构条件或恒等分辨条件）

$$C_\psi = \int_R \frac{|\hat{\psi}(\omega)|^2}{|\omega|} d\omega < \infty \tag{6-1}$$

时，我们称 $\psi(t)$ 为一个基本小波或母小波。母函数 $\psi(t)$ 经伸缩和平移后得

$$\psi_{a,b}(t) = \frac{1}{\sqrt{|a|}} \psi\left(\frac{t-b}{a}\right) \quad (a, b \in \mathbf{R}; a \neq 0) \tag{6-2}$$

称其为一个小波序列。其中 a 为伸缩因子，b 为平移因子。对于任意的函数 $f(t) \in L^2(\mathbf{R})$ 的连续小波变换为

$$W_f(a,b) = \langle f, \psi_{a,b} \rangle = |a|^{-1/2} \int_R f(t) \overline{\psi\left(\frac{t-b}{a}\right)} dt \tag{6-3}$$

其重构公式（逆变换）为

$$f(t) = \frac{1}{C_\psi} \int_{-\infty}^{\infty} \int_{-\infty}^{\infty} \frac{1}{a^2} W_f(a,b) \psi\left(\frac{t-b}{a}\right) da\, db \tag{6-4}$$

由于基小波 $\psi(t)$ 生成的小波 $\psi_{a,b}(t)$ 在小波变换中对被分析的信号起着观测窗的作用，所以 $\psi(t)$ 还应该满足一般函数的约束条件

$$\int_{-\infty}^{\infty} |\psi(t)| dt < \infty \tag{6-5}$$

故 $\hat{\psi}(\omega)$ 是一个连续函数。这意味着，为了满足完全重构条件式，$\hat{\psi}(\omega)$ 在原点必须等于 0，即

$$\hat{\psi}(0) = \int_{-\infty}^{\infty} \psi(t) dt = 0 \tag{6-6}$$

为了使信号重构的实现在数值上是稳定的，除完全重构条件外，还要求小波 $\psi(t)$ 的傅里叶变换满足下面的稳定性条件：

$$A \leqslant \sum_{-\infty}^{\infty} |\hat{\psi}(2^{-j}\omega)|^2 \leqslant B \tag{6-7}$$

式中，$0 < A \leqslant B < \infty$。

从稳定性条件可以引出一个重要的概念。

定义（对偶小波） 若小波 $\psi(t)$ 满足稳定性条件式 (6-7)，则定义一个对偶小波 $\tilde{\psi}(t)$，其傅里叶变换 $\hat{\tilde{\psi}}(\omega)$ 由下式给出：

$$\hat{\tilde{\psi}}(\omega) = \frac{\hat{\psi}^*(\omega)}{\sum_{j=-\infty}^{\infty} |\hat{\psi}(2^{-j}\omega)|^2} \tag{6-8}$$

注意，稳定性条件式 (6-7) 实际上是对式 (6-8) 分母的约束条件，它的作用是保证对偶小波的傅里叶变换存在的稳定性。值得指出的是，一个小波的对偶小波一般不是唯一的，然而，在实际应用中，我们又总是希望它们是唯一对应的。因此，寻找具有唯一对偶小波的合适小波也就成为小波分析中最基本的问题。

连续小波变换具有以下重要性质：
① 线性性：一个多分量信号的小波变换等于各个分量的小波变换之和。
② 平移不变性：若 $f(t)$ 的小波变换为 $W_f(a,b)$，则 $f(t-\tau)$ 的小波变换为 $W_f(a,b-\tau)$。
③ 伸缩共变性：若 $f(t)$ 的小波变换为 $W_f(a,b)$，则 $f(ct)$ 的小波变换为

$$\frac{1}{\sqrt{c}}W_f(ca,cb), \quad c>0$$

④ 自相似性：对应不同尺度参数 a 和不同平移参数 b 的连续小波变换之间是自相似的。
⑤ 冗余性：连续小波变换中存在信息表述的冗余度。

小波变换的冗余性事实上也是自相似性的直接反映，它主要表现在以下两个方面：
① 由连续小波变换恢复原信号的重构分式不是唯一的。也就是说，信号 $f(t)$ 的小波变换与小波重构不存在一一对应关系，而傅里叶变换与傅里叶反变换是一一对应的。
② 小波变换的核函数（即小波函数 $\psi_{a,b}(t)$）存在许多可能的选择（例如，它们可以是非正交小波、正交小波、双正交小波，甚至允许是彼此线性相关的）。

小波变换在不同的 (a,b) 之间的相关性增加了分析和解释小波变换结果的困难，因此，小波变换的冗余度应尽可能减小。它是小波分析中的主要问题之一。

2. 高维连续小波变换

对 $f(t) \in L^2(\mathbf{R}^n)(n>1)$，公式

$$f(t) = \frac{1}{C_\psi}\int_{-\infty}^{\infty}\int_{-\infty}^{\infty}\frac{1}{a^2}W_f(a,b)\psi\left(\frac{t-b}{a}\right)\mathrm{d}a\,\mathrm{d}b \tag{6-9}$$

存在几种扩展的可能性。一种可能性是选择小波 $f(t) \in L^2(\mathbf{R}^n)$，使其为球对称，其傅里叶变换也同样球对称

$$\hat{\psi}(\bar{\omega}) = \eta(|\bar{\omega}|) \tag{6-10}$$

并且其相容性条件变为

$$C_\psi = (2\pi)^2\int_0^\infty |\eta(t)|^2\frac{\mathrm{d}t}{t} < \infty \tag{6-11}$$

对所有的 $f,g \in L^2(\mathbf{R}^n)$，有

$$\int_0^\infty \frac{\mathrm{d}a}{a^{n+1}}W_f(a,b)\overline{W}_g(a,b)\mathrm{d}b = C_\psi <f \tag{6-12}$$

式中，$W_f(a,b) = \langle \psi_{a,b}\rangle$，$\psi_{a,b}(t) = a^{-n/2}\psi\left(\frac{t-b}{a}\right)$，其中 $a \in \mathbf{R}^+$，$a \neq 0$ 且 $b \in \mathbf{R}^n$，式(6-9)也可以写为

$$f = C_\psi^{-1}\int_0^\infty \frac{\mathrm{d}a}{a^{n+1}}\int_{\mathbf{R}^n}W_f(a,b)\psi_{a,b}\mathrm{d}b \tag{6-13}$$

如果选择的小波 ψ 不是球对称的，则可以用旋转，进行同样的扩展与平移。例如，在二维时，可定义

$$\psi_{a,b,\theta}(t) = a^{-1}\psi\left[\mathbf{R}_\theta^{-1}\left(\frac{t-b}{a}\right)\right] \tag{6-14}$$

这里，$a>0$，$b \in \mathbf{R}^2$，$\mathbf{R}_\theta = \begin{bmatrix}\cos\theta & -\sin\theta\\ \sin\theta & \cos\theta\end{bmatrix}$，相容条件变为

$$C_\psi = (2\pi)^2\int_0^\infty \frac{\mathrm{d}r}{r}\int_0^{2\pi}|\hat{\psi}(r\cos\theta,r\sin\theta)|^2\mathrm{d}\theta < \infty \tag{6-15}$$

该等式对应的重构公式为

$$f = C_\psi^{-1} \int_0^\infty \frac{\mathrm{d}a}{a^3} \int_{\mathbf{R}^2} \mathrm{d}b \int_0^{2\pi} W_f(a,b,\theta) \psi_{a,b,\theta} \mathrm{d}\theta \qquad (6-16)$$

对于高于二维的情况,可以给出类似的结论。

3. 离散小波变换

在实际应用中,尤其是在计算机上实现时,连续小波必须加以离散化。因此,有必要讨论连续小波 $\psi_{a,b}(t)$ 和连续小波变换 $W_f(a,b)$ 的离散化。需要强调指出的是,这一离散化都是针对连续的尺度参数 a 和平移参数 b 的,而不是针对时间变量 t 的。这一点与我们习惯的时间离散化不同。在连续小波中,考虑函数:

$$\psi_{a,b}(t) = |a|^{-1/2} \psi\left(\frac{t-b}{a}\right)$$

这里 $b \in \mathbf{R}, a \in \mathbf{R}^+$,且 $a \neq 0$,ψ 是容许的,为方便起见,在离散化中,总限制 a 只取正值,这样相容性条件就变为

$$C_\psi = \int_0^\infty \frac{|\hat{\psi}(\omega)|}{|\omega|} \mathrm{d}\omega < \infty \qquad (6-17)$$

通常,把连续小波变换中尺度参数 a 和平移参数 b 的离散公式分别取作 $a = a_0^j, b = ka_0^j b_0$,这里 $j \in \mathbf{Z}$,扩展步长 $a_0 \neq 1$ 是固定值,为方便起见,总是假定 $a_0 > 1$(由于 m 可取正也可取负,所以这个假定无关紧要)。所以对应的离散小波函数 $\psi_{j,k}(t)$ 即可写作

$$\psi_{j,k}(t) = a_0^{-j/2} \psi\left(\frac{t-ka_0^j b_0}{a_0^j}\right) = a_0^{-j/2} \psi(a_0^{-j}t - kb_0) \qquad (6-18)$$

而离散化小波变换系数则可表示为

$$C_{j,k} = \int_{-\infty}^\infty f(t) \psi_{j,k}^*(t) \mathrm{d}t = \langle f, \psi_{j,k} \rangle \qquad (6-19)$$

其重构公式为

$$f(t) = C \sum_{-\infty}^\infty \sum_{-\infty}^\infty C_{j,k} \psi_{j,k}(t) \qquad (6-20)$$

C 是一个与信号无关的常数。然而,怎样选择 a_0 和 b_0,才能够保证重构信号的精度呢?显然,网格点应尽可能密(即 a_0 和 b_0 尽可能小),如果网格点稀疏,那么使用的小波函数 $\psi_{j,k}(t)$ 和离散小波系数 $C_{j,k}$ 就会越少,信号重构的精确度就会越低。

实际计算中,不可能对全部尺度因子值和位移参数值计算连续小波(CWT)的 a,b 值,加之实际的观测信号都是离散的,所以信号处理中都是用离散小波变换(DWT)。大多数情况下,将尺度因子和位移参数按 2 的幂次进行离散。最有效的计算方法是 S. Mallat 于 1988 年发展的快小波算法(又称塔式算法)。对任一信号,离散小波变换的第一步运算是,将信号分为低频部分(称为近似部分)和离散部分(称为细节部分)。近似部分代表了信号的主要特征。第二步是对低频部分再进行相似运算。不过这时尺度因子已经改变,依次进行到所需要的尺度。除了连续小波(CWT)、离散小波(DWT),还有小波包(Wavelet Packet)和多维小波。

6.3.3 小波分析应用实例

1. 小波图像处理

小波分析在二维信号(图像)处理方面的优点主要体现在其时频分析特性,前面介绍了一

些基于这种特性的一些应用的实例,但对二维信号小波系数的处理方法只介绍了阈值化方法一种。下面介绍曾在一维信号中用到的抑制系数的方法,这种方法在图像处理领域主要用于图像增强。

图像增强问题的基本目标是对图像进行一定的处理,使其结果比原图更适用于特定的应用领域。这里"特定"一词非常重要,因为几乎所有的图像增强问题都是与问题背景密切相关的,脱离了问题本身的知识,图像的处理结果可能并不一定适用,比如某种方法非常适用于处理 X 射线图像,但不一定也适用于火星探测图像。

在图像处理领域,图像增强问题主要通过时域(沿用信号处理的说法,空域可能对图像更适合)和频域处理两种方法来解决。时域方法通过直接在图像点上作用算子或掩码来解决,频域方法通过修改傅里叶变换系数来解决。这两种方法的优劣很明显,时域方法方便、快速,但会丢失很多点之间的相关信息;频域方法可以很详细地分离出点之间的相关,但需要做两次数量级为 nlogn 的傅里叶变换和逆变换的操作,计算量大得多。

小波分析是以上两种方法的权衡结果,建立在如下的认识基础上,即傅里叶分析在所有点的分辨率都是原始图像的尺度,对于问题本身的要求,我们可能不需要这么大的分辨率,而单纯的时域分析又显得太粗糙,小波分析的多尺度分析特性则为用户提供了更灵活的处理方法。可以选择任意的分解层数,用尽可能少的计算量得到我们满意的结果。

小波变换将一幅图像分解为大小、位置和方向都不同的分量。在做逆变换之前,可以改变小波变换域中某些系数的大小,这样就能够有选择地放大感兴趣的分量而减小不需要的分量。下面是图像增强的实例。

【例 6-3】 给定一个 wmandril.mat 图像信号。由于图像经二维小波分解后,图像的轮廓主要体现在低频部分,细节部分体现在高频部分,因此可以通过对低频分解系数进行增强处理,对高频分解系数进行衰减处理,从而达到图像增强的效果。

具体实现的 MATLAB 脚本如下:

```
load wmandril
% 下面进行图像的增强处理
% 用小波函数 sym4 对 X 进行 2 层小波分解
[c,s] = wavedec2(X,2,'sym4');
sizec = size(c);c1 = c;
% 对分解系数进行处理以突出轮廓部分,弱化细节部分
for i = 1:sizec(2)
    if(c(i)>350)
c1(i) = 2 * c(i);
    else
c1(i) = 0.5 * c(i);
    end
end
% 下面对处理后的系数进行重构
xx = waverec2(c1,s,'sym4');
% 画出图像
colormap(map);
subplot(121);image(X);title('原始图像');axis square
subplot(122);image(xx);title('增强图像');axis square
```

脚本运行后，得到了如图 6-4 所示的图像增强效果图。

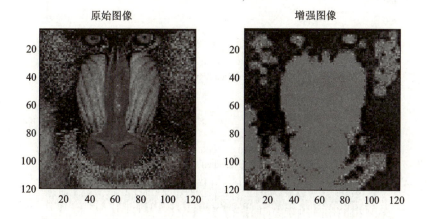

图 6-4　图像增强效果图

2. 小波数据去噪

小波技术的另一个应用是将具有噪声的信号数据进行去噪。

【例 6-4】　应用小波技术将具有噪声的信号数据去噪。

具体实现的 MATLAB 脚本如下：

```
clc, clear all, close all,
load nelec.mat;
sig = nelec;
denPAR = {[1 94 5.9 ; 94 1110 19.5 ; 1110 2000 4.5]};
wname = 'sym4';
level = 5;
sorh  = 's'; % type of thresholding
thr = 4.5;
[sigden_1,~,~,perf0,perfl2] = wdencmp('gbl',sig,wname,level,thr,sorh,1);
res = sig - sigden_1;
subplot(3,1,1);plot(sig,'r');        axis tight
title('Original Signal');
subplot(3,1,2);plot(sigden_1,'b');   axis tight
title('Denoised Signal');
subplot(3,1,3);plot(res,'k');        axis tight
title('Residual');
% perf0,perfl2
```

脚本运行后，得到了如图 6-5 所示的效果图。

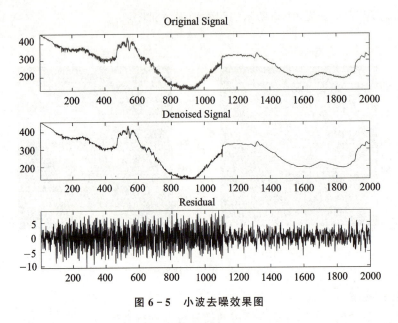

图 6-5 小波去噪效果图

6.4 小 结

  本章介绍的三种方法也属于数据建模中的方法。灰色和神经网络一般用于预测，灰色系统适合小样本数据，神经网络更适合大样本数据。另外，神经网络适合多输入多输出的复杂预测问题。小波方法在数学建模中主要用于数据的预处理，比如去噪、提取数据特征、图像的增强等方面，但往往数据预处理是数学建模的基础工作，对得到更优秀的模型能起到重要的作用，所以小波这类方法也要了解。

参考文献

[1] 周英,卓金武,卞月青. 大数据挖掘:系统方法与实例分析[M]. 北京:机械工业出版社,2016.

第 7 章
标准规划问题的 MATLAB 求解

规划类问题是常见的数学建模问题,离散系统的优化问题一般都可以通过规划模型来求解,所以在建模竞赛中,能够快速求解规划类问题是数学建模队员的基本素质。MATLAB 提供了强大的规划模型的求解命令,可以很快、很简单地得到所要的结果。一般的标准规划模型都可以用这些命令直接进行求解。本章主要介绍常见规划模型的 MATLAB 求解,包括线性规划、非线性规划和整数规划三个部分。掌握这个部分的操作,可以解决大部分的规划模型的求解问题[1]。

7.1 线性规划

在生产实践中,人们经常会遇到如何利用现有资源来安排生产,以取得最大经济效益的问题。此类问题构成了运筹学的一个重要分支——数学规划,而线性规划(Linear Programming,LP)则是数学规划的一个重要分支。历史上,线性规划理论发展的重要进程有:

1947 年,美国数学家 G. B. Dantzig(丹齐克)提出线性规划的一般数学模型和求解线性规划问题的通用方法——单纯形法,为这门学科奠定了基础。

1947 年,美国数学家 John von 诺伊曼提出对偶理论,开创了线性规划的许多新的研究领域,扩大了它的应用范围和解题能力。

1951 年,美国经济学家 T·C·库普曼斯把线性规划应用到经济领域,为此与康托罗维奇一起荣获了 1975 年的诺贝尔经济学奖。

目前,线性规划理论趋向完善,应用范围不断延伸,已经渗透到众多领域,特别是在计算机能处理成千上万个约束条件和决策变量的线性规划问题之后,线性规划的适用领域更为广泛了,已成为现代管理中经常采用的基本方法之一。

7.1.1 线性规划的实例与定义

【例 7-1】 央视为改版后的《非常 6+1》栏目播放两套宣传片。其中宣传片甲播映时间为 3 分 30 秒,广告时间为 30 秒,收视观众为 60 万,宣传片乙播映时间为 1 分钟,广告时间为 1 分钟,收视观众为 20 万。广告公司规定每周至少有 3.5 分钟广告,而电视台每周只能为该栏目宣传片提供不多于 16 分钟的节目时间。电视台每周应播映两套宣传片各多少次,才能使收视观众最多?

分析 建模是解决线性规划问题的极为重要的环节与技术。一个正确数学模型的建立要求建模者熟悉规划问题的生产和管理内容,明确目标要求和错综复杂的约束条件。本题首先将已知数据列成清单(见表 7-1)。

表 7-1 题意信息清单

类　别	播放片甲	播放片乙	节目要求	
片集时间/min	3.5	1		$\leqslant 16$
广告时间/min	0.5	1	$\geqslant 3.5$	
收视观众/万人	60	20		

设电视台每周应播映片甲 x 次,片乙 y 次,总收视观众为 z 万人,则

$$\max z = 60x + 20y \tag{7-1}$$

$$\text{s.t.} \begin{cases} 4x + 2y \leqslant 16 \\ 0.5x + y \geqslant 3.5 \\ x, y \in \mathbf{N} \end{cases} \tag{7-2}$$

其中,变量 x、y 称为决策变量,式(7-1)被称为问题的目标函数,式(7-2)中的几个不等式是问题的约束条件,记为 s.t.(即 subject to)。上述即为一规划问题数学模型的三个要素。由于上面的目标函数及约束条件均为线性函数,故被称为线性规划问题。

在解决实际问题时,把问题归结成一个线性规划数学模型是很重要的一步,但往往也是困难的一步,模型建立得是否恰当,直接影响到求解。而选取适当的决策变量,是我们建立有效模型的关键之一。

7.1.2　线性规划的 MATLAB 标准形式

线性规划的目标函数可以是求最大值,也可以是求最小值,约束条件的不等号可以是小于号也可以是大于号。为了避免这种形式多样性带来的不便,MATLAB 中规定线性规划的标准型为

$$\min_{x} \boldsymbol{c}^{\mathrm{T}}\boldsymbol{x} \text{ such that } \boldsymbol{A}\boldsymbol{x} \leqslant \boldsymbol{b}$$

其中,$\boldsymbol{c}$ 和 $\boldsymbol{x}$ 为 n 维向量;$\boldsymbol{b}$ 为 m 维向量;$\boldsymbol{A}$ 为 $m \times n$ 矩阵。

例如线性规划

$$\max_{x} \boldsymbol{c}^{\mathrm{T}}\boldsymbol{x} \text{ such that } \boldsymbol{A}\boldsymbol{x} \geqslant \boldsymbol{b}$$

的 MATLAB 标准型为

$$\min_{x} -\boldsymbol{c}^{\mathrm{T}}\boldsymbol{x} \text{ such that } -\boldsymbol{A}\boldsymbol{x} \leqslant -\boldsymbol{b}$$

7.1.3　线性规划问题的解的概念

一般线性规划问题的标准型为

$$\min z = \sum_{j=1}^{n} c_j x_j \tag{7-3}$$

$$\text{s.t.} \sum_{j=1}^{n} a_{ij} x_j \leqslant b_i \quad (i = 1, 2, \cdots, m) \tag{7-4}$$

可行解:满足约束条件式(7-4)的解 $x = (x_1, x_2, \cdots, x_n)$,称为线性规划问题的可行解,而使目标函数式(7-3)达到最小值的可行解叫最优解。

可行域:所有可行解构成的集合称为问题的可行域,记为 R。

7.1.4 线性规划的 MATLAB 解法

自从 G. B. Dantzig 于 1947 年提出单纯形法,近 60 年来,虽有许多变形体已被开发,但却保持着同样的基本观念。其原因是有如下结论:若线性规划问题有有限最优解,则一定有某个最优解是可行区域的一个极点。基于此,单纯形法的基本思路是:先找出可行域的一个极点,据一定规则判断其是否最优;若否,则转换到与之相邻的另一个极点,并使目标函数值更优;如此下去,直到找到某一最优解为止。这里不再详细介绍单纯形法,有兴趣的读者可以参看其他线性规划书籍。下面介绍线性规划的 MATLAB 解法。

MATLAB 中线性规划的标准型为

$$\min_{x} c^\mathrm{T} x \text{ such that } Ax \leqslant b$$

基本函数形式为 linprog(c,A,b),它的返回值是向量 x 的值。还有其他的一些函数调用形式(在 MATLAB 指令窗运行 help linprog 可以看到所有的函数调用形式),例如:

$$[x,fval] = \text{linprog}(c,A,b,Aeq,beq,LB,UB,X0,OPTIONS)$$

其中,fval 为返回目标函数的值;Aeq 和 beq 对应等式约束 Aeq * x=beq;LB 和 UB 分别是变量 x 的下界和上界;X0 是 x 的初始值;OPTIONS 是控制参数。

【例 7-2】 求解线性规划问题。

$$\min z = 2x_1 + 3x_2 + x_3$$
$$\text{s.t.} \begin{cases} x_1 + 4x_2 + 2x_3 \geqslant 8 \\ 3x_1 + 2x_2 \geqslant 6 \\ x_1, x_2, x_3 \geqslant 0 \end{cases}$$

解 编写 MATLAB 程序如下:

```
c=[2;3;1];
a=[1,4,2;3,2,0];
b=[8;6];
[x,y]=linprog(c,-a,-b,[],[],zeros(3,1))
```

【例 7-3】 求下面的优化问题。

$$\min z = -5x_1 - 4x_2 - 6x_3$$
$$\text{s.t.} \begin{cases} x_1 - x_2 + x_3 \leqslant 20 \\ 3x_1 + 2x_2 + 4x_3 \leqslant 42 \\ 3x_1 + 2x_2 \leqslant 30 \\ 0 \leqslant x_1, 0 \leqslant x_2, 0 \leqslant x_3 \end{cases}$$

解 编写 MATLAB 程序如下:

```
>> f = [-5; -4; -6];
>> A =   [1 -1 1;3 2 4;3 2 0];
>> b = [20; 42; 30];
>> lb = zeros(3,1);
>> [x,fval,exitflag,output,lambda] = linprog(f,A,b,[],[],lb)
```

结果如下:

```
x =            %最优解
    0.0000
   15.0000
    3.0000
fval =         %最优值
  -78.0000
exitflag =     %收敛
    1
output =
     iterations: 6      %迭代次数
   cgiterations: 0
      algorithm: 'lipsol'   %所使用规则
lambda =
    ineqlin: [3x1 double]
      eqlin: [0x1 double]
      upper: [3x1 double]
      lower: [3x1 double]
>> lambda.ineqlin
ans =
    0.0000
    1.5000
    0.5000
>> lambda.lower
ans =
    1.0000
    0.0000
    0.0000
```

表明不等式约束条件2和3以及第1个下界是有效的。

【例7-4】 求解下列线性规划问题。

$$\max z = 2x_1 + 3x_2 - 5x_3$$

$$s.t. \begin{cases} x_1 + x_2 + x_3 = 7 \\ 2x_1 - 5x_2 + x_3 \geqslant 10 \\ x_1, x_2, x_3 \geqslant 0 \end{cases}$$

解 (1) 编写m文件

```
c = [2;3;-5];
a = [-2,5,-1]; b = -10;
aeq = [1,1,1];
beq = 7;
%是求最大值而不是最小值,注意这里是"-c"而不是"c"
x = linprog(-c,a,b,aeq,beq,zeros(3,1))
value = c' * x
```

(2) 将m文件存盘,并命名为example1.m。

(3) 在MATLAB指令窗中运行example1.m即可得所求结果。

【例7-5】 求解下列最大值线性规划问题。

$$\max z = 170.8582x_1 - 17.7254x_2 + 41.2582x_3 + 2.2182x_4 + 131.8182x_5 - 500000$$

$$\text{s.t.} \begin{cases} x_1 - 0.17037x_2 - 0.5324x_3 + x_5 \leqslant 0 \\ 0.17037x_2 + 0.5324x_3 \leqslant 888115 \\ x_1 + 32\%x_2 + x_3 \leqslant 166805 \\ x_2 \leqslant 521265.625 \\ x_3 + x_4 \leqslant 683400 \\ x_4 + x_5 \geqslant 660000 \\ x_j \geqslant 0 \quad (j=1,2,3,4,5) \end{cases}$$

为了便于求解，我们将上述求解最大值线性规划问题转化成求解最小值问题：

$$\min z' = -170.8582x_1 + 17.7254x_2 - 41.2582x_3 - 2.2182x_4 - 131.8182x_5 + 500000x_6$$

$$\text{s.t.} \begin{cases} x_1 - 0.17037x_2 - 0.5324x_3 + x_5 \leqslant 0 \\ 0.17037x_2 + 0.5324x_3 \leqslant 888115 \\ x_1 + 32\%x_2 + x_3 \leqslant 166805 \\ x_2 \leqslant 521265.625 \\ x_3 + x_4 \leqslant 683400 \\ -x_4 - x_5 \leqslant -660000 \\ x_6 = 1 \\ x_j \geqslant 0 \quad (j=1,2,3,4,5) \end{cases}$$

MATLAB 源程序如下：

```
f = [-170.8582 17.7254 -41.2582 -2.2182 -131.8182 500000];
A = [1 -0.17037 -0.5324 0 1 0;0 0.17037 0.5324 0 0 0;1 0.32 1 0 0 0;0 1 0 0 0 0;0 0 1 1 0 0;0 0 0 -1 -1 0];
b = [0;888115;166805;521265.625;683400;-660000];
Aeq = [0 0 0 0 0 1];
beq = [1];
lb = [0;0;0;0;0;0];
[x,fval,exitflag,output,lambda] = linprog(f,A,b,Aeq,beq,lb,[])
```

程序输出结果如下：

```
x =
1.0e + 005 *
    0.00000000000000
    1.70617739889132
    1.12207323235472
    5.71192676764526
    0.88807323235476
    0.00001000000000
fval = -1.407864558820066e + 007
```

即

$x_1 = 0$，$x_2 = 170618$，$x_3 = 112207$，$x_4 = 571193$，$x_5 = 88807$，$x_6 = 1$

$\min z' = -14078646$， $\max z = -\min z' = -(-14078646) = 14078646$

7.2 非线性规划

7.2.1 非线性规划的实例与定义

如果目标函数或约束条件中包含非线性函数,就称这种规划问题为非线性规划问题。一般,解非线性规划要比解线性规划问题困难得多。而且,也不像线性规划有单纯形法这一通用方法,非线性规划目前还没有适合于各种问题的一般算法,各个方法都有自己特定的适用范围。

下面通过实例归纳出非线性规划数学模型的一般形式,介绍有关非线性规划的基本概念。

【例 7-6】 (投资决策问题)某企业有 n 个项目可供选择投资,并且至少要对其中一个项目投资。已知该企业拥有总资金 A 元,投资第 $i(i=1,\cdots,n)$ 个项目需要资金 a_i 元,并预计可收益 b_i 元。试选择最佳投资方案。

解 设投资决策变量为

$$x_i = \begin{cases} 1, & \text{决定投资第 } i \text{ 个项目} \\ 0, & \text{决定不投资第 } i \text{ 个项目} \end{cases}, i=1,\cdots,n$$

则投资总额为 $\sum_{i=1}^{n} a_i x_i$,投资总收益为 $\sum_{i=1}^{n} b_i x_i$。因为该公司至少要对一个项目投资,并且总的投资金额不能超过总资金 A,故有限制条件:

$$0 < \sum_{i=1}^{n} a_i x_i \leqslant A$$

由于 $x_i(i=1,\cdots,n)$ 只取 0 或 1,所以还有

$$x_i(1-x_i) = 0 \quad (i=1,\cdots,n)$$

另外,该公司至少要对一个项目投资,因此有

$$\sum_{i=1}^{n} x_i \geqslant 1$$

最佳投资方案应是投资额最小而总收益最大的方案,所以这个最佳投资决策问题归结为总资金以及决策变量(取 0 或 1)的限制条件下,极大化利润,即总收益与总投资之差。因此,其数学模型为

$$\max Q = \sum_{i=1}^{n} b_i x_i - \sum_{i=1}^{n} a_i x_i$$

$$\text{s.t.} \begin{cases} 0 < \sum_{i=1}^{n} a_i x_i \leqslant A \\ x_i(1-x_i) = 0 \quad (i=1,\cdots,n) \\ \sum_{i=1}^{n} x_i \geqslant 1 \end{cases}$$

上面例题是在一组等式或不等式的约束下,求一个函数的最大值(或最小值)问题,其中目标函数或约束条件中至少有一个非线性函数,这类问题称为非线性规划问题,简记为(NP),可概括为一般形式:

$$\min f(\boldsymbol{x})$$
$$\text{s. t.} \begin{cases} h_j(\boldsymbol{x}) \leqslant 0 & (j=1,\cdots,q) \\ g_i(\boldsymbol{x}) = 0 & (i=1,\cdots,p) \end{cases}$$

式中,$\boldsymbol{x}=[x_1,\cdots,x_n]^T$ 称为模型(NP)的决策变量;f 称为目标函数;$g_i(\boldsymbol{x})$ 和 $h_j(\boldsymbol{x})$ 称为约束函数。另外,$g_i(\boldsymbol{x})=0(i=1,\cdots,p)$ 称为等式约束,$h_j(\boldsymbol{x})\leqslant 0(j=1,\cdots,q)$ 称为不等式约束。

7.2.2 非线性规划的 MATLAB 解法

非线性规划的数学模型形式:

$$\min f(\boldsymbol{x})$$
$$\text{s. t.} \begin{cases} \boldsymbol{Ax} \leqslant \boldsymbol{B} \\ \text{Aeq} \cdot \boldsymbol{x} = \text{Beq} \\ \boldsymbol{C}(\boldsymbol{x}) \leqslant 0 \\ \text{Ceq}(\boldsymbol{x}) = 0 \end{cases}$$

式中,$f(\boldsymbol{x})$ 是标量函数;$\boldsymbol{A},\boldsymbol{B}$,Aeq,Beq 是相应维数的矩阵和向量;$\boldsymbol{C}(\boldsymbol{x})$,Ceq$(\boldsymbol{x})$ 是非线性向量函数。

MATLAB 中的命令形式如下:

X=FMINCON(FUN,X0,A,B,Aeq,Beq,LB,UB,NONLCON,OPTIONS)

它的返回值是向量 X。其中 FUN 是用 M 文件定义的函数 $f(\boldsymbol{x})$;X0 是 X 的初始值;A,B,Aeq,Beq 定义了线性约束 A*X≤B,Aeq*X=Beq,如果没有线性约束,则 A=[],B=[],Aeq=[],Beq=[];LB 和 UB 是变量 X 的下界和上界,如果上界和下界没有约束,则 LB=[],UB=[],如果 X 无下界,则 LB=-inf,如果 X 无上界,则 UB=inf;NONLCON 是用 M 文件定义的非线性向量函数 $\boldsymbol{C}(\boldsymbol{x})$ 和 Ceq$(\boldsymbol{x})$;OPTIONS 定义了优化参数,可以使用 MATLAB 缺省的参数设置。

【例 7-7】 求下列非线性规划问题。

$$\min f(x) = x_1^2 + x_2^2 + 8$$
$$\text{s. t.} \begin{cases} x_1^2 - x_2 \geqslant 0 \\ -x_1 - x_2^2 + 2 = 0 \\ x_1, x_2 \geqslant 0 \end{cases}$$

解 (1) 编写 m 文件 fun1.m。

```
function f = fun1(x);
f = x(1)^2 + x(2)^2 + 8;
和 M 文件 fun2.m
function [g,h] = fun2(x);
g = - x(1)^2 + x(2);
h = - x(1) - x(2)^2 + 2; % 等式约束
```

(2) 在 MATLAB 的命令窗口直接输入:

```
options = optimset;
[x,y] = fmincon('fun1',rand(2,1),[],[],[],[],zeros(2,1),[], ...
'fun2', options)
```

就可以求得当 $x_1=1, x_2=1$ 时,最小值 $y=10$。

【例 7-8】 求下列非线性规划问题。

$$\max z = \sqrt{x_1} + \sqrt{x_2} + \sqrt{x_3} + \sqrt{x_4}$$

$$\text{s.t.} \begin{cases} x_1 \leqslant 400 \\ 1.1x_1 + x_2 \leqslant 440 \\ 1.21x_1 + 1.1x_2 + x_3 \leqslant 484 \\ 1.331x_1 + 1.21x_2 + 1.1x_3 + x_4 \leqslant 532.4 \\ x_i \geqslant 0, i=1,2,3,4 \end{cases}$$

解 (1) 编写 m 文件,定义目标函数。

```
function f = fun44(x)
f = - (sqrt(x(1)) + sqrt(x(2)) + sqrt(x(3)) + sqrt(x(4)));
```

(2) 编写 m 文件,定义约束条件。

```
function [g,ceq] = mycon1(x)
g(1) = x(1) - 400;
g(2) = 1.1 * x(1) + x(2) - 440;
g(3) = 1.21 * x(1) + 1.1 * x(2) + x(3) - 484;
g(4) = 1.331 * x(1) + 1.21 * x(2) + 1.1 * x(3) + x(4) - 532.4;
ceq = 0;
```

(3) 编写主程序,既可以编写 m 文件也可以在命令窗口直接输入命令。

```
x0 = [1;1;1;1];lb = [0;0;0;0];ub = [];A = [];b = [];Aeq = [];beq = [];
[x,fval] = fmincon('fun44',x0,A,b,Aeq,beq,lb,ub,'mycon1')
```

程序输出结果如下:

```
x =
    1.0e + 002 *
    0.84243824470856
    1.07635203745600
    1.28903186524063
    1.48239367919807
fval =
 - 43.08209516098581
```

所以最终结果为

$$x_1 = 84.24, \quad x_2 = 107.63, \quad x_3 = 128.90, \quad x_4 = 148.23$$
$$z = -(-43.08) = 43.08$$

7.2.3 二次规划

若某非线性规划的目标函数为自变量 x 的二次函数,约束条件又全是线性的,就称这种规划为二次规划。

MATLAB 中二次规划的数学模型可表述如下:

$$\min \frac{1}{2} \boldsymbol{x}^\mathrm{T} \boldsymbol{H} \boldsymbol{x} + \boldsymbol{f}^\mathrm{T} \boldsymbol{x}$$

$$\text{s.t.} \ \boldsymbol{A}\boldsymbol{x} \leqslant \boldsymbol{b}$$

其中,f, b 是向量;A 是相应维数的矩阵;H 是实对称矩阵。

"实对称矩阵"定义:如果有 n 阶矩阵 A,其各个元素都是实数,且满足 $a_{ij}=a_{ji}$(转置为其本身),则称 A 为实对称矩阵。

MATLAB 中求解二次规划的命令格式如下:

$$[X, FVAL] = QUADPROG(H, f, A, b, Aeq, beq, LB, UB, X0, OPTIONS)$$

其中,X 的返回值是向量 x;FVAL 的返回值是目标函数在 X 处的值。(具体细节可以参看在 MATLAB 指令中运行 help quadprog 后的帮助。)

【例 7-9】 求解二次规划。

$$\min f(x) = 2x_1^2 - 4x_1x_2 + 4x_2^2 - 6x_1 - 3x_2$$

$$\text{s.t.} \begin{cases} x_1 + x_2 \leqslant 3 \\ 4x_1 + x_2 \leqslant 9 \\ x_1, x_2 \geqslant 0 \end{cases}$$

解 编写如下程序:

```
h=[4,-4;-4,8];
f=[-6;-3];
a=[1,1;4,1];
b=[3;9];
[x,value]=quadprog(h,f,a,b,[],[],zeros(2,1))
```

求得

$$x = \begin{bmatrix} 1.9500 \\ 1.0500 \end{bmatrix}, \quad \min f(x) = -11.0250$$

利用罚函数法,可将非线性规划问题的求解转化为求解一系列无约束极值问题,因而也称这种方法为序列无约束最小化技术,简记为 SUMT(Sequential Unconstrained Minimization Technique)。

罚函数法求解非线性规划问题的思想:利用问题中的约束函数作出适当的罚函数,由此构造出带参数的增广目标函数,把问题转化为无约束非线性规划问题。主要有两种形式,一种叫外罚函数法,另一种叫内罚函数法。下面介绍外罚函数法。

考虑如下问题:

$$\min f(x)$$

$$\text{s.t.} \begin{cases} g_i(x) \leqslant 0 & (i=1,\cdots,r) \\ h_i(x) \geqslant 0 & (i=1,\cdots,s) \\ k_i(x) = 0 & (i=1,\cdots,t) \end{cases}$$

取一个充分大的数 $M>0$,构造函数

$$P(x, M) = f(x) + M \sum_{i=1}^{r} \max(g_i(x), 0) - M \sum_{i=1}^{s} \min(h_i(x), 0) + M \sum_{i=1}^{t} |k_i(x)|$$

或

$$P(x, M) = f(x) + M_1 \max(G(x), 0) + M_2 \min(H(x), 0) + M_3 \|K(x)\|$$

其中,$G(x) = \begin{bmatrix} g_1(x) \\ \vdots \\ g_r(x) \end{bmatrix}; H(x) = \begin{bmatrix} h_1(x) \\ \vdots \\ h_s(x) \end{bmatrix}; K(x) = \begin{bmatrix} k_1(x) \\ \vdots \\ k_t(x) \end{bmatrix}; M_1, M_2, M_3$ 为适当的行向量,

MATLAB 中可以直接利用 max 和 min 函数。

则以增广目标函数 $P(x,M)$ 为目标函数的无约束极值问题 min $P(x,M)$ 的最优解 x 也是原问题的最优解。

【例 7-10】 求下列非线性规划。

$$\min f(x) = x_1^2 + x_2^2 + 8$$

$$\text{s. t.} \begin{cases} x_1^2 - x_2 \geqslant 0 \\ -x_1 - x_2^2 + 2 = 0 \\ x_1, x_2 \geqslant 0 \end{cases}$$

解 (1) 编写 m 文件 test.m。

```
function g = test(x);
M = 50000;
f = x(1)^2 + x(2)^2 + 8;
g = f - M * min(x(1),0) - M * min(x(2),0) - M * min(x(1)^2 - x(2),0)...
    + M * abs(-x(1) - x(2)^2 + 2);
```

(2) 在 MATLAB 命令窗口输入：

```
[x,y] = fminunc('test',rand(2,1))
```

即可求得问题的解。

7.3 整数规划

7.3.1 整数规划的定义

规划中的变量(部分或全部)限制为整数时，称为整数规划。若在线性规划模型中，变量限制为整数，则称为整数线性规划。目前所流行的求解整数规划的方法，往往只适用于整数线性规划。目前还没有一种方法能有效地求解一切整数规划。

常见的整数规划问题的求解算法有：
① 分枝定界法，可求纯或混合整数线性规划。
② 割平面法，可求纯或混合整数线性规划。
③ 隐枚举法，求解 0-1 整数规划：
   ● 过滤隐枚举法；
   ● 分枝隐枚举法。
④ 匈牙利法，解决指派问题(0-1 规划特殊情形)。

7.3.2 0-1 整数规划

0-1 整数规划是整数规划中的特殊情形，它的变量 x_j 仅取值 0 或 1，这时 x_j 称为 0-1 变量(或称二进制变量)。x_j 仅取值 0 或 1，这个条件可有下述约束条件：$0 \leqslant x_j \leqslant 1, x_j \in \mathbf{N}$ 或 $x_i(1-x_i)=0, i=1,\cdots,n$。在实际问题中，如果引入 0-1 变量，就可以把有各种情况需要分别讨论的线性规划问题统一在一个问题中讨论了。

下面举例说明用 MATLAB 混合整数规划求解器 intlingprog 求解 0-1 整数规划的过程。

【例 7-11】 用 MATLAB 混合整数规划求解器 intlingprog 求解 0-1 整数规划问题。

$$\max z = 3x_1 - 2x_2 + 5x_3$$

$$\text{s.t.} \begin{cases} x_1 + 2x_2 - x_3 \leqslant 2 \\ x_1 + 4x_2 + x_3 \leqslant 4 \\ x_1 + x_2 \leqslant 3 \\ 4x_2 + x_3 \leqslant 6 \\ x_1, x_2, x_3 = 0, 1 \end{cases}$$

解 该问题的代码如下：

```
clc, clear all, close all
f = [-3; 2; -5];
intcon = 3;
A = [1 2 -1; 1 4 1; 1 1 0; 0 4 1];
b = [2; 4; 3; 6];
lb = [0, 0, 0];
ub = [1,1,1];
Aeq = [0,0,0];
beq = 0;
x = intlinprog(f,intcon,A,b,Aeq,beq,lb,ub)
```

7.4 小 结

本章介绍的规划问题的求解，主要针对的是标准的规划问题，也就是运筹学上给出严格定义的规划模型。这类数学建模问题，是优化类建模问题的基础，一般只要不是涉及组合优化的连续优化问题，基本都可以建立标准的规划模型，可以用这些方法快速求解。所以，这些基础类的规划模型一定要熟悉，能够快速建立模型，并能快速求解。

参考文献

[1] 姜启源,谢金星,叶俊. 数学模型[M]. 4 版. 北京:高等教育出版社,2011.

第 8 章
MATLAB 全局优化算法

离散型问题是建模竞赛中的主流题型,如果判断所研究的问题是组合优化问题,那么就大概率需要全局优化算法了。历年赛题中,比较经典的这类问题有灾情巡视、公交车调度、彩票、露天矿卡车调度、交巡警服务平台、太阳影子定位,等等[1]。可见全局优化问题的求解算法在数学建模中的重要性,本章主要介绍 MATLAB 全局优化技术及相关实例。

8.1 MATLAB 全局优化概况

MATLAB 中有个全局优化工具箱(Global Optimization Toolbox),该工具箱集成了几个主流的全局优化算法,包含全局搜索、多初始点、模式搜索、遗传算法、多目标遗传算法、模拟退火求解器和粒子群求解器,如图 8-1 所示。

对于目标函数或约束函数连续、不连续、随机、导数不存在以及包含仿真或黑箱函数的优化问题,都可使用这些求解器来求解。另外,还可通过设置选项和自定义创建、更新函数来改进求解器的效率。可以使用自定义数据类型,配合遗传算法和模拟退火求解器,来描绘采用标准数据类型不容易表达的问题。利用混合函数选项,可在第一个求解器之后应用第二个求解器来改进解算。

‹ Global Optimization Toolbox

Getting Started with Global Optimization Toolbox
Optimization Problem Setup
Global or Multiple Starting Point Search
Direct Search
Genetic Algorithm
Particle Swarm
Simulated Annealing
Multiobjective Optimization

图 8-1 MATLAB 中全局优化工具箱包含的求解器

8.2 遗传算法

8.2.1 遗传算法的原理

遗传算法(Genetic Algorithms,GA)是一种基于自然选择和基因遗传学原理,借鉴了生物进化优胜劣汰的自然选择机理和生物界繁衍进化的基因重组、突变的遗传机制的全局自适应概率搜索算法。

遗传算法是从一组随机产生的初始解(种群)开始的,这个种群由经过基因编码的一定数量的个体组成,每个个体实际上是染色体带有特征的实体。染色体作为遗传物质的主要载体,其内部表现(即基因型)是某种基因组合,它决定了个体的外部表现。因此,从一开始就需要实现从表现型到基因型的映射,即编码工作。初始种群产生后,按照优胜劣汰的原理,逐代演化产生出越来越好的近似解。在每一代,根据问题域中个体的适应度大小选择个体,并借助于自然遗传学的遗传算子进行组合交叉和变异,产生出代表新的解集的种群。这个过程将导致种群像自然进化一样,后代种群比前代更加适应环境,末代种群中的最优个体经过解码,可以作为问题近似最优解。

计算开始时,将实际问题的变量进行编码形成染色体,随机产生一定数目的个体,即种群,并计算每个个体的适应度值,然后通过终止条件判断该初始解是否是最优解,若是则停止计算输出结果,若不是则通过遗传算子操作产生新的一代种群,回到计算群体中每个个体的适应度值的部分,然后转到终止条件判断。这一过程循环执行,直到满足优化准则,最终产生问题的最优解。图 8-2 给出了遗传算法的基本过程。

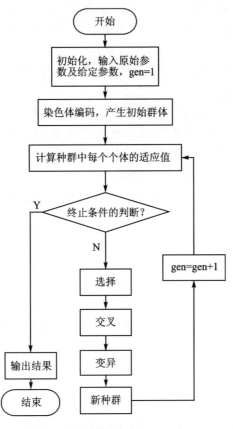

图 8-2 简单遗传算法的基本过程

8.2.2 遗传算法的步骤

1. 初始参数

种群规模 n:种群数目影响遗传算法的有效性。种群数目太小,不能提供足够的采样点;种群规模太大,会增加计算量,使收敛时间增长。一般种群数目在 20~160 之间比较合适。

交叉概率 p_c:p_c 控制着交换操作的频率,p_c 太大,会使高适应值的结构很快被破坏掉;p_c 太小,会使搜索停滞不前。一般 p_c 取 0.5~1.0。

变异概率 p_m:p_m 是增大种群多样性的第二个因素,p_m 太小,不会产生新的基因块;p_m 太大,会使遗传算法变成随机搜索。一般 p_m 取 0.001~0.1。

进化代数 t:表示遗传算法运行结束的一个条件。一般的取值范围为 100~1000。当个体编码较长时,进化代数要取小一些,否则会影响算法的运行效率。进化代数的选取,还可以采用某种判定准则,准则成立时,即停止。

2. 染色体编码

利用遗传算法求解问题时,必须在目标问题实际表示与染色体位串结构之间建立一个联系。对于给定的优化问题,由种群个体的表现型集合组成的空间称为问题空间,由种群基因型个体组成的空间称为编码空间。由问题空间向编码空间的映射称作编码,而由编码空间向问题空间的映射称为解码。

按照遗传算法的模式定理,de Jong进一步提出了较为客观明确的编码评估准则,称之为编码原理。具体可以概括为两条规则:

① 有意义积木块编码规则:编码应当易于生成与所求问题相关的且具有低阶、短定义长度模式的编码方案。

② 最小字符集编码规则:编码应使用能使问题得到自然表示或描述的具有最小编码字符集的编码方案。

常用的编码方式有两种:二进制编码和浮点数(实数)编码。

二进制编码是遗传算法中最常用的一种编码方法,它将问题空间的参数用字符集$\{1,0\}$构成染色体位串,符合最小字符集原则,便于用模式定理分析,但存在映射误差。

采用二进制编码,将决策变量编码为二进制,编码串长m_i取决于需要的精度。例如,x_i的值域为$[a_i, b_i]$,而需要的精度是小数点后5位,这要求将x_i的值域至少分为$(b_i - a_i) \times 10^6$份。设x_i所需要的字串长为m_i,则有

$$2^{m_i-1} < (b_i - a_i) \times 10^6 < 2^{m_i}$$

那么二进制编码的编码精度为$\delta = \dfrac{b_i - a_i}{2^{m_i} - 1}$,将$x_i$由二进制转换为十进制可按下式计算:

$$x_i = a_i + \text{decimal}(\text{substring}_i) \times \delta$$

式中,$\text{decimal}(\text{substring}_i)$表示变量$x_i$的子串$\text{substring}_i$的十进制值。

染色体编码的总串长为

$$m = \sum_{i=1}^{N} m_i$$

若没有规定计算精度,那么可采用定长二进制编码,即m_i可以自己确定。

二进制编码方式的编码、解码简单易行,使得遗传算法的交叉、变异等操作实现方便。但是,当连续函数离散化时,它存在映射误差。再者,当优化问题所求的精度越高,如果必须保证解的精度,则使得个体的二进制编码串很长,从而导致搜索空间急剧扩大,计算量也会增加,计算时间也相应地延长。

浮点数(实数)编码方法能够解决二进制编码的这些缺点。该方法中个体的每个基因都要用参数所给定区间范围内的某一浮点数来表示,而个体的编码长度则等于其决策变量的总数。遗传算法中交叉、变异等操作所产生的新个体的基因值也必须保证在参数指定区间范围内。当个体的基因值是由多个基因组成时,交叉操作必须在两个基因之间的分界字节处进行,而不是在某一基因内的中间字节分隔处进行。

3. 适应度函数

适应度函数是用来衡量个体优劣,度量个体适应度的函数。适应度函数值越大的个体越好,反之,适应度函数值越小的个体越差。在遗传算法中根据适应值对个体进行选择,以保证适应性能好的个体有更多的机会繁殖后代,使优良特性得以遗传。一般而言,适应度函数是由

目标函数变换而成的。由于在遗传算法中根据适应度排序的情况来计算选择概率,这就要求适应度函数计算出的函数值(适应度)不能小于零。因此,在某些情况下,将目标函数转换成最大化问题形式而且函数值非负的适应度函数是必要的,并且在任何情况下总是希望越大越好,但是许多实际问题中,目标函数有正有负,所以经常用到从目标函数到适应度函数的变换。

考虑如下一般的数学规划问题:

$$\min f(\boldsymbol{x})$$
$$\text{s.t.} \begin{cases} g(\boldsymbol{x}) = 0 \\ h_{\min} \leqslant h(\boldsymbol{x}) \leqslant h_{\max} \end{cases}$$

变换方法一:

① 对于最小化问题,建立适应度函数 $F(\boldsymbol{x})$ 和目标函数 $f(\boldsymbol{x})$ 的映射关系:

$$F(\boldsymbol{x}) = \begin{cases} C_{\max} - f(\boldsymbol{x}), & f(\boldsymbol{x}) < C_{\max} \\ 0, & f(\boldsymbol{x}) \geqslant C_{\max} \end{cases}$$

式中,$C_{\max}$ 既可以是特定的输入值,也可以选取到目前为止所得到的目标函数 $f(\boldsymbol{x})$ 的最大值。

② 对于最大化问题,一般采用下述方法:

$$F(\boldsymbol{x}) = \begin{cases} f(\boldsymbol{x}) - C_{\min}, & f(\boldsymbol{x}) > C_{\min} \\ 0, & f(\boldsymbol{x}) \leqslant C_{\min} \end{cases}$$

式中,$C_{\min}$ 既可以是特定的输入值,也可以选取到目前为止所得到的目标函数 $f(\boldsymbol{x})$ 的最小值。

变换方法二:

① 对于最小化问题,建立适应度函数 $F(\boldsymbol{x})$ 和目标函数 $f(\boldsymbol{x})$ 的映射关系:

$$F(\boldsymbol{x}) = \frac{1}{1 + c + f(\boldsymbol{x})}, \quad c \geqslant 0, \quad c + f(\boldsymbol{x}) \geqslant 0$$

② 对于最大化问题,一般采用下述方法:

$$F(\boldsymbol{x}) = \frac{1}{1 + c - f(\boldsymbol{x})}, \quad c \geqslant 0, \quad c - f(\boldsymbol{x}) \geqslant 0$$

式中,c 为目标函数界限的保守估计值。

4. 约束条件的处理

在遗传算法中必须对约束条件进行处理,但目前尚无处理各种约束条件的一般方法。根据具体问题,可选择下列三种方法:罚函数法、搜索空间限定法和可行解变换法。

(1) 罚函数法

罚函数法的基本思想:对于在解空间中无对应可行解的个体,计算其适应度时,除以一个罚函数,从而降低该个体的适应度,使该个体被选遗传到下一代群体中的概率减小。可以用下式对个体的适应度进行调整:

$$F'(\boldsymbol{x}) = \begin{cases} F(\boldsymbol{x}), & \boldsymbol{x} \in U \\ F(\boldsymbol{x}) - P(\boldsymbol{x}), & \boldsymbol{x} \notin U \end{cases}$$

式中,$F(\boldsymbol{x})$ 为原适应度函数;$F'(\boldsymbol{x})$ 为调整后的新的适应度函数;$P(\boldsymbol{x})$ 为罚函数;U 为约束条件组成的集合。

如何确定合理的罚函数是这种处理方法难点之所在,在考虑罚函数时,既要度量解对约束条件不满足的程度,又要考虑计算效率。

(2) 搜索空间限定法

搜索空间限定法的基本思想:对遗传算法的搜索空间的大小加以限制,使得搜索空间中表示一个个体的点与解空间中的表示一个可行解的点有一一对应的关系。对一些比较简单的约束条件通过适当编码使搜索空间与解空间一一对应,限定搜索空间能够提高遗传算法的效率。在使用搜索空间限定法时必须保证交叉、变异之后的解个体在解空间中有对应解。

(3) 可行解变换法

可行解变换法的基本思想:在由个体基因型到个体表现型的变换中,增加使其满足约束条件的处理过程,其寻找个体基因型与个体表现型的多对一变换关系,扩大了搜索空间,使进化过程中所产生的个体总能通过这个变换而转化成解空间中满足约束条件的一个可行解。可行解变换法对个体的编码方式、交叉运算、变异运算等无特殊要求,但运行效果下降。

5. 遗传算子

遗传算法中包含了 3 个模拟生物基因遗传操作的遗传算子:选择(复制)、交叉(重组)和变异(突变)。遗传算法利用遗传算子产生新一代群体来实现群体进化,算子的设计是遗传策略的主要组成部分,也是调整和控制进化过程的基本工具。

(1) 选择操作

遗传算法中的选择操作就是用来确定如何从父代群体中按某种方法选取哪些个体遗传到下一代群体中的一种遗传运算。遗传算法使用选择(复制)算子来对群体中的个体进行优胜劣汰操作:适应度较高的个体被遗传到下一代群体中的概率较大,适应度较低的个体被遗传到下一代群体中的概率较小。选择操作建立在对个体适应度进行评价的基础之上。选择操作的主要目的是为了避免基因缺失,提高全局收敛性和计算效率。常用的选择方法有转轮法(轮盘赌法)、排序选择法、两两竞争法。

1) 轮盘赌法

轮盘赌法为简单的选择方法。通常以第 i 个个体入选种群的概率以及群体规模的上限来确定其生存与淘汰,这种方法称为轮盘赌法。轮盘赌法是一种正比选择策略,能够根据与适应函数值成正比的概率选出新的种群。轮盘赌法由以下五步构成:

① 计算各染色体 v_k 的适应值 $F(v_k)$;

② 计算种群中所有染色体的适应值的和:

$$\text{Fall} = \sum_{k=1}^{n} F(v_k)$$

③ 计算各染色体 v_k 的选择概率 p_k:

$$p_k = \frac{\text{eval}(v_k)}{\text{Fall}} \quad (k=1,2,\cdots,n)$$

④ 计算各染色体 v_k 的累计概率 q_k:

$$q_k = \sum_{j=1}^{k} p_j \quad (k=1,2,\cdots,n)$$

⑤ 在[0,1]区间内产生一个均匀分布的伪随机数 r,若 $r \leqslant q_1$,则选择第一个染色体 v_1;否则,选择第 k 个染色体,使得 $q_{k-1} < r \leqslant q_k$ 成立。

2) 排序选择法

排序选择法的主要思想:对群体中的所有个体按其适应度大小进行排序,基于这个排序来分配各个个体被选中的概率。

排序选择法的具体操作过程:
① 对群体中的所有个体按其适应度大小进行降序排序。
② 根据具体求解问题,设计一个概率分配表,将各个概率值按上述排列次序分配给各个个体。
③ 以各个个体所分配到的概率值作为其能够被遗传到下一代的概率,基于这些概率值用轮盘赌法来产生下一代群体。

3) 两两竞争法

两两竞争法又称锦标赛选择法,基本做法:先随机地在种群中选择 k 个个体进行锦标赛式的比较,从中选出适应值最好的个体进入下一代,复用这种方法进行直到下一代个体数为种群规模时为止。这种方法也使得适应值好的个体在下一代具有较大的"生存"机会,同时它只能使用适应值的相对值作为选择的标准,而与适应值的数值大小不成直接比例,所以,它能较好地避免超级个体的影响,一定程度上避免了过早收敛现象和停滞现象。

(2) 交叉操作

在遗传算法中,交叉操作是起核心作用的遗传操作,它是生成新个体的主要方式。交叉操作的基本思想是通过对两个个体之间进行某部分基因的互换来实现产生新个体的目的。常用的交叉算子有单点交叉算子、两点交叉算子、多点交叉算子、均匀交叉算子和算术交叉算子等。

1) 单点交叉算子

交叉过程分为两步:首先,对配对库中的个体进行随机配对;其次,在配对个体中随机设定交叉位置,配对个体彼此交换部分信息。单点交叉过程如图 8-3 所示。

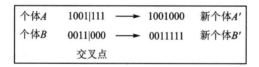

图 8-3 单点交叉过程示意图

2) 两点交叉算子

具体操作是随机设定两个交叉点,互换两个父代在这两点间的基因串,分别生成两个新个体。

3) 多点交叉算子

多点交叉的思想源于控制个体特定行为的染色体表示信息的部分无须包含于邻近的子串中,多点交叉的破坏性可以促进解空间的搜索,而不是促进过早的收敛。

4) 均匀交叉算子

均匀交叉式是指通过设定屏蔽字来决定新个体的基因继承两个个体中哪个个体的对应基因,当屏蔽字中的位为 0 时,新个体 A' 继承旧个体 A 中对应的基因,当屏蔽字位为 1 时,新个体 A' 继承旧个体 B 中对应的基因,由此可生成一个完整的新个体 A';同理可生成新个体 B'。整个过程如图 8-4 所示。

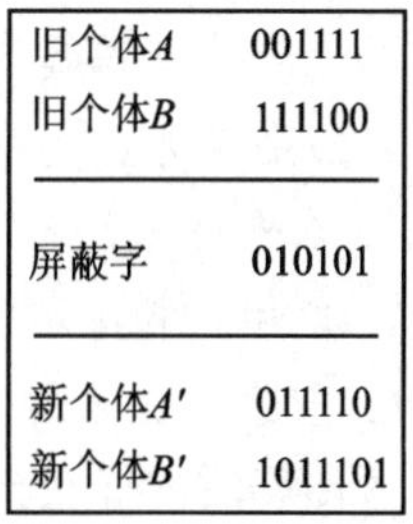

图 8-4 均匀交叉过程示意图

(3) 变异操作

变异操作是指将个体染色体编码串中的某些基因座的基因值用该基因座的其他等位基因来替代,从而形成一个新的个体。变异运算是产生新个体的辅助方法,它和选择、交叉算子结合在一起,保证了遗传算法的有效性,使遗传算法具有局部的随机搜索能力,提高遗传算法的搜索效率;同时使遗传算法保持种群的多样性,以防止出现早熟收敛。在变异操作中,为了保证个体变异后不会与其父体产生太大的差异,保证种群发展的稳定性,变异率不能取得太大。如果变异率大于 0.5,那么遗传算法就变为随机搜索,遗传算法的一些重要的数学特性和搜索能力也就不存在了。变异算子的设计包括确定变异点的位置和进行基因值替换。变异操作的方法有基本位变异、均匀变异、边界变异、非均匀变异等。

1) 基本位变异

基本位变异操作是指对个体编码串中以变异概率 p_m 随机指定的某一位或某几位基因作变异运算,所以其发挥的作用比较慢,效果也不明显。

基本位变异算子的具体执行过程如下:

① 对个体的每一个基因座,依变异概率 p_m 指定其为变异点。

② 对每一个指定的变异点,对其基因值做取反运算或用其他等位基因值来代替,从而产生出一个新个体。

2) 均匀变异

均匀变异操作是指分别用符合某一范围内均匀分布的随机数,以某一较小的概率来替换个体编码串中各个基因座上的原有基因值。

均匀变异的具体操作过程如下:

① 依次指定个体编码串中的每个基因座为变异点。

② 对每一个变异点,以变异概率 p_m 从对应基因的取值范围内取一随机数来替代原有基因值。

假设有一个个体为 $V_k=[v_1,v_2,\cdots,v_k,\cdots,v_m]$,若 V_k 为变异点,其取值范围为 $[v_{k,\min}, v_{k,\max}]$,在该点对个体 V_k 进行均匀变异操作后,可得到一个新的个体:$V_k=[v_1,v_2,\cdots,v'_k,\cdots,v_m]$,其中变异点的新基因值是

$$v'_k = v_{k,\min} + r \times (v_{k,\max} - v_{k,\min})$$

式中,r 为 $[0,1]$ 范围内符合均匀概率分布的一个随机数。均匀变异操作特别适合应用于遗传算法的初期运行阶段,它使得搜索点可以在整个搜索空间内自由地移动,从而增加群体的多样性。

(4) 倒位操作

倒位操作是指颠倒个体编码串中随机指定的两个基因座之间的基因排列顺序,从而形成一个新的染色体。倒位操作的具体过程如下:

① 在个体编码串中随机指定两个基因座作为倒位点;

② 以倒位概率颠倒这两个倒位点之间的基因排列顺序。

6. 搜索终止条件

遗传算法的终止条件有以下两个,满足任何一个条件,搜索就结束。

① 遗传操作中连续多次前后两代群体中最优个体的适应度相差在某个任意小的正数 ε 所确定的范围内,即满足:

$$0 < |F_{\text{new}} - F_{\text{old}}| < \varepsilon$$

式中,F_{new} 为新产生的群体中最优个体的适应度;F_{old} 为前代群体中最优个体的适应度。

② 达到遗传操作的最大进化代数 t。

8.2.3 遗传算法的实例

现在我们想要求解一个决策变量为 x_1 和 x_2 的优化问题：
$$\min f(x) = 100(x_1^2 - x_2)^2 + (1 - x_1)^2$$
x 满足以下两个非线性约束条件和限制条件：
$$\begin{cases} x_1 x_2 + x_1 - x_2 + 1.5 \leqslant 0 \\ 10 - x_1 x_2 \leqslant 0 \\ 0 \leqslant x_1 \leqslant 1, 0 \leqslant x_2 \leqslant 13 \end{cases}$$

下面我们尝试用遗传算法来求解这个优化问题。首先，用 MATLAB 编写一个命名为 simple_fitness.m 的函数，代码如下：

```
function y = simple_fitness(x)
y = 100 * (x(1)^2 - x(2))^2 + (1 - x(1))^2;
```

MATLAB 中可用 ga 这个函数来求解遗传算法问题，ga 函数中假设目标函数中的输入变量的个数与决策变量的个数一致。其返回值为对某组输入按照目标函数的形式进行计算而得到的数值。

对于约束条件，同样可以创建一个命名为 simple_constraint.m 的函数来表示。其代码如下：

```
function [c, ceq] = simple_constraint(x)
c = [1.5 + x(1) * x(2) + x(1) - x(2);
    -x(1) * x(2) + 10];
ceq = [];
```

这些约束条件也是假设输入的变量个数等于所有决策变量的个数，然后计算所有约束函数中不等式两边的值，并返回给向量 c 和 ceq。

为了尽量减小遗传算法的搜索空间，应尽量给每个决策变量指定它们各自的定义域。在 ga 函数中，是通过设置其上下限来实现的，也就是 LB 和 UB。

通过前面的设置，下面我们就可以直接调用 ga 函数来实现用遗传算法对以上优化问题的求解，代码如下：

```
ObjectiveFunction = @simple_fitness;
nvars = 2;                    % Number of variables
LB = [0 0];                   % Lower bound
UB = [1 13];                  % Upper bound
ConstraintFunction = @simple_constraint;
[x,fval] = ga(ObjectiveFunction,nvars,[],[],[],[],LB,UB,ConstraintFunction)
```

执行以上程序可以得到以下结果：

```
x =
    0.8122   12.3122
fval =
    1.3578e + 04
```

遗传算法可以说是典型的通过变化解的结构以得到更优解的算法，适应能力比较强。下面以经典的旅行商问题（TSP）为例，来看看如何使用 MATLAB 来实现遗传算法。

(1) 加载并可视化数据

```
load('usborder.mat','x','y','xx','yy');
plot(x,y,'Color','red'); hold on;
cities = 40;
locations = zeros(cities,2);
n = 1;
while (n <= cities)
    xp = rand*1.5;
    yp = rand;
    if inpolygon(xp,yp,xx,yy)
        locations(n,1) = xp;
        locations(n,2) = yp;
        n = n+1;
    end
end
plot(locations(:,1),locations(:,2),'bo');
xlabel('城市的横坐标 x'); ylabel('城市的纵坐标 y');
grid on
```

脚本运行后,得到如图 8-5 所示的城市分布图。

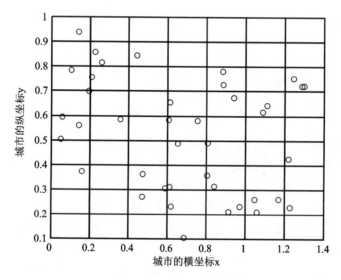

图 8-5 TSP 问题城市分布图(1)

(2) 计算城市间的距离

```
distances = zeros(cities);
for count1 = 1:cities
for count2 = 1:count1
    x1 = locations(count1,1);
    y1 = locations(count1,2);
    x2 = locations(count2,1);
    y2 = locations(count2,2);
    distances(count1,count2) = sqrt((x1-x2)^2 + (y1-y2)^2);
    distances(count2,count1) = distances(count1,count2);
end
end
```

（3）定义目标函数

```
FitnessFcn = @(x) traveling_salesman_fitness(x,distances);

my_plot = @(options,state,flag) traveling_salesman_plot(options,...
                                 state,flag,locations);
```

（4）设置优化属性并执行遗传算法求解

```
options = optimoptions(@ga,'PopulationType','custom','InitialPopulationRange',...
                      [1;cities]);
options = optimoptions(options,'CreationFcn',@create_permutations,...
                      'CrossoverFcn',@crossover_permutation,...
                      'MutationFcn',@mutate_permutation,...
                      'PlotFcn',my_plot,...
                      'MaxGenerations',500,'PopulationSize',60,...
                      'MaxStallGenerations',200,'UseVectorized',true);
numberOfVariables = cities;
[x,fval,reason,output] = ...
    ga(FitnessFcn,numberOfVariables,[],[],[],[],[],[],[],options);
```

脚本运行后,得到如图 8-6 所示的城市分布图。

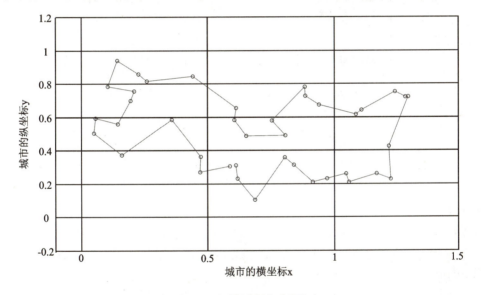

图 8-6 TSP 问题城市分布图(2)

8.3 模拟退火算法

模拟退火是所谓三大非经典算法之一,它脱胎于自然界的物理过程,奇妙地与优化问题挂上了钩。本节介绍了模拟退火算法的基本思想,给出了两个简单的例子,最后简单介绍了改进的模拟退火程序包 ASA 的情况。

8.3.1 模拟退火算法的原理

工程中许多实际优化问题的目标函数都是非凸的,存在许多局部最优解,特别是随着优化问题规模的增大,局部最优解的数目将会迅速增加。因此,有效地求出一般非凸目标函数的全局最优解至今仍是一个难题。求解全局优化问题的方法可分为两类,一类是确定性方法,另一类是随机性方法。确定性方法适用于求解具有一些特殊特征的问题,而随机搜索方法(如梯度法)则沿着目标函数下降方向搜索,因此常常陷入局部而非全局最优值。

模拟退火算法(Simulated Annealing,SA)是一种通用概率算法,用来在一个大的搜寻空间内寻找问题的最优解。早在 1953 年,Metropolis 等就提出了模拟退火的思想,1983 年 Kirkpatrick 等将 SA 引入组合优化领域,由于其具有能有效解决 NP 难题、避免陷入局部最优、对初值没有强依赖关系等特点,已经在 VLS、生产调度、控制工程、机器学习、神经网络、图像处理等领域获得了广泛的应用。

现代的模拟退火算法形成于 20 世纪 80 年代初,其思想源于固体的退火过程:将固体加热至足够高的温度,再缓慢冷却;升温时,固体内部粒子随温度升高变为无序状,内能增大,而缓慢冷却使粒子又逐渐趋于有序。从理论上讲,如果冷却过程足够缓慢,那么冷却中任一温度时,固体都能达到热平衡,而冷却到低温时,将达到这一低温下的内能最小状态。物理退火过程和模拟退火算法的类比关系如图 8-7 所示。

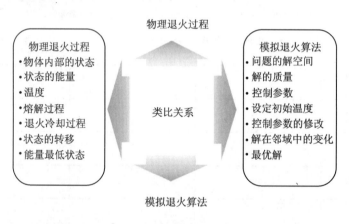

图 8-7 物理退火过程和模拟退火算法的类比关系图

在这一过程中,任一恒定温度都能达到热平衡是个重要步骤,这一点可以用 Monte Carlo 算法模拟,不过其需要大量采样,工作量很大。但因为物理系统总是趋向于能量最低,而分子热运动则趋向于破坏这种低能量的状态,故只需着重取贡献比较大的状态即可达到比较好的效果,因而 1953 年 Metropolis 提出了这样一个重要性采样的方法:设从当前状态 i 生成新状态 j,若新状态的内能小于状态 i 的内能($E_j < E_i$),则接受新状态 j 作为新的当前状态;否则,以概率 $\exp\left[\dfrac{-(E_j - E_i)}{k \times t}\right]$ 接受状态 j,其中 k 为 Boltzmann 常数。这就是通常所说的 Metropolis 准则。

1953 年,Kirkpatrick 把模拟退火思想与组合最优化的相似点进行类比,将模拟退火应用到了组合最优化问题中。在把模拟退火算法应用于最优化问题时,一般可以将温度 T 当作控制参数,目标函数值 f 视为内能 E,而固体在某温度 T 时的一个状态对应一个解 x_i。然后算法试图随着控制参数 T 的降低,使目标函数值 f(内能 E)也逐渐降低,直至趋于全局最小值(退火中低温时的最低能量状态),就像固体退火过程一样。

8.3.2 模拟退火算法的步骤

1. 符号说明

退火过程由一组初始参数,即冷却进度表(cooling schedule)控制,它的核心是尽量使系统达到准平衡,以使算法在有限的时间内逼近最优解。冷却进度表包括:

① 控制参数的初值 T_0:冷却开始的温度。

② 控制参数 T 的衰减函数:因计算机能够处理的都是离散数据,因此需要把连续的降温过程离散化成降温过程中的一系列温度点,衰减函数即计算这一系列温度的表达式。

③ 控制参数 T 的终值 T_f(停止准则)。

④ Markov 链的长度 L_k:任一温度 T 的迭代次数。

2. 算法基本步骤

① 令 $T=T_0$,即开始退火的初始温度,随机生成一个初始解 x_0,并计算相应的目标函数值 $E(x_0)$。

② 令 T 等于冷却进度表中的下一个值 T_i。

③ 根据当前解 x_i 进行扰动(扰动方式可以参考后面的实例),产生一个新解 x_j,计算相应的目标函数值 $E(x_j)$,得到 $\Delta E=E(x_j)-E(x_i)$。

④ 如果 $\Delta E<0$,则新解 x_j 被接受,作为新的当前解;如果 $\Delta E>0$,则新解 x_j 按概率 $\exp(-\Delta E/T_i)$ 接受,T_i 为当前温度。

⑤ 在温度 T_i 下,重复 L_k 次的扰动和接受过程(L_k 是 Markov 链长度),即步骤③、④。

⑥ 判断是否 T 已到达 T_f,是,则终止算法,否,则转到步骤②继续执行。

算法实质分两层循环,在任一温度随机扰动产生新解,并计算目标函数值的变化,决定是否被接受。由于算法初始温度比较高,这样,使 E 增大的新解在初始时也可能被接受,因而能跳出局部极小值,然后通过缓慢地降低温度,算法最终可能收敛到全局最优解。还有一点要说明的是,虽然在低温时接受函数已经非常小了,但仍不排除有接受更差的解的可能,因此一般都会把退火过程中碰到的最好的可行解(历史最优解)也记录下来,与终止算法前最后一个被接受解一并输出。

3. 算法说明

为了更好地实现模拟退火算法,在个人的经验之外,还需要注意以下一些方面。

(1)状态表达

前面已经提到过,SA 算法中优化问题的一个解模拟了(或者说可以想象为)退火过程中固体内部的一种粒子分布情况。这里状态表达即指:实际问题的解(即状态)如何以一种合适的数学形式被表达出来,它应当适用于 SA 的求解,又能充分表达实际问题,这需要仔细地设计。可以参考遗传算法和禁忌搜索中编码的相关内容。常见的表达方式有背包问题和指派问题的 0-1 编码、TSP 问题和调度问题的自然数编码,还有用于连续函数优化的实数编码等。

(2)新解的产生

新解产生机制的基本要求是能够尽量遍及解空间的各个区域,这样,在某一恒定温度不断产生新解时,就可能跳出当前区域以搜索其他区域。这是模拟退火算法能够进行广域搜索的一个重要条件。

(3)收敛的一般性条件

收敛到全局最优的一般性条件是:

① 初始温度足够高；

② 热平衡时间足够长；

③ 终止温度足够低；

④ 降温过程足够缓慢。

但上述条件在应用中很难同时满足。

(4) 参数的选择

1) 控制参数 T 的初值 T_0

求解全局优化问题的随机搜索算法一般都采用大范围的粗略搜索与局部的精细搜索相结合的搜索策略。只有在初始的大范围搜索阶段找到全局最优解所在的区域，才能逐渐缩小搜索的范围，最终求出全局最优解。模拟退火算法是通过控制参数 T 的初值 T_0 及其衰减变化过程来实现大范围的粗略搜索与局部的精细搜索的。一般来说，只有足够大的 T_0 才能满足算法要求(但对不同的问题，"足够大"的含义也不同，有的可能 $T_0=100$ 就可以，有的则要 1010)。在问题规模较大时，过小的 T_0 往往导致算法难以跳出局部陷阱而达不到全局最优。但为了减少计算量，T_0 不宜取得过大，而应与其他参数折中选取。

2) 控制参数 T 的衰减函数

衰减函数可以有多种形式，一个常用的衰减函数是：

$$T_{k+1} = \alpha T_k \quad (k=0,1,2,\cdots)$$

其中，α 是一个常数，可以取为 0.5~0.99，它的取值决定了降温的过程。

小的衰减量可能导致算法进程迭代次数的增加，从而使算法进程接受更多的变换，访问更多的邻域，搜索更大范围的解空间，返回更好的最终解。同时，由于在 T_k 值上已经达到准平衡，所以在 T_{k+1} 时只需少量的变换就可达到准平衡。这样就可选取较短长度的 Markov 链来减少算法时间。

3) Markov 链长度

Markov 链长度的选取原则：在控制参数 T 的衰减函数已选定的前提下，L_k 应能使在控制参数 T 的每一取值上达到准平衡。从经验上说，对于简单的情况，可以令 $L_k=100n$，n 为问题规模。

(5) 算法停止准则

对 Metropolis 准则中的接受函数 $\exp\left[\dfrac{-(E_j-E_i)}{k \times t}\right]$ 进行分析可知，在 T 比较大的高温情况，指数上的分母比较大，而这是一个负指数，所以整个接受函数可能会趋于 1，即比当前解 x_i 更差的新解 x_j 也可能被接受；因此就有可能跳出局部极小而进行广域搜索，去搜索解空间的其他区域。而随着冷却的进行，T 减小到一个比较小的值时，接受函数分母小了，整体也小了，即难以接受比当前解更差的解，也就是不太容易跳出当前的区域。如果在高温时已经进行了充分的广域搜索，找到了可能存在的最好解的区域，而在低温再进行足够的局部搜索，则可能最终找到全局最优了。

因此，一般 T_f 设为一个足够小的正数，比如 0.01~5，但这只是一个粗糙的经验，更精细的设置及其他的终止准则需要根据具体的问题做进一步的研究后再设定。

8.3.3 模拟退火算法的实例

这里用经典的旅行商问题来说明如何用 MATLAB 来实现模拟退火算法的应用。旅行商问题(Traveling Salesman Problem,TSP)代表一类组合优化问题,在物流配送、计算机网络、电子地图、交通疏导、电气布线等方面都有重要的工程和理论价值,引起了许多学者的关注。

TSP 简单描述为:一名商人要到 n 个不同的城市去推销商品,每 2 个城市 i 和 j 之间的距离为 d_{ij},如何选择一条路径使得商人每个城市走一遍后回到起点,所走的路径最短。

TSP 是典型的组合优化问题,并且是一个 NP 难题。TSP 描述起来很简单,早期的研究者使用精确算法求解该问题,常用的方法包括分枝定界法、线性规划法和动态规划法等,但可能的路径总数随城市数目 n 是呈指数型增长的,所以当城市数目在 100 个以上时,一般很难精确地求出其全局最优解。随着人工智能的发展,出现了许多独立于问题的智能优化算法,如蚁群算法、遗传算法、模拟退火、禁忌搜索、神经网络、粒子群优化算法、免疫算法等,通过模拟或解释某些自然现象或过程而得以发展。模拟退火算法具有高效、鲁棒、通用、灵活的优点。将模拟退火算法引入 TSP 求解,可以避免在求解过程中陷入 TSP 的局部最优。

算法设计步骤:

(1) TSP 问题的解空间和初始解

TSP 的解空间 S 是遍访每个城市恰好一次的所有回路,是所有城市排列的集合。TSP 问题的解空间 S 可表示为 $\{1,2,\cdots,n\}$ 的所有排列的集合,即

$$S = \{(c_1, c_2, \cdots, c_n) \mid (c_1, c_2, \cdots, c_n)\}$$

其中每一个排列 S_i 表示遍访 n 个城市的一个路径,$c_i = j$ 表示第 i 次访问城市 j。模拟退火算法的最优解和初始状态没有强的依赖关系,故初始解为随机函数生成一个 $\{1,2,\cdots,n\}$ 的随机排列作为 S_0。

(2) 目标函数

TSP 问题的目标函数即为访问所有城市的路径总长度,也可称为代价函数,即

$$C(c_1, c_2, \cdots, c_n) = \sum_{i=1}^{n+1} d(c_i, c_{i+1}) + d(c_1, c_n)$$

现在 TSP 问题的求解就是通过模拟退火算法求出目标函数 $C(c_1, c_2, \cdots, c_n)$ 的最小值,相应地,$S = (c_1^*, c_2^*, \cdots, c_n^*)$ 即为 TSP 问题的最优解。

(3) 新解产生

新解的产生对问题的求解非常重要。新解可通过分别或者交替使用以下两种方法来产生:

二变换法:任选序号 u、v(设 $u<v<n$),交换 u 和 v 之间的访问顺序。

三变换法:任选序号 u、v(设 $u<v<n$),u、v、w(设 $u\leqslant v<w$),将 u 和 v 之间的路径插到 w 之后访问。

(4) 目标函数差

计算变换前的解和变换后目标函数的差值:

$$\Delta C' = C(s_i') - C(s_i)$$

(5) Metropolis 接受准则

以新解与当前解的目标函数差定义接受概率,即

$$P = \begin{cases} 1, & \Delta C' < 0 \\ \exp(-\Delta C'/T), & \Delta C' > 0 \end{cases}$$

【例 8-1】 TSPLIB(可登录 http://www.iwr.uni-heidelberg.de/groups/comopt/software/TSPLIB95/了解相关信息)是一组各类 TSP 问题的实例集合,这里以 TSPLIB 的

berlin52 为例进行求解。berlin52 有 52 座城市，其坐标数据如表 8-1 所列（也可以从 TSPLIB 的网站下载）。

表 8-1 坐标数据

城市编号	X 坐标	Y 坐标	城市编号	X 坐标	Y 坐标	城市编号	X 坐标	Y 坐标
1	565	575	19	510	875	37	770	610
2	25	185	20	560	365	38	795	645
3	345	750	21	300	465	39	720	635
4	945	685	22	520	585	40	760	650
5	845	655	23	480	415	41	475	960
6	880	660	24	835	625	42	95	260
7	25	230	25	975	580	43	875	920
8	525	1000	26	1215	245	44	700	500
9	580	1175	27	1320	315	45	555	815
10	650	1130	28	1250	400	46	830	485
11	1605	620	29	660	180	47	1170	65
12	1220	580	30	410	250	48	830	610
13	1465	200	31	420	555	49	605	625
14	1530	5	32	575	665	50	595	360
15	845	680	33	1150	1160	51	1340	725
16	725	370	34	700	580	52	1740	245
17	145	665	35	685	595			
18	415	635	36	685	610			

用于求解的 MATLAB 脚本文件如 P8-1。

程序编号	P8-1	文件名	Main0801.m	说明	TSP 模拟退火算法程序

```
clear
clc
a = 0.99;                         % 温度衰减函数的参数
t0 = 97; tf = 3; t = t0;
Markov_length = 10000;            % Markov 链长度
coordinates = [
1    565.0   575.0;2    25.0    185.0;3    345.0   750.0;
4    945.0   685.0;5    845.0   655.0;6    880.0   660.0;
7     25.0   230.0;8    525.0  1000.0;9    580.0  1175.0;
10   650.0  1130.0;11  1605.0   620.0;12  1220.0   580.0;
13  1465.0   200.0;14  1530.0     5.0;15   845.0   680.0;
16   725.0   370.0;17   145.0   665.0;18   415.0   635.0;
19   510.0   875.0;20   560.0   365.0;21   300.0   465.0;
22   520.0   585.0;23   480.0   415.0;24   835.0   625.0;
25   975.0   580.0;26  1215.0   245.0;27  1320.0   315.0;
28  1250.0   400.0;29   660.0   180.0;30   410.0   250.0;
31   420.0   555.0;32   575.0   665.0;33  1150.0  1160.0;
34   700.0   580.0;35   685.0   595.0;36   685.0   610.0;
```

```
37    770.0    610.0;38    795.0    645.0;39    720.0    635.0;
40    760.0    650.0;41    475.0    960.0;42     95.0    260.0;
43    875.0    920.0;44    700.0    500.0;45    555.0    815.0;
46    830.0    485.0;47   1170.0     65.0;48    830.0    610.0;
49    605.0    625.0;50    595.0    360.0;51   1340.0    725.0;
52   1740.0    245.0;
];
coordinates(:,1) = [];
amount = size(coordinates,1);               % 城市的数目
% 通过向量化的方法计算距离矩阵
dist_matrix = zeros(amount, amount);
coor_x_tmp1 = coordinates(:,1) * ones(1,amount);
coor_x_tmp2 = coor_x_tmp1';
coor_y_tmp1 = coordinates(:,2) * ones(1,amount);
coor_y_tmp2 = coor_y_tmp1';
dist_matrix = sqrt((coor_x_tmp1 - coor_x_tmp2).^2 + ...
                   (coor_y_tmp1 - coor_y_tmp2).^2);
sol_new = 1:amount;              % 产生初始解
% sol_new 是每次产生的新解
% sol_current 是当前解
% sol_best 是冷却中的最好解
E_current = inf;E_best = inf; % E_current 是当前解对应的回路距离
% E_new 是新解的回路距离
% E_best 是最优解
sol_current = sol_new; sol_best = sol_new;
p = 1;
while t >= tf
    for r = 1:Markov_length % Markov 链长度
        % 产生随机扰动
        if (rand < 0.5) % 随机决定是进行两交换还是三交换
            % 两交换
            ind1 = 0; ind2 = 0;
            while (ind1 == ind2)
                ind1 = ceil(rand. * amount);
                ind2 = ceil(rand. * amount);
            end
            tmp1 = sol_new(ind1);
            sol_new(ind1) = sol_new(ind2);
            sol_new(ind2) = tmp1;
        else
            % 三交换
            ind1 = 0; ind2 = 0; ind3 = 0;
            while (ind1 == ind2) || (ind1 == ind3) ...
                    || (ind2 == ind3) || (abs(ind1 - ind2) == 1)
                ind1 = ceil(rand. * amount);
                ind2 = ceil(rand. * amount);
                ind3 = ceil(rand. * amount);
            end
            tmp1 = ind1;tmp2 = ind2;tmp3 = ind3;
            % 确保 ind1 < ind2 < ind3
            if (ind1 < ind2) && (ind2 < ind3)
                ;
            elseif (ind1 < ind3) && (ind3 < ind2)
                ind2 = tmp3;ind3 = tmp2;
```

```matlab
            elseif (ind2 < ind1) && (ind1 < ind3)
                ind1 = tmp2;ind2 = tmp1;
            elseif (ind2 < ind3) && (ind3 < ind1)
                ind1 = tmp2;ind2 = tmp3; ind3 = tmp1;
            elseif (ind3 < ind1) && (ind1 < ind2)
                ind1 = tmp3;ind2 = tmp1; ind3 = tmp2;
            elseif (ind3 < ind2) && (ind2 < ind1)
                ind1 = tmp3;ind2 = tmp2; ind3 = tmp1;
            end
            tmplist1 = sol_new((ind1 + 1):(ind2 - 1));
            sol_new((ind1 + 1):(ind1 + ind3 - ind2 + 1)) = ...
                sol_new((ind2):(ind3));
            sol_new((ind1 + ind3 - ind2 + 2):ind3) = ...
                tmplist1;
        end
        %检查是否满足约束
        %计算目标函数值(即内能)
        E_new = 0;
        for i = 1 : (amount - 1)
            E_new = E_new + ...
                dist_matrix(sol_new(i),sol_new(i + 1));
        end
        %再算上从最后一个城市到第一个城市的距离
        E_new = E_new + ...
            dist_matrix(sol_new(amount),sol_new(1));
        if E_new < E_current
            E_current = E_new;
            sol_current = sol_new;
            if E_new < E_best
                %把冷却过程中最好的解保存下来
                E_best = E_new;
                sol_best = sol_new;
            end
        else
            %若新解的目标函数值小于当前解的,
            %则仅以一定概率接受新解
            if rand < exp( - (E_new - E_current)./t)
                E_current = E_new;
                sol_current = sol_new;
            else
                sol_new = sol_current;
            end
        end
    end
    t = t.*a;    % 控制参数 t(温度值减小)为原来的 a 倍
end
disp('最优解为:')
disp(sol_best)
disp('最短距离:')
disp(E_best)
```

多执行几次上面的脚本文件,以减少其中的随机数可能带来的影响,得到的最好结果如下:

```
最优解为:
Columns 1 through 17
  17  21  42   7   2  30  23  20  50  29  16  46  44  34  35  36  39
Columns 18 through 34
  40  37  38  48  24   5  15   6   4  25  12  28  27  26  47  13  14
Columns 35 through 51
  52  11  51  33  43  10   9   8  41  19  45  32  49   1  22  31  18
Column 52
   3
最短距离:
7.5444e+003
```

以上是根据模拟退火算法的原理,用 MATLAB 编写的求解 TSP 问题的一个实例。当然,MATLAB 的全局优化工具箱中本身就有遗传算法函数 simulannealbnd,直接调用该函数求解优化问题会更方便些。

该函数的用法有以下几种:

x = simulannealbnd(fun,x0)

x = simulannealbnd(fun,x0,lb,ub)

x = simulannealbnd(fun,x0,lb,ub,options)

x = simulannealbnd(problem)

[x,fval] = simulannealbnd(...)

[x,fval,exitflag] = simulannealbnd(...)

[x,fval,exitflag,output] = simulannealbnd(fun,...)

我们可以根据具体问题的需要选择其中的一种用法,这样就可以直接调用模拟算法求解器对问题进行求解,比如下面用 SA 算法求解另一个经典的山峰问题。

(1) 定义优化问题

```
clc, clear, close all
peaks
problem = createOptimProblem('fmincon',...
'objective',@(x) peaks(x(1),x(2)),...
'nonlcon',@circularConstraint,...
'x0',[-1 -1],...
'lb',[-3 -3],...
'ub',[3 3],...
'options',optimset('OutputFcn',...
@peaksPlotIterates))
```

脚本运行后,会得到如图 8-8 所示的解空间分布图。

(2) 用常规最优算法求解

```
[x,f] = fmincon(problem)
```

脚本运行后,会得到如图 8-9 所示的寻优路径图,同时得到如下的最优结果:

```
x =
   -1.3474   0.2045
f =
   -3.0498
```

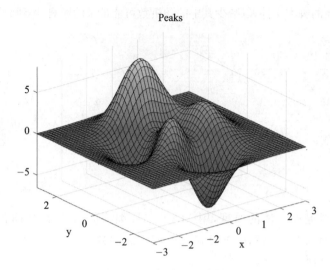

图 8-8 解空间分布图

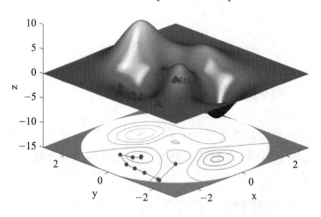

图 8-9 常规最优求解器 fmincon 寻优路径图

(3) 用 SA 算法寻找全局最小值

```
problem.solver    = 'simulannealbnd';
problem.objective = @(x) peaks(x(1),x(2)) + (x(1)^2 + x(2)^2 - 9);
problem.options = saoptimset('OutputFcn',@peaksPlotIterates,...
'Display','iter',...
'InitialTemperature',10,...
'MaxIter',300)
[x,f] = simulannealbnd(problem)
```

脚本运行后,会得到如图 8-10 所示的最优结果,同时得到最优的数值:

```
x =
    0.2280   -1.5229
f =
   -13.0244
```

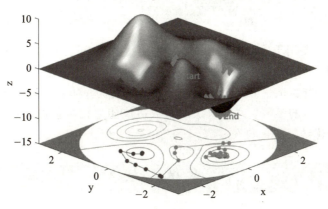

图 8-10　SA 算法得到的最优结果示意图

8.4　全局优化求解器汇总

　　MATLAB 全局优化算法的各求解器如表 8-2 所列。如果参加建模比赛，建议大家先了解各算法的原理，这样当遇到具体问题时，就可以根据问题的特征判断哪个或哪几个算法比较合适。如果不好判断，不妨全部尝试一下，比较各算法，这样得到的结果"更酷"，摘要也更有内容了。

表 8-2　MATLAB 全局优化算法求解器一览表

算　法	MATLAB 求解器	作　用
全局搜索	GlobalSearch	寻找全局最小值
多起点搜索	MultiStart	寻找多个局部最小值
模式搜索	patternsearch	用模式搜索方式寻找函数的最小值
遗传	Ga	用遗传算法寻找函数的最小值
粒子群	particleswarm	用粒子群算法寻找函数的最小值
模拟退火	simulannealbnd	用模拟退火算法寻找函数的最小值

8.5　延伸阅读

　　以上只是简单介绍了建模中常用全局优化算法的 MATLAB 实现方法，关于更多的 MATLAB 全局优化技术可以在 Mathworks 官网和 MATLAB 帮助文档中查看。
　　https://cn.mathworks.com/products/global-optimization.html
　　https://cn.mathworks.com/help/gads/index.html

8.6 小　结

全局优化问题主要用于求解组合类或者不适合大规模遍历的问题，其中遗传算法和模拟退火算法最为常用，这两种算法能解决 80% 以上的全局优化问题。对于具体的全局优化问题，也不妨两种方法都尝试一下，以便确定哪种算法更优。对于 MATLAB 全局优化的各个求解器，一般选择默认的参数，这些默认的参数适应能力相对较强，也可以调整一下参数，以便研究参数对最优结果的影响。

参考文献

[1] 姜启源,谢金星,叶俊. 数学模型[M]. 4 版. 北京:高等教育出版社,2011.

第 9 章
蚁群算法及其 MATLAB 实现

20世纪90年代,意大利学者 M. Dorigo 等人在新型算法研究过程中,发现蚁群在寻找食物时,通过分泌一种称之为信息素(pheromone)的生物激素交流觅食信息,从而快速找到目标,据此提出了一种基于信息正反馈原理的新型模拟进化算法——蚁群算法(Ant Colony Algorithm,ACA,有的教材也称为 ACO)。蚁群算法是一种仿生算法,作为通用型随机优化方法,它吸收了昆虫王国中蚂蚁的行为特征,通过其内在的搜索机制,在一系列困难的组合优化问题求解中取得了成效。

自从蚁群算法在著名的旅行商问题(TSP)上取得成效以来,已逐渐被应用到其他多个领域中,如工序排序问题、图着色问题、车辆调度问题、集成电路设计、通信网络、数据聚类分析等。

在数学建模中,优化类问题占据数学建模问题的半壁江山,其中很多都是组合优化问题,而蚁群算法正好适合解决组合优化问题,所以数学建模也正是蚁群算法的用武之地。纵观历年建模赛题,有很多经典问题都可以用蚁群算法来求解,如灾情巡视、集装箱装箱、露天矿卡车调度、出版社资源优化等。本章介绍蚁群算法的基本原理、MATLAB 实现步骤及在建模中的应用。

9.1 蚁群算法的原理

9.1.1 蚁群算法的基本思想

蚁群算法的基本原理来源于自然界蚂蚁觅食的最短路径原理。根据昆虫学家的观察,发现自然界的蚂蚁虽然视觉不发达,但它可以在没有任何提示的情况下找到从食物源到巢穴的最短路径,并且能在环境发生变化(如原有路径上有了障碍物)后,自适应地搜索新的最佳路径。蚂蚁是如何做到这一点的呢?

原来,蚂蚁在寻找食物源时,能在其走过的路径上释放一种蚂蚁特有的分泌物——信息素,也可称为信息素,使得一定范围内的其他蚂蚁能够察觉到并由此影响它们以后的行为。当一些路径上通过的蚂蚁越来越多时,其留下的信息素也越来越多,以致信息素强度增大(当然,随时间的推移会逐渐减弱),所以蚂蚁选择该路径的概率也越高,从而更增加了该路径的信息素强度,这种选择过程被称之为蚂蚁的自催化行为。由于其原理是一种正反馈机制,因此,也可将蚂蚁王国理解为所谓的增强型学习系统。

这里我们用一个图来说明蚂蚁觅食的最短路径选择原理,如图 9-1 所示。在图 9-1(a)中,假设 A 点是蚂蚁的巢穴,B 点是食物,A、B 两点间有一个障碍物,那么此时从 A 点到 B 点的蚂蚁就必须决定往左走还是往右走,而从 B 点到 A 点的蚂蚁也必须决定选择走哪条路径。这种决定会受到各条路径上以往蚂蚁留下的信息素浓度(即残留信息素浓度)的影响。如果往右走的路径上的信息素浓度比较大,那么右边的路径被蚂蚁选中的可能性也就大一些。但对于第一批探路的蚂蚁,因为没有信息素的影响或影响比较小,所以它们选择向左或者向右的可能性是一样的,正如图9-1(a)所示的那样。

随着觅食过程的进行,各条道路上信息素的强度开始出现变化,有的线路强,有的线路弱。现以从A点到B点的蚂蚁为例说明(从B点到A点的蚂蚁,过程也基本是一样的)随后过程的变化。由于路径ADB比路径ACB要短,因此选择ADB路径的第一只蚂蚁要比选择ACB的第一只蚂蚁早到达B点。此时,从B点向A点看,路径BDA上的信息素浓度要比路径BCA上的信息素浓度大。因此从下一时刻开始,从B点到A点的蚂蚁,它们选择BDA路径的可能性要比选择BCA路径的可能性就大些,从而使BDA路线上的信息素进一步增强,于是依赖信息素强度选择路径的蚂蚁逐渐偏向于选择路径ADB,如图9-1(b)所示。

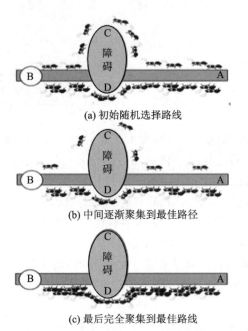

(a) 初始随机选择路线

(b) 中间逐渐聚集到最佳路径

(c) 最后完全聚集到最佳路线

图9-1 蚁群觅食原理

随着时间的推移,几乎所有的蚂蚁都会选择路径ADB(或BDA)搬运食物,而我们同时也会发现:ADB路径也正是事实上的最短路径。这种蚁群寻径的原理可简单理解为:对于单个的蚂蚁,它并没有要寻找最短路径的主观上的故意;但对于整个蚁群系统,它们又确实达到了寻找到最短路径的客观上的效果。

在自然界中,蚁群的这种寻找路径的过程表现为一种正反馈的过程,"蚁群算法"就是模拟生物学上蚂蚁群觅食寻找最短路径的原理衍生出来的。例如,我们把只具备了简单功能的工作单元视为"蚂蚁",那么上述寻找路径的过程可以用于解释蚁群算法中人工蚁群的寻优过程。这也就是蚁群算法的基本思想。

9.1.2 蚁群算法的数学模型

应该说,前面介绍的蚁群算法只是一种算法思想,要想真正地应用该算法,还需要针对一个特定的问题,建立相应的数学模型。下面仍以经典的TSP问题为例,进一步阐述如何基于蚁群算法求解实际问题。

对于TSP问题,不失一般性,设整个蚂蚁群体中蚂蚁的数量为m,城市的数量为n,城市i与城市j之间的距离为$d_{ij}(i,j=1,2,\cdots,n)$,t时刻城市i与城市j连接路径上的信息素浓度为$\tau_{ij}(t)$。初始时刻,蚂蚁被放置在不同的城市上,且各城市间连接路径上的信息素浓度相同,不妨设$\tau_{ij}(0)=\tau_0$。然后蚂蚁将按一定概率选择线路,不妨设$p_{ij}^k(t)$为t时刻蚂蚁k从城市i转移到城市j的概率。我们知道,"蚂蚁TSP"策略会受到两个方面的影响,一个是访问某城市的期望,另一个是其他蚂蚁释放的信息素浓度,所以定义:

$$p_{ij}^k(t)=\begin{cases}\dfrac{[\tau_{ij}(t)]^\alpha\cdot[\eta_{ij}(t)]^\beta}{\sum\limits_{s\in\text{allow}_k}[\tau_{is}(t)]^\alpha\cdot[\eta_{is}(t)]^\beta}, & j\in\text{allow}_k\\ 0, & j\notin\text{allow}_k\end{cases}$$

其中,$\eta_{ij}(t)$为启发函数,表示蚂蚁从城市i转移到城市j的期望程度;$\text{allow}_k(k=1,2,\cdots,m)$

为蚂蚁 k 待访问城市集合，开始时，$allow_k$ 中有 $n-1$ 个元素，即包括除了蚂蚁 k 出发城市的其他多个城市，随着时间的推移，$allow_k$ 中的元素越来越少，直至为空；α 为信息素重要程度因子，简称信息素因子，其值越大，表明信息素强度影响越大；β 为启发函数重要程度因子，简称启发函数因子，其值越大，表明启发函数影响越大。

在蚂蚁遍历各城市的过程中，与实际情况相似的是，在蚂蚁释放信息素的同时，各个城市间连接路径上的信息素的强度也在通过挥发等方式逐渐消失。为了描述这一特征，不妨令 $\rho(0<\rho<1)$ 表示信息素的挥发程度。这样，当所有蚂蚁完整走完一遍所有城市之后，各个城市间连接路径上的信息浓度为

$$\begin{cases} \tau_{ij}(t+1) = (1-\rho) \cdot \tau_{ij}(t) + \Delta\tau_{ij}, & 0<\rho<1 \\ \Delta\tau_{ij} = \sum_{k=1}^{m} \Delta\tau_{ij}^{k} \end{cases}$$

式中，$\Delta\tau_{ij}^{k}$ 为第 k 只蚂蚁在城市 i 与城市 j 连接路径上释放信息素而增加的信息素浓度；$\Delta\tau_{ij}$ 为所有蚂蚁在城市 i 与城市 j 连接路径上释放信息素而增加的信息素浓度。

一般，$\Delta\tau_{ij}^{k}$ 值可由 ant cycle system 模型进行计算：

$$\Delta\tau_{ij}^{k} = \begin{cases} \dfrac{Q}{L_k}, & \text{若蚂蚁 } k \text{ 从城市 } i \text{ 访问城市 } j \\ 0, & \text{否则} \end{cases}$$

式中，Q 为信息素常数，表示蚂蚁循环一次所释放的信息素总量；L_k 为第 k 只蚂蚁经过路径的总长度。

另外，关于 $\Delta\tau_{ij}^{k}$ 的计算，还有 ant quantity system 和 ant density system 模型，这里不详细介绍了；但对于 TSP 问题，一般认为选择 ant cycle system 模型的计算方式更合理些。

9.1.3 蚁群算法的流程

用蚁群算法求解 TSP 问题的算法流程如图 9-2 所示，具体每步的含义如下：

① 对相关参数进行初始化，包括蚁群规模、信息素因子、启发函数因子、信息素挥发因子、信息素常数、最大迭代次数等，以及将数据读入程序，并对数据进行基本的处理，如将城市的坐标位置转为城市间的矩阵。

② 随机将蚂蚁放于不同的出发点，对每个蚂蚁计算其下一个访问城市，直至所有蚂蚁访问完所有城市。

③ 计算各个蚂蚁经过的路径长度 L_k，记录当前迭代次数中的最优解，同时对各个城市连接路径上的信息素浓度进行更新。

④ 判断是否达到最大迭代次数，如果是则返回步骤②，否则终止程序。

⑤ 输出程序结果，并根据需要输出程序寻优过程中的相关指标，如运行时间、收敛迭代次数等。

9.2 蚁群算法的 MATLAB 实现

9.2.1 实例背景

TSPLIB（http://www.iwr.uni-heidelberg.de/groups/comopt/software/TSPLIB95/）是一组各类 TSP 问题的实例集合，这里以 TSPLIB 的 berlin52 为例进行求解。berlin52 有 52 座

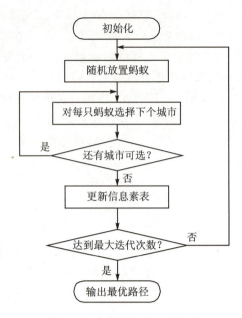

图 9-2 蚁群算法基本流程图

城市,其坐标数据如表 9-1 所列。

表 9-1 城市位置坐标

城市号	X 坐标	Y 坐标	城市号	X 坐标	Y 坐标	城市号	X 坐标	Y 坐标
1	565	575	19	510	875	37	770	610
2	25	185	20	560	365	38	795	645
3	345	750	21	300	465	39	720	635
4	945	685	22	520	585	40	760	650
5	845	655	23	480	415	41	475	960
6	880	660	24	835	625	42	95	260
7	25	230	25	975	580	43	875	920
8	525	1000	26	1215	245	44	700	500
9	580	1175	27	1320	315	45	555	815
10	650	1130	28	1250	400	46	830	485
11	1605	620	29	660	180	47	1170	65
12	1220	580	30	410	250	48	830	610
13	1465	200	31	420	555	49	605	625
14	1530	5	32	575	665	50	595	360
15	845	680	33	1150	1160	51	1340	725
16	725	370	34	700	580	52	1740	245
17	145	665	35	685	595			
18	415	635	36	685	610			

9.2.2 算法设计步骤

(1) 数据准备

为了防止既有变量的干扰,首先将环境变量清空。然后将城市的位置坐标从数据文件(详见源程序里的 excel 文件)读入程序,并保存到变量为 citys 的矩阵中(第一列为城市的横坐标,第二列为城市的纵坐标)。

(2) 计算城市距离矩阵

根据平面几何中两点间距离公式及城市坐标矩阵 citys,可以很容易计算出任意两城市之间的距离。但需要注意的是,这样计算出的矩阵对角线上的元素为 0,然而为保证启发函数的分母不为 0,需将对角线上的元素修正为一个足够小的正数。从数据的数量级判断,修正为 10^{-3} 以下,我们认为就足够了。

(3) 初始化参数

计算之前需要对参数进行初始化,同时为了加快程序的执行速度,对于程序中涉及的一些过程量,需要预分配其存储容量。

(4) 迭代寻找最佳路径

该步为整个算法的核心。首先要根据蚂蚁的转移概率构建解空间,即逐个蚂蚁逐个城市访问,直至遍历所有城市。然后计算各个蚂蚁经过路径的长度,并在每次迭代后根据信息素更新公式实时更新各个城市连接路径上的信息素浓度。经过循环迭代,记录下最优的路径和长度。

(5) 结果显示

计算结果用数字或图形的方式显示出来,以便于分析。同时,也可以根据需要把能够显示程序寻优过程的数据显示出来,以直观呈现出程序的寻优轨迹。

9.2.3 MATLAB 程序实现

程序编号	P9-1	文件名称	ACA_main_ex1	说明	蚁群算法的 TSP 求解程序

```
%% 蚁群算法的TSP求解程序
%-------------------------------------------------------------
%% 数据准备
% 清空环境变量
clear all
clc
% 程序运行计时开始
t0 = clock;
% 导入数据
citys = xlsread('D:\Matab_work\Chap8_citys_data.xlsx','B2:C53');
%-------------------------------------------------------------
%% 计算城市间相互距离
n = size(citys,1);
D = zeros(n,n);
for i = 1:n
    for j = 1:n
        if i ~= j
```

```matlab
                D(i,j) = sqrt(sum((citys(i,:) - citys(j,:)).^2));
            else
                D(i,j) = 1e-4;                  % 设定的对角矩阵修正值
            end
        end
end
%--------------------------------------------------------------------
%% 初始化参数
m = 31;                              % 蚂蚁数量
alpha = 1;                           % 信息素重要程度因子
beta = 5;                            % 启发函数重要程度因子
vol = 0.2;                           % 信息素挥发(volatilization)因子
Q = 10;                              % 常系数
Heu_F = 1./D;                        % 启发函数(heuristic function)
Tau = ones(n,n);                     % 信息素矩阵
Table = zeros(m,n);                  % 路径记录表
iter = 1;                            % 迭代次数初值
iter_max = 100;                      % 最大迭代次数
Route_best = zeros(iter_max,n);      % 各代最佳路径
Length_best = zeros(iter_max,1);     % 各代最佳路径的长度
Length_ave = zeros(iter_max,1);      % 各代路径的平均长度
Limit_iter = 0;                      % 程序收敛时迭代次数
%--------------------------------------------------------------------
%% 迭代寻找最佳路径
while iter <= iter_max
    % 随机产生各个蚂蚁的起点城市
    start = zeros(m,1);
    for i = 1:m
        temp = randperm(n);
        start(i) = temp(1);
    end
    Table(:,1) = start;
    % 构建解空间
    citys_index = 1:n;
    % 逐个蚂蚁路径选择
    for i = 1:m
        % 逐个城市路径选择
        for j = 2:n
            tabu = Table(i,1:(j-1));            % 已访问的城市集合(禁忌表)
            allow_index = ~ismember(citys_index,tabu);  % 参见程序说明①
            allow = citys_index(allow_index);   % 待访问的城市集合
            P = allow;
            % 计算城市间转移概率
            for k = 1:length(allow)
                P(k) = Tau(tabu(end),allow(k))^alpha * Heu_F(tabu(end),allow(k))^beta;
            end
            P = P/sum(P);
            % 轮盘赌法选择下一个访问城市
            Pc = cumsum(P);                     % 参见程序说明②
            target_index = find(Pc >= rand);
            target = allow(target_index(1));
            Table(i,j) = target;
```

```matlab
        end
    end
    % 计算各个蚂蚁的路径距离
    Length = zeros(m,1);
    for i = 1:m
        Route = Table(i,:);
        for j = 1:(n - 1)
            Length(i) = Length(i) + D(Route(j),Route(j + 1));
        end
        Length(i) = Length(i) + D(Route(n),Route(1));
    end
    % 计算最短路径距离及平均距离
    if iter == 1
        [min_Length,min_index] = min(Length);
        Length_best(iter) = min_Length;
        Length_ave(iter) = mean(Length);
        Route_best(iter,:) = Table(min_index,:);
        Limit_iter = 1;
    else
        [min_Length,min_index] = min(Length);
        Length_best(iter) = min(Length_best(iter - 1),min_Length);
        Length_ave(iter) = mean(Length);
        if Length_best(iter) == min_Length
            Route_best(iter,:) = Table(min_index,:);
            Limit_iter = iter;
        else
            Route_best(iter,:) = Route_best((iter - 1),:);
        end
    end
    % 更新信息素
    Delta_Tau = zeros(n,n);
    % 逐个蚂蚁计算
    for i = 1:m
        % 逐个城市计算
        for j = 1:(n - 1)
            Delta_Tau(Table(i,j),Table(i,j + 1)) = Delta_Tau(Table(i,j),Table(i,j + 1)) + Q/Length(i);
        end
        Delta_Tau(Table(i,n),Table(i,1)) = Delta_Tau(Table(i,n),Table(i,1)) + Q/Length(i);
    end
    Tau = (1 - vol) * Tau + Delta_Tau;
    % 迭代次数加1,清空路径记录表
    iter = iter + 1;
    Table = zeros(m,n);
end
%--------------------------------------------------------
%% 结果显示
[Shortest_Length,index] = min(Length_best);
Shortest_Route = Route_best(index,:);
Time_Cost = etime(clock,t0);
```

```
        disp(['最短距离:' num2str(Shortest_Length)]);
        disp(['最短路径:' num2str([Shortest_Route Shortest_Route(1)])]);
        disp(['收敛迭代次数:' num2str(Limit_iter)]);
        disp(['程序执行时间:' num2str(Time_Cost) '秒']);
        %--------------------------------------------------------------------
        %% 绘图
        figure(1)
        plot([citys(Shortest_Route,1);citys(Shortest_Route(1),1)],...  % 三点省略符号为 MATLAB 续行符
             [citys(Shortest_Route,2);citys(Shortest_Route(1),2)],'o-');
        grid on
        for i = 1:size(citys,1)
            text(citys(i,1),citys(i,2),['   ' num2str(i)]);
        end
        text(citys(Shortest_Route(1),1),citys(Shortest_Route(1),2),'起点 ');
        text(citys(Shortest_Route(end),1),citys(Shortest_Route(end),2),'终点 ');
        xlabel('城市位置横坐标')
        ylabel('城市位置纵坐标')
        title(['ACA 最优化路径(最短距离:' num2str(Shortest_Length) ')'])
        figure(2)
        plot(1:iter_max,Length_best,'b')
        legend('最短距离')
        xlabel('迭代次数')
        ylabel('距离')
        title('算法收敛轨迹')
        %--------------------------------------------------------------------
```

程序说明：

① ismember 函数用于判断一个变量中的元素是否在另一个变量中出现，返回 0-1 矩阵；

② cumsum 函数用于求变量中累加元素的和，如果 A=[1,2,3,4,5]，那么 cumsum(A)=[1,3,6,10,15]。

9.2.4 程序执行结果与分析

运行程序，可以很快得到程序的执行结果，其中的一次执行结果如下：

```
最短距离:7681.4537
最短路径:42   7   2  30  23  20  50  16  29  46  44  34  35  36  39  40  38  37  48  24
         5  15   6   4  25  12  28  27  26  47  13  14  52  11  51  33  43  10   9   8
        41  19  45  32  49   1  22  31  18   3  17  21  42
收敛迭代次数:40
程序执行时间:48.5 秒
```

程序的结果报告中除了给出了最短距离和最短路径，还给出了评价程序运行性能的收敛迭代次数和程序执行时间，根据这些指标就可以调整算法中的参数，以达到更好的效果。另外，程序自动绘制了最优路径的线路图(见图 9-3)和算法收敛轨迹图(见图 9-4)，这样，就可以更直观地看出程序结果和收敛特征。

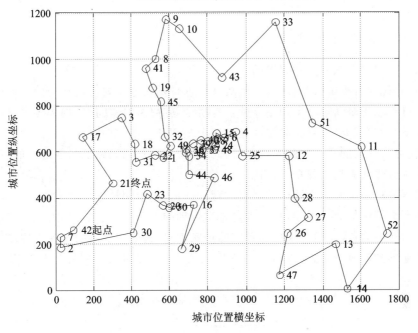

图 9-3 TSP 问题最优路径线路图

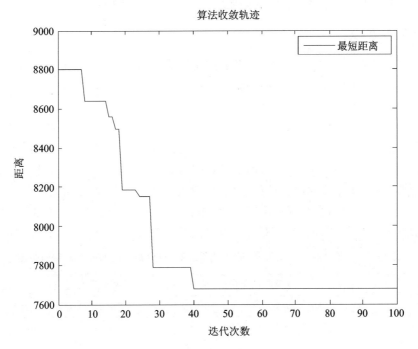

图 9-4 TSP 问题算法收敛轨迹图

9.3 算法关键参数的设定

9.3.1 参数设定的准则

通过对以上蚁群算法原理和程序的学习,我们大致可以感受到蚁群算法的特点。特点之一是,蚁群在寻优的过程中,带有一定的随机性。这种随机性主要体现在初始城市(出发点)的选择上。蚁群算法正是通过这个初始点的选择将全局寻优慢慢转化为局部寻优。蚁群算法参数设定的关键是在"全局"与"局部"之间建立一个平衡点。既要使得蚁群算法的搜索空间尽可能大,以寻找可能存在的最优解的解区间;同时,又要充分利用蚂蚁群当前留下的有效信息,以较大的概率尽快收敛到近似的全局最优。

目前蚁群算法中的参数设定尚无严格的理论依据,难以用解析法确定最佳组合,但是可以通过实验来研究算法的寻优规律,从而确定相对合理的参数组合。其实,由于现实事物的复杂性,往往用严格的解析数学很难来描述真实的现实世界,这时我们不妨考虑用比较经典的实验法来研究算法的参数设定,因为在近代科学发展史上,有很多伟大的发现都是通过实验法得到的。

一般来讲,这类智能算法的参数设定遵照以下基本准则:
① 尽可以在全局上搜索最优解,保证解的最优性;
② 算法尽快收敛,以节省寻优时间;
③ 尽量反映客观存在的规律,以保证这种仿生算法的真实性。

9.3.2 蚂蚁数量

在蚁群算法中,M 表示城市数量,m 表示蚂蚁数量,而 m 的确定是非常重要的。m 过大,会使被搜索过的路径上的信息素量变化趋于平均,正反馈作用减弱,导致收敛速度减慢;反之,在处理较大规模问题时,易使未被搜索到的路径信息素量减小到 0,使程序过早出现停滞现象,以致解的全局优化性降低。这里我们通过实验来研究 m 对最短路程、收敛迭代次数(程序收敛开始时的迭代次数,可由算法收敛轨迹图形很容易判断出)和程序执行时间等程序关键指标的影响,如表 9-2 所列。实验发现,即使参数完全相同,每次程序的运行结果也都不同。这种不同主要体现在最短路程和收敛迭代次数上,也说明了算法的随机寻优性。而程序执行时间与蚂蚁数则有显著关系,当蚂蚁数确定后,程序执行时间基本确定。对于表 9-2 中的三组实验,其参数相同,执行时间也基本一致,所以我们只采集其中一组的程序执行时间。

表 9-2 蚂蚁数目与最短路程、收敛迭代次数、程序执行时间关系的实验数据

m/M	蚂蚁数 m	最短路程				收敛迭代次数				时间/s
		实验1	实验2	实验3	平均值	实验1	实验2	实验3	平均值	
0.6	31	7727	7549	7681	7652	60	65	68	64	21
0.8	42	7681	7681	7791	7718	72	72	34	59	27
1	52	7742	7681	7708	7710	50	98	52	67	33
1.2	62	7847	7769	7663	7760	60	48	72	60	39
1.4	73	7677	7681	7663	7674	32	40	71	48	46

续表 9-2

m/M	蚂蚁数 m	最短路程				收敛迭代次数				时间/s
		实验1	实验2	实验3	平均值	实验1	实验2	实验3	平均值	
1.6	83	7677	7729	7681	7696	42	63	93	66	52
1.8	94	7681	7681	7663	7675	74	45	46	55	58
2	104	7681	7681	7681	7681	83	100	59	81	66

注：其他参数有 alpha=1，beta=5，vol=0.2，Q=10。

为了更直观分析蚂蚁数对程序的影响，将这些数据用图形的形式来描述。顺便复习一下 MATLAB 的绘图技术，编写了如下 MATLAB 程序：

```
%%绘制蚁群算法中蚂蚁数目与最短路程、收敛迭代次数、程序执行时间关系图
%%准备环境与数据
clc
clear all
%输入数据
R=[0.6  0.81  1.2  1.4  1.6  1.8  2];
Y1=[7652  7718  7710  7760  7674  7696  7675  7681];
Y2=[64  59  67  60  48  66  55  81];
Y3=[21  27  33  39  46  52  58  66];
%%绘图
set(gca,'linewidth',2)
%与最短路程关系图
subplot(3,1,1);
plot(R,Y1,'-r*','LineWidth', 2);
set(gca,'linewidth',2);
xlabel('蚂蚁数与城市数之比');
ylabel('最短路程');
title('蚂蚁数与最短路程关系图','fontsize',12);
% legend('最短路程');
%与收敛迭代次数关系
subplot(3,1,2);
plot(R,Y2,'--bs','LineWidth', 2);
set(gca,'linewidth',2);
xlabel('蚂蚁数与城市数之比','LineWidth', 2);
ylabel('收敛迭代次数','LineWidth', 2);
title('蚂蚁数与收敛迭代次数关系图','fontsize',12);
% legend('收敛迭代次数');
%与程序执行时间关系
subplot(3,1,3);
plot(R,Y3,'-ko','LineWidth', 2);
set(gca,'linewidth',2);
xlabel('蚂蚁数与城市数之比');
ylabel('执行时间');
title('蚂蚁数与执行时间关系图','fontsize',12);
% legend('执行时间');
```

运行程序，很快得到如图 9-5 所示的蚂蚁数与最短路程、收敛迭代次数、程序执行时间关系图。此处，类似于一个多目标规划问题。我们希望三个指标都越小越好，所以根据该图，可以直观判断出 m/M 约为 1.5 时，比较合理，这个结论与相关文献的结论也基本一致。所以，

在时间等资源条件紧迫情况下,蚂蚁数设定为城市数的1.5倍较稳妥。

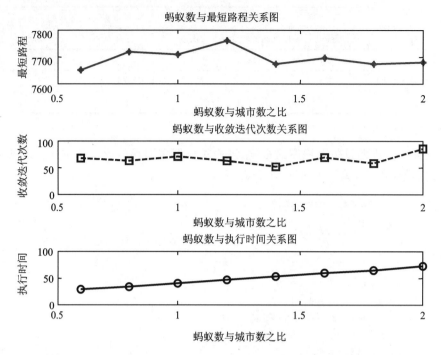

图 9-5 蚂蚁数目与最短路程、收敛迭代次数、程序执行时间关系图

9.3.3 信息素因子

同样可以采用以上的实验方法研究其他参数对算法指标的影响,从而确定各参数的合理取值。具体实验过程这里不再赘述,只将一些主要结论总结出来,时间充裕的读者可以根据以上的实验方法来研究其他参数的取值。

信息素因子 α 反映了蚂蚁在运动过程中所积累的信息量在指导蚁群搜索过程中的相对重要程度。其值过大,蚂蚁选择以前走过路径的可能性就越大,搜索的随机性减弱;其值过小,则等同于贪婪算法,易使蚁群的搜索过早陷入局部最优。实验研究发现,当 α 属于[1,4]时,综合求解性能较好。

9.3.4 启发函数因子

启发函数因子 β 反映了启发式信息在指导蚁群搜索过程中的相对重要程度。其大小反映了蚁群寻优过程中先验性、确定性因素的作用强度。β 过大时,蚂蚁在某个局部点上选择局优的可能性大,虽然收敛速度加快,但搜索全优的随机性减弱,易于陷入局部最优过程。β 过小,蚂蚁群体陷入纯粹的随机搜索,很难找到最优解。实验研究发现,当 β 属于[3,4.5]时,综合求解性能较好。

9.3.5 信息素挥发因子

信息素挥发因子 ρ 描述了信息素的消失水平,而 $1-\rho$ 则为信息素残留因子,描述信息素的保持水平。ρ 的大小直接关系蚁群算法的全局搜索能力及收敛速度,$1-\rho$ 则反映蚂蚁之间个体相互影响的强弱。由于 ρ 的存在,当问题规模较大时,会使从未被搜索的路径的信息素量减小到接近 0，降低全局搜索能力，且当 ρ 过大时，重复搜索的可能性大，影响随机性和全局搜索能力；当 ρ 过小时，会使收敛速度降低。实验研究发现，当 ρ 属于 $[0.2, 0.5]$ 时，综合求解性能较好。

9.3.6 信息素常数

常系数 Q 为信息素强度，表示蚂蚁循环一周时释放在路径上的信息素总量，其作用是为了充分利用有向图上的全局信息反馈量，使算法在正反馈机制作用下以合理的演化速度搜索到全局最优解。Q 越大，蚂蚁在已遍历路径上的信息素累积越快，有助于快速收敛。

Q 越大，信息素收敛速度越快。当 Q 过大时，虽然收敛速度较快，但易陷入局优，性能也不稳定。当 Q 过小时，影响算法收敛速度。实验研究发现，当 Q 属于 $[10, 1000]$ 时，综合性能较好。

9.3.7 最大迭代次数

最大迭代次数 iter_max 控制算法的迭代次数。其值过小，可能导致算法还没收敛，程序就已经结束了；值过大则会导致资源浪费。从上面的程序来看，ASA 算法一般经过 50～100 次的迭代后收敛，为此，最大迭代次数可以取 100～500。一般，建议先取 200，执行程序后查看算法收敛轨迹，由此判断比较合理的最大迭代次数取值。

9.3.8 组合参数设计策略

由于 ACA 算法中涉及这些参数，而且这些参数对程序都有一定的影响，为此设计一组较合适的参数组合对程序来说非常重要。通常，可以按照以下策略进行参数的组合设定：
① 确定蚂蚁数目，蚂蚁数目与城市规模之比约为 1.5；
② 参数粗调，即调整取值范围较大的 α, β, Q；
③ 参数微调，即调整取值范围较小的 ρ。

9.4 应用实例：最佳旅游方案（苏北赛 2011B）

9.4.1 问题描述

随着人们生活的不断提高，旅游已成为提高人们生活质量的重要活动。江苏徐州有一位旅游爱好者打算当年的 5 月 1 日早上 8 点之后出发，到全国一些著名景点旅游，最后回到徐州。由于跟团旅游会受到若干限制，他打算自己作为背包客出游。他预选了 10 个省市的旅游景点，如表 9-3 所列。

表 9-3 旅游景点信息表

省　市	景点名称	在景点的最短停留时间/h
江苏	常州市恐龙园	4
山东	青岛市崂山	6
北京	八达岭长城	3
山西	祁县乔家大院	3
河南	洛阳市龙门石窟	3

续表 9-3

省　市	景点名称	在景点的最短停留时间/h
安徽	黄山市黄山	7
湖北	武汉市黄鹤楼	2
陕西	西安市秦始皇兵马俑	2
江西	九江市庐山	7
浙江	舟山市普陀山	6

要求：

① 城际交通出行可以乘火车(含高铁)、长途汽车或飞机(不允许包车或包机)，并且车票或机票可预订到。

② 市内交通出行可乘公交车(含专线大巴、小巴)、地铁或出租车。

③ 旅游费用以网上公布为准，具体包括交通费、住宿费、景点门票(第一门票)。晚上 20:00 至次日早晨 7:00 之间，如果在某地停留超过 6 h，则必须住宿，住宿费用不超过 200 元/天。吃饭等其他费用 60 元/天。

④ 假设景点的开放时间为 8:00 至 18:00。

问题：

根据以上要求，针对如下的几种情况，为该旅游爱好者设计详细的行程表。该行程表应包括具体的交通信息(车次、航班号、起止时间、票价等)、宾馆地点、名称、门票费用、在景点的停留时间等信息。

① 如果时间不限，游客将 10 个景点全游览完，至少需要多少旅游费用？请建立相关数学模型并设计旅游行程表。

② 如果旅游费用不限，游客将 10 个景点全游览完，至少需要多少时间？请建立相关数学模型并设计旅游行程表。

③ 如果这位游客准备了 2000 元的旅游费用，想尽可能多地游览景点，请建立相关数学模型并设计旅游行程表。

④ 如果这位游客只有 5 天的时间，想尽可能多地游览景点，请建立相关数学模型并设计旅游行程表。

⑤ 如果这位游客只有 5 天的时间和 2000 元的旅游费用，想尽可能多地游览景点，请建立相关数学模型并设计旅游行程表。

9.4.2　问题的求解和结果

该问题是一个非常有现实意义的题目。初步判断，该问题和 TSP 问题很相似，但本问题中的各子问题又有不同的要求。但仔细分析后很快发现，这些问题可以很容易转化为 TSP 问题，也就是说，同样可以用蚁群算法进行求解。此处我们只以第①问的求解为例来解释如何将实际问题转化为相对熟悉的 TSP 问题，然后利用蚁群算法进行求解。

第①问要求旅游费用最少，为此根据实际情况，我们可以假设到各旅游景点后的所有花费为定值，而影响旅游花费变化的只有变更城市(景点)所产生的交通费用。于是问题就转为求使整个行程交通费用最小的旅游方案了。

为此，不妨假设在更换城市的过程中，从所有交通工具中(飞机，列车和长途汽车)选择费用最低的方式。这样我们就可以利用网络查询到由各城市到其他城市的最低交通费用,如表9-4所列。至此,就能很快认识到,表9-4中的数据正好相当于TSP问题中的城市距离矩阵。于是对前面的程序稍作修改便可以很快得到该问题的方案。

具体需要修改的程序如下：

```matlab
% 导入数据
citys = xlsread('D:\Matab_work\Ch8_spots_data.xlsx', 'B2:L12');
% ------------------------------------------------------------
%% 计算城市间的相互距离
n = size(citys,1);
D = zeros(n,n);
for i = 1:n
    for j = 1:n
        if i ~= j
            D(i,j) = citys(i,j);
        else
            D(i,j) = 1e-4;          % 设定的对角矩阵修正值
        end
    end
end
% ------------------------------------------------------------
%% 初始化参数
m = 15;                              % 蚂蚁数量
```

表9-4 旅游景点间的最少交通费表

地名	徐州	常州	青岛	北京	祁县	洛阳	黄山	武汉	西安	九江	舟山
徐州	0	470	410	390	400	410	450	350	340	520	600
常州	60	0	490	430	460	500	420	410	450	600	570
青岛	70	560	0	420	310	500	540	630	450	740	810
北京	100	550	470	0	380	430	530	460	430	580	790
祁县	110	580	370	390	0	470	520	390	320	580	650
洛阳	30	530	470	350	380	0	470	370	310	490	610
黄山	100	480	530	480	460	500	0	440	420	480	530
武汉	40	510	660	440	370	440	480	0	410	500	540
西安	60	570	510	440	330	410	490	440	0	510	650
九江	90	580	650	440	440	440	400	380	360	0	550
舟山	140	520	690	630	480	530	420	390	470	520	0

对于上面的程序,我们只修改了几点,其他程序基本没变,然后运行程序,可以很快得到下面的旅游方案：

```
最短距离:4240
最短路径:1  8  10  7  11  2  4  6  9  5  3  1
收敛迭代次数:90
程序执行时间:3.516 秒
```

由于此时程序中的citys变量已经失去了城市位置的意义,所以程序路径图就在此省略,只给出了此时的算法收敛轨迹图,如图9-6所示。

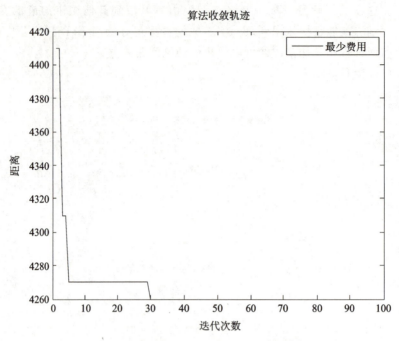

图 9-6 求最少旅游费用时的算法收敛轨迹

9.5 小 结

根据蚁群算法的基本思想及求解 TSP 问题的模型和流程,不难发现,蚁群算法有以下几个特点:

① 就算法的性质而言,蚁群算法也是在寻找一个比较好的局部最优解,而不是强求全局最优解。

② 开始时算法收敛速度较快,在随后寻优过程中,迭代到一定次数后,容易出现停滞现象。

③ 蚁群算法对 TSP 及相似问题具有良好的适应性,无论城市规模大还是小,都能进行有效的求解,而且求解速度相对较快。

④ 蚁群算法解的稳定性较差,即使参数不变,每次执行程序都很有可能得到不同的解,为此需要多执行几次,以寻找到最佳的解。

⑤ 蚁群算法中有多个需要设定的参数,而且这些参数对程序又都有一定的影响,所以选择合适的参数组合在算法设计过程中也非常重要。好在这些参数的设定有一定的经验规律,所以在实际算法设计中,可以根据这些经验快速设定合理的算法参数。

参考文献

[1] 马良,朱刚,宁爱兵.蚁群优化算法[M].北京:科学出版社,2007.

第 10 章

MATLAB 连续模型求解方法

连续模型是指模型是连续函数的一类模型总称，具体建模方法主要是微分方程建模。微分方程建模是数学建模的重要方法，因为许多实际问题的数学描述将导致求解微分方程的定解问题。把形形色色的实际问题化成微分方程的定解问题，大体上有以下几步：

① 根据实际要求确定要研究的量（自变量、未知函数、必要的参数等）并确定坐标系。
② 找出这些量所满足的基本规律（物理的、几何的、化学的或生物学的，等等）。
③ 运用这些规律列出方程和定解条件。

MATLAB 在微分模型建模过程中的主要作用是求解微分方程的解析解，将微分方程转化为一般的函数形式。另外，微分方程建模，一定要做数值模拟，即根据方程的表达形式，给出变量间关系的图形，做数值模拟也需要用 MATLAB 来实现。

微分方程的形式多样，微分方程的求解也是根据不同的形式采用不同的方法，在建模比赛中，常用的方法有三种：

① 用 dsolve 求解常见的微分方程解析解；
② 用 ODE 家族的求解器求解数值解；
③ 使用专用的求解器求解。

10.1 MATLAB 常规微分方程的求解

10.1.1 MATLAB 常微分方程的表达方法

微分方程在 MATLAB 中有固定的表达方式，这些基本的表达方式如表 10-1 所列。

表 10-1 MATLAB 中微分方程的基本表达方式

函数名	函数功能
Dy	表示 y 关于自变量的一阶导数
D2y	表示 y 关于自变量的二阶导数
dsolve('equ1','equ2',…)	求微分方程的解析解，equ1,equ2,…为方程（或条件）
simplify(s)	对表达式 s 使用 maple 的化简规则进行化简
[r,how]=simple(s)	simple 命令就是对表达式 s 用各种规则进行化简，然后用 r 返回最简形式，how 返回形成这种形式所用的规则
[T,Y] = solver(odefun, tspan, y0)	求微分方程的数值解，其中 solver 为命令 ode45,ode23,ode113,ode15s,ode23s,ode23t,ode23tb 之一；odefun 是显式常微分方程 $\begin{cases} \dfrac{dy}{dt}=f(t,y) \\ y(t_0)=y_0 \end{cases}$，在积分区间 tspan=$[t_0,t_f]$ 上，从 t_0 到 t_f，用初始条件 y_0 求解，要获得问题在其他指定时间点 $t_0,t_1,t_2,\cdots$ 上的解，则令 tspan=$[t_0,t_1,t_2,\cdots,t_f]$（要求是单调的）

续表 10-1

函数名	函数功能
ezplot(x,y,[tmin,tmax])	符号函数的作图命令。x,y 为关于参数 t 的符号函数；[tmin,tmax] 为 t 的取值范围

10.1.2 常规微分方程的求解实例

对于通常的微分方程，一般需要先求解析解，那么 dsolve 是首先考虑的求解器，因为 dsolve 能够求解析解。其具体的用法如下：

【例 10-1】 求微分方程 $xy' + y - e^x = 0$ 在初始条件 $y(1) = 2e$ 下的特解，并画出解函数的图形。

解 本例的 MATLAB 程序如下：

```
syms x y
y = dsolve('x * Dy + y - exp(x) = 0','y(1) = 2 * exp(1)','x')
ezplot(y)
```

微分方程的特解为：y＝1/x * exp(x)＋1/x * exp(1)（MATLAB 格式，即 $y = \dfrac{e + e^x}{x}$），此函数的图形如图 10-1 所示。

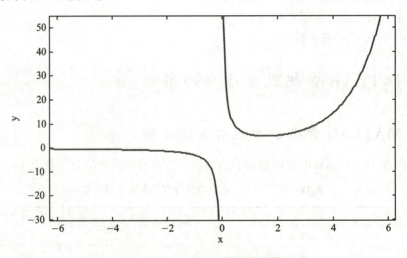

图 10-1　y 关于 x 的函数图像

10.2　ODE 家族求解器

10.2.1　ODE 求解器的分类

如果微分方程的解析形式求解不出来，那么退而求其次的办法是求解数值解，那么这个时候就需要用 ODE 家族的求解器求解微分方程的数值解了。

因为没有一种算法可以有效地解决所有的 ODE 问题，为此，MATLAB 提供了多种求解器。对于不同的 ODE 问题，采用不同的 Solver。MATLAB 中常用的微分方程数值解的求解器及特点如表 10-2 所列。

表 10-2 MATLAB 中常用的 ODE 求解器及特点说明

求解器	ODE 类型	特 点	说 明
ode45	非刚性	单步算法;四、五阶 Runge-Kutta 方程;累计截断误差达$(\Delta x)^3$	大部分场合的首选算法
ode23	非刚性	单步算法;二、三阶 Runge-Kutta 方程;累计截断误差达$(\Delta x)^3$	使用于精度较低的情形
ode113	非刚性	多步法;Adams 算法;高低精度均可达到 $10^{-3} \sim 10^{-6}$	计算时间比 ode45 短
ode23t	适度刚性	采用梯形算法	适度刚性情形
ode15s	刚性	多步法;Gear's 反向数值微分;精度中等	当 ode45 失效时,可尝试使用
ode23s	刚性	单步法;二阶 Rosebrock 算法;低精度	当精度较低时,计算时间比 ode15s 短
ode23tb	刚性	梯形算法;低精度	当精度较低时,计算时间比 ode15s 短

特别的是,ode23、ode45 是极其常用的用来求解非刚性的标准形式的一阶常微分方程(组)的初值问题的解的 MATLAB 的常用程序,其中:

- ode23 采用龙格-库塔二阶算法,用三阶公式作误差估计来调节步长,具有低等的精度;
- ode45 则采用龙格-库塔四阶算法,用五阶公式作误差估计来调节步长,具有中等的精度。

10.2.2 ODE 求解器的应用实例

【例 10-2】 导弹追踪问题。设位于坐标原点的甲舰向位于 x 轴上点 $A(1,0)$ 处的乙舰发射导弹,导弹头始终对准乙舰。如果乙舰以最大的速度 v_0(是常数)沿平行于 y 轴的直线行驶,导弹的速度是 $5v_0$,求导弹运行的曲线方程,以及乙舰行驶多远时,导弹将它击中?

解 记导弹的速度为 w,乙舰的速率恒为 v_0。设时刻 t 乙舰的坐标为 $(X(t),Y(t))$,导弹的坐标为 $(x(t),y(t))$。当零时刻时,$(X(0),Y(0))=(1,0),(x(0),y(0))=(0,0)$,建立微分方程模型为:

$$\begin{cases} \dfrac{\mathrm{d}x}{\mathrm{d}t} = \dfrac{w}{\sqrt{(X-x)^2+(Y-y)^2}}(X-x) \\ \dfrac{\mathrm{d}y}{\mathrm{d}t} = \dfrac{w}{\sqrt{(X-x)^2+(Y-y)^2}}(Y-y) \end{cases}$$

因为乙舰以速度 v_0 沿直线 $x=1$ 运动,设 $v_0=1, w=5, X=1, Y=t$,因此导弹运动轨迹的参数方程为

$$\begin{cases} \dfrac{\mathrm{d}x}{\mathrm{d}t} = \dfrac{5}{\sqrt{(1-x)^2+(t-y)^2}}(1-x) \\ \dfrac{\mathrm{d}y}{\mathrm{d}t} = \dfrac{5}{\sqrt{(1-x)^2+(t-y)^2}}(t-y) \\ x(0)=0, y(0)=0 \end{cases}$$

MATLAB 求解数值解程序如下：

（1）定义方程的函数形式

```
function dy = eq2(t,y)
dy = zeros(2,1);
dy(1) = 5 * (1 - y(1))/sqrt((1 - y(1))^2 + (t - y(2))^2);
dy(2) = 5 * (t - y(2))/sqrt((1 - y(1))^2 + (t - y(2))^2);
```

（2）求解微分方程的数值解

```
t0 = 0,tf = 0.21;
[t,y] = ode45('eq2',[t0 tf],[00]);
X = 1;Y = 0:0.001:0.21;plot(X,Y,'-')
plot(y(:,1),y(:,2),'*'),hold on
x = 0:0.01:1;y = -5 * (1-x).^(4/5)/8 + 5 * (1 - x).^(6/5)/12 + 5/24;
plot(x,y,'r')
```

脚本运行后得到如图 10-2 所示的导弹拦截路径图。

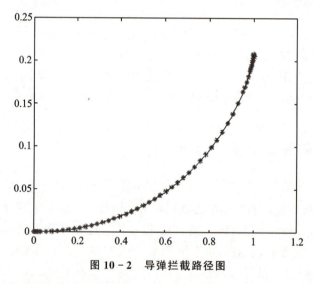

图 10-2　导弹拦截路径图

10.3　专用求解器

对于复杂的微分方程模型的求解，可以借助 MATLAB 偏微分方程工具箱中的专用求解器。下面以一个实例来看看如何借助偏微分方程工具箱实现一个微分方程的求解与数值仿真。

所研究的对象是一个二阶波的方程：

$$\frac{\partial^2 u}{\partial t^2} - \nabla \cdot \nabla u = 0$$

这个时候要查看一下 MATLAB 中哪个函数能求解类似的方程，solvepde 可以求解的方程形式为

$$m\frac{\partial^2 u}{\partial t^2} - \nabla \cdot (c\nabla u) + au = f$$

可以发现，只要通过参数设定，就可以将所要求解的方程转化成这种标准形式。

具体求解步骤如下：
（1）设置参数

```
c = 1;
a = 0;
f = 0;
m = 1;
```

（2）定义波的空间位置

```
numberOfPDE = 1;
model = createpde(numberOfPDE);
geometryFromEdges(model,@squareg);
pdegplot(model,'EdgeLabels','on');
ylim([-1.1 1.1]);
axis equal
title 'Geometry With Edge Labels Displayed';
xlabel x
ylabel y
```

脚本运行后得到图 10-3 所示图形。

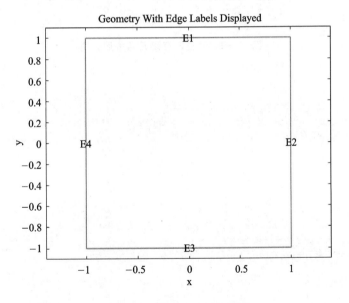

图 10-3　波空间边界标识图

（3）定义微分方程模型的系数和边界条件

```
specifyCoefficients(model,'m',m,'d',0,'c',c,'a',a,'f',f);
applyBoundaryCondition(model,'dirichlet','Edge',[2,4],'u',0);
applyBoundaryCondition(model,'neumann','Edge',([1 3]),'g',0);
```

（4）定义该问题的有限元网格

```
generateMesh(model);
figure
pdemesh(model);
```

```
ylim([-1.1 1.1]);
axis equal
xlabel x
ylabel y
```

脚本运行后得到图 10-4 所示图形。

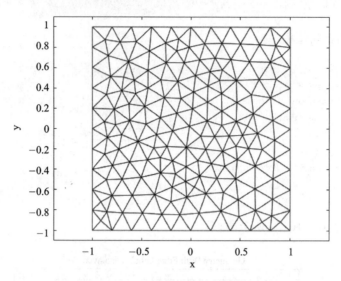

图 10-4　波空间有限元网格划分图

(5) 定义初始条件

```
u0 = @(location) atan(cos(pi/2*location.x));
ut0 = @(location) 3*sin(pi*location.x).*exp(sin(pi/2*location.y));
setInitialConditions(model,u0,ut0);
```

(6) 方程的求解

```
n = 31;%求解次数
tlist = linspace(0,5,n);
model.SolverOptions.ReportStatistics = 'on';
result = solvepde(model,tlist);
u = result.NodalSolution;
```

(7) 模型的数值仿真

```
figure
umax = max(max(u));
umin = min(min(u));
for i = 1:n
    pdeplot(model,'XYData',u(:,i),'ZData',u(:,i),'ZStyle','continuous',...
        'Mesh','off','XYGrid','on','ColorBar','off');
    axis([-1 1 -1 1 umin umax]);
    caxis([umin umax]);
    xlabel x
    ylabel y
    zlabel u
    M(i) = getframe;
end
```

脚本运行后得到图 10-5。

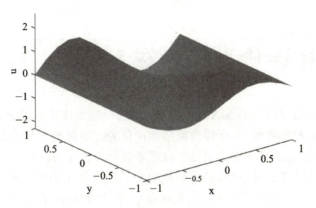

图 10-5 波的数值仿真效果图

10.4 小　结

连续模型也是一种基础模型,在数学建模中,有时整个问题都是连续模型,也有时需要局部用到连续模型,比如 2012 年彩票问题中,整个问题属于优化问题,但在构建心理曲线的时候,就用到了连续模型。对于连续模型,先根据变量的内在联系建立微分方程或差分方程,推导出方程的形式,再用 MATALB 求解其中的数值或进一步的解析形式,最后再进行数值仿真。这是此类问题求解的一般步骤。尤其要重视数值仿真,数值仿真会有助于检验模型的正确性,进而反向促进模型的提升。关于 MATLAB 连续模型的求解,一般要掌握最常用的求解器,如 ode45,通过求解器熟悉这类函数中的参数含义,即使用其他求解器,也能快速适用。

参考文献

[1] 姜启源,谢金星,叶俊. 数学模型[M]. 4 版. 北京:高等教育出版社,2011.

第 11 章

MATLAB 评价型模型求解方法

本章主要介绍评价型模型的 MATLAB 求解方法。构成评价型模型的五个要素分别为被评价对象、评价指标、权重系数、综合评价模型和评价者。当各被评价对象和评价指标值都确定以后,问题的综合评价结果就完全依赖于权重系数的取值了,即权重系数确定的合理与否,直接关系到综合评价结果的可信度,甚至影响到最后决策的正确性。而 MATLAB 在评价型模型建模过程中的主要作用是指标筛选、数据预处理(如数据标准化、归一化等)和权重的计算,最重要的还是权重的计算[1]。

在权重的计算方面,主要有两种方法:一是线性加权法;二是层次分析法。下面介绍这两种方法的 MATLAB 实现过程。

11.1 线性加权法

线性加权法的适用条件是各评价指标之间相互独立,这样就可以利用多元线性回归方法得到各指标对应的系数。

下面以具体的实例来介绍如何用 MATLAB 实现具体的计算过程。

【例 11-1】 所评价的对象是股票,已知一些股票的各个指标以及这些股票的历史表现,其中最后一列标记为 1 的表示上涨股票,标记为 0 的表示一般股票,标记为 -1 的则为下跌股票。根据这些已知数据,建立股票的评价模型,这样就可以利用模型评价新的股票了。

具体步骤如下:

(1) 导入数据

```
clc, clear all, close all
s = dataset('xlsfile', 'SampleA1.xlsx');
```

(2) 多元线性回归

当导入数据后,就可以先建立一个多元线性回归模型。具体实现过程如下:

```
myFit = LinearModel.fit(s);
disp(myFit)
sx = s(:,1:10);
sy = s(:,11);
n = 1:size(s,1);
sy1 = predict(myFit,sx);
figure
plot(n,sy,'ob', n, sy1,'*r')
xlabel('样本编号','fontsize',12)
ylabel('综合得分','fontsize',12)
title('多元线性回归模型','fontsize',12)
set(gca, 'linewidth',2)
```

执行该段程序后,得到的模型及模型中的参数如下:

```
Linear regression model:
eva ~ 1 + dv1 + dv2 + dv3 + dv4 + dv5 + dv6 + dv7 + dv8 + dv9 + dv10
Estimated Coefficients:
                Estimate       SE           tStat        pValue
                _____    _____    _____      _____

    (Intercept)  0.13242       0.035478      3.7324       0.00019329
    dv1         -0.092989      0.0039402   -23.6          7.1553e-113
    dv2          0.0013282     0.0010889     1.2198       0.22264
    dv3          6.4786e-05    0.00020447    0.31685      0.75138
    dv4         -0.16674       0.06487      -2.5703       0.01021
    dv5         -0.18008       0.022895     -7.8656       5.1261e-15
    dv6         -0.50725       0.043686    -11.611        1.6693e-30
    dv7         -3.1872        1.1358       -2.8062       0.0050462
    dv8          0.033315      0.084957      0.39214      0.69498
    dv9         -0.028369      0.093847     -0.30229      0.76245
    dv10        -0.13413       0.010884    -12.324        4.6577e-34

R-squared: 0.819,   Adjusted R-Squared 0.818
F-statistic vs. constant model: 1.32e+03, p-value = 0
```

利用该模型对原始数据进行预测,得到的股票综合得分如图 11-1 所示。从图中可以看出,尽管这些数据存在一定的偏差,但三个簇的分层非常明显,说明模型在刻画历史数据方面具有较高的准确度。

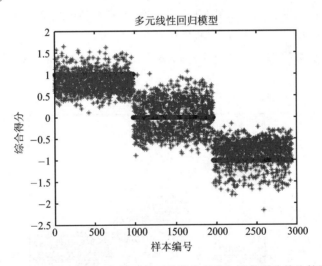

图 11-1 多元线性回归模型得到的综合得分与原始得分的比较图

(3)逐步回归

上述是对所有变量进行回归,也可以使用逐步回归进行因子筛选,并可以得到优选因子后的模型。具体实现过程如下:

```
myFit2 = LinearModel.stepwise(s);
disp(myFit2)
sy2 = predict(myFit2,sx);
figure
plot(n,sy,'ob', n, sy2,'*r')
xlabel('样本编号','fontsize',12)
ylabel('综合得分','fontsize',12)
title('逐步回归模型','fontsize',12)
set(gca,'linewidth',2)
```

执行该段程序后,得到的模型及模型中的参数如下:

```
Linear regression model:
eva ~ 1 + dv7 + dv1*dv5 + dv1*dv10 + dv5*dv10 + dv6*dv10

Estimated Coefficients:
                  Estimate      SE          tStat       pValue
                  _____      _____     _____     _____

(Intercept)       0.032319      0.01043     3.0987      0.0019621
dv1              -0.099059      0.0037661  -26.303      4.6946e-137
dv5              -0.11262       0.023316   -4.8301      1.4345e-06
dv6              -0.56329       0.037063  -15.198       2.864e-50
dv7              -3.2959        1.0714     -3.0763      0.0021155
dv10             -0.14693       0.010955  -13.412       7.5612e-40
dv1:dv5           0.018691      0.0053933   3.4656      0.00053673
dv1:dv10          0.010822      0.0019104   5.665       1.6127e-08
dv5:dv10         -0.1332        0.021543   -6.183       7.1632e-10
dv6:dv10          0.10062       0.027651    3.639       0.00027845

R-squared: 0.824,  Adjusted R-Squared 0.823
F-statistic vs. constant model: 1.52e+03, p-value = 0
```

从该模型中可以看出,逐步回归模型得到的模型少了 5 个单一因子,多了 5 个组合因子,模型的决定系数反而提高了。这说明逐步回归得到的模型精度更高一些,影响因子更少些,这对于分析模型本身是非常有帮助的,尤其是在剔除因子方面。

利用该模型对原始数据进行预测,得到的股票综合得分如图 11-2 所示,总体趋势和图 11-1 相似。

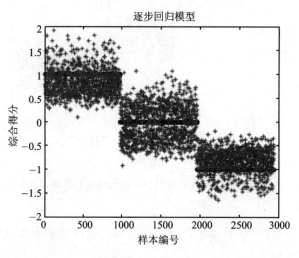

图 11-2 逐步回归模型得到的综合得分与原始得分的比较图

以上是线性加权法构建评价型模型的方法,所用的程序框架对绝大多数的这类问题都可以直接应用,核心是要构建评价的指标体系,这是建模的基本功。总的来说,线性加权法的特点是:

① 该方法能使得各评价指标间作用得到线性补偿,保证综合评价指标的公平性;

② 该方法中权重系数对评价结果的影响明显,即权重较大指标值对综合指标作用较大;

③ 该方法计算简便,可操作性强,便于推广使用。

11.2 层次分析法(AHP)

层次分析法(Analytic Hierarchy Process,AHP)是美国运筹学家萨蒂(T. L. Saaty)等人20世纪70年代初提出的一种决策方法。它是将半定性、半定量问题转化为定量问题的有效途径。它将各种因素层次化,并逐层比较多种关联因素,为分析和预测事物的发展提供可比较的定量依据。它特别适用于那些难以完全用定量进行分析的复杂问题。因此在资源分配、选优排序、政策分析、冲突求解以及决策预报等领域得到了广泛的应用。

AHP 的本质是根据人们对事物的认知特征,将感性认识进行定量化的过程。人们在分析多个因素时,大脑很难同时梳理那么多的信息,而层次分析法的优势就是通过对因素归纳、分层,并逐层分析和量化事物,以达到对复杂事物的更准确认识,从而帮助决策。

在数学建模中,层次分析法的应用场景比较多,归纳起来,主要有以下几个:

1) 评价、评判类的题目。这类题目都可以直接用层次分析法来评价,例如奥运会的评价、彩票方案的评价、导师和学生的相互选择、建模论文的评价、城市空气质量分析等。

2) 资源分配和决策类的题目。这类题目可以转化为评价类的题目,然后按照 AHP 进行求解,例如将一笔资金进行投资,有几个备选项目,那么如何进行投资分配最合理呢?这类题目中还有一个典型的应用,就是方案的选择问题,比如旅游景点的选择、电脑的挑选、学校的选择、专业的选择等。这类应用可以说是 AHP 法最经典的应用场景了。

3) 一些优化问题,尤其是多目标优化问题。对于通常的优化问题,目前已有成熟的方法求解。然而,这些优化问题一旦具有如下特性之一,如:① 问题中存在一些难以度量的因素;② 问题的结构在很大程度上依赖于决策者的经验;③ 问题的某些变量之间存在相关性;④ 需要加入决策者的经验、偏好等因素。这时就很难单纯依靠一个优化的数学模型来求解。这类问题,通常的做法是借助 AHP 法将复杂的问题转化为典型的、便于求解的优化问题,比如多目标规划,借助层次分析法,确定各个目标的权重,从而将多目标规划问题转化为可以求解的单目标规划问题。

由于 AHP 法的理论比较基础,所以很多书中都已经进行了详细的描述。这里重点关注如何用 MATLAB 来实现层次分析法的过程。而层次分析法中,需要 MATLAB 的地方主要就是将评判矩阵转化为因素的权重矩阵。为此,这里只介绍如何用 MATLAB 来实现这一转化。

将评判矩阵转化为权重矩阵,通常的做法就是求解矩阵最大特征根和对应阵向量。如果不用软件来求解,可以采用一些简单的近似方法来求解,比如"和法""根法""幂法",但这些简单的方法依然很繁琐。所以在建模竞赛中建议还是采用软件来实现。如果用 MATLAB 来求解,我们就不用担心具体的计算过程,因为 MATLAB 可以很方便、准确地求解出矩阵的特征值和特征根。但需要注意的是,在将评判矩阵转化为权重向量的过程中,一般需要先判断评判矩阵的一致性,因为通过一致性检验的矩阵,得到的权重才更可靠。

【例 11-2】 用 MATLAB 求解权重矩阵。

具体程序如下:

```
%% AHP法权重计算 MATLAB 程序
%% 数据读入
clc
clear all
```

```
A = [1 2 6;1/2 1 4;1/6 1/4 1];%评判矩阵
%%一致性检验和权向量计算
[n,n] = size(A);
[v,d] = eig(A);
r = d(1,1);
CI = (r-n)/(n-1);
RI = [0 0 0.58 0.90 1.12 1.24 1.32 1.41 1.45 1.49 1.52 1.54 1.56 1.58 1.59];
CR = CI/RI(n);
if   CR<0.10
    CR_Result = '通过';
  else
    CR_Result = '不通过';
end
%%权向量计算
w = v(:,1)/sum(v(:,1));
w = w';
%%结果输出
disp('该判断矩阵权向量计算报告:');
disp(['一致性指标:'num2str(CI)]);
disp(['一致性比例:'num2str(CR)]);
disp(['一致性检验结果:'CR_Result]);
disp(['特征值:'num2str(r)]);
disp(['权向量:'num2str(w)]);
```

运行该程序,可以得到如下结果:

```
该判断矩阵权向量计算报告:
一致性指标:0.0046014
一致性比例:0.0079334
一致性检验结果:通过
特征值:3.0092
权向量:0.58763     0.32339     0.088983
```

从上面的程序来看,该段程序还是比较简单、明了的,但输出的内容非常全面,既有一致性检验,又有我们直接想要的权重向量。

应用这段程序时,只要将评判矩阵输入到程序中,其他地方都不需要修改,就可以直接、准确地计算出对应的结果。所以,这段程序在实际使用中非常灵活。

只要掌握层次分析法的应用场景、层次分析法的应用过程,以及如何由评判矩阵得到权重向量,就可以灵活、方便地使用层次分析法解决实际问题了。

11.3 小　结

本章介绍的加权法和层次分析法是比较常用的针对评价型问题的建模方法,对于同一个问题往往这两种方法都适应。加权法更适合变量更具体的问题,而层次分析法更适合相对抽象的问题,比如景点的评价、奥运会综合影响力的评价等问题。

参考文献

[1] 姜启源,谢金星,叶俊. 数学模型[M].4版.北京:高等教育出版社,2011.

第 12 章 MATLAB 机理建模方法

在数学建模中,如果遇到一个非典型的数学建模问题(非数据、优化、连续、评价),那么这种情况下,通常需要用到机理建模方法了。

12.1 机理建模概述

机理建模就是根据对现实对象特性的认识,分析其因果关系,找出反映内部机理的规则,然后建立规则的数学模型。机理建模的经典案例有很多,比如万有引力公式的推导过程。机理建模常见的有两类,一类是推导法机理建模,类似于微分方程建模,常用于动力学的建模过程,比如化学中反应动力学,还有各种场的方程,比如压力场、热场方程等;一类是包含一个或几个类别对象的复杂系统问题,常通过元胞自动机-仿真法来进行机理建模。下面将介绍这两类机理建模的具体 MATLB 实现过程[1]。

12.2 推导法机理建模

12.2.1 问题描述

某种医用薄膜有允许一种物质的分子穿透它(从高浓度的溶液向低浓度的溶液扩散)的功能,在试制时需测定薄膜被这种分子穿透的能力。测定方法如下:用面积为 S 的薄膜将容器分成体积分别为 V_A、V_B 的两部分(如图 12-1 所示),在两部分中分别注满该物质的两种不同浓度的溶液。此时该物质分子就会从高浓度溶液穿过薄膜向低浓度溶液中扩散。已知通过单位面积薄膜分子扩散的速度与膜两侧溶液的浓度差成正比,比例系数 K 表征了薄膜被该物质分子穿透的能力,称为渗透率。定时测量容器中薄膜某一侧的溶液浓度值,可以确定 K 的值,试用数学建模的方法解决 K 值的求解问题。

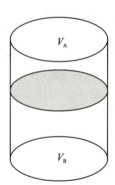

图 12-1 圆柱体容器被薄膜截面 S 阻隔

12.2.2 假设和符号说明

为了便于建模,作以下几点假设:
① 薄膜两侧的溶液始终是均匀的,即在任何时刻膜两侧的每一处溶液的浓度都是相同的。
② 当两侧浓度不一致时,物质的分子穿透薄膜总是从高浓度溶液向低浓度溶液扩散。
③ 通过单位面积膜分子扩散的速度与膜两侧溶液的浓度差成正比。
④ 薄膜是双向同性的即物质从膜的任何一侧向另一侧渗透的性能是相同的。
同时,约定需要用到的几个数学符号:

$C_A(t), C_B(t)$——t 时刻膜两侧溶液的浓度；

a_A, a_B——初始时刻两侧溶液的浓度（mg/cm^3）；

K——渗透率；

V_A, V_B——由薄膜阻隔的容器两侧的体积。

12.2.3 模型的建立

考察时段 $[t, t+\Delta t]$ 薄膜两侧容器中该物质质量的变化。

以容器 A 侧为例，在该时段物质质量增加量为 $V_A C_A(t+\Delta t) - V_A C_A(t)$。另一方面，由渗透率的定义可知，从 B 侧渗透至 A 侧的该物质的质量为

$$SK(C_B - C_A)\Delta t$$

由质量守恒定律，两者应该相等，于是有

$$V_A C_A(t+\Delta t) - V_A C_A(t) = SK(C_B - C_A)\Delta t$$

两边除以 Δt，令 $\Delta t \to 0$ 并整理得

$$\frac{dC_A}{dt} = \frac{SK}{V_A}(C_B - C_A) \tag{12-1}$$

且注意到整个容器的溶液中含有该物质的质量应该不变，即有下式成立：

$$V_A C_A(t) + V_B C_B(t) = V_A a_A + V_B a_B$$

$$C_A(t) = a_A + \frac{V_B}{V_A} a_B - \frac{V_B}{V_A} C_B(t)$$

代入式(12-1)得

$$\frac{dC_B}{dt} + SK\left(\frac{1}{V_A} + \frac{1}{V_B}\right)C_B = SK\left(\frac{a_A}{V_B} + \frac{a_B}{V_A}\right)$$

再利用初始条件 $C_B(0) = a_B$，解出

$$C_B(t) = \frac{a_A V_A + a_B V_B}{V_A + V_B} + \frac{V_A(a_B - a_A)}{V_A + V_B} e^{-SK\left(\frac{1}{V_A} + \frac{1}{V_B}\right)t}$$

至此，问题归结为利用 C_B 在时刻 t_j 的测量数据 $C_j (j=1,2,\cdots,N)$ 来辨识参数 K, a_A, a_B，对应的数学模型变为求函数：

$$\min E(K, a_A, a_B) = \sum_{j=1}^{n}[C_B(t_j) - C_j]^2$$

令

$$a = \frac{a_A V_A + a_B V_B}{V_A + V_B}, \quad b = \frac{V_A(a_B - a_A)}{V_A + V_B}$$

则问题转化为求函数

$$E(K, a_A, a_B) = \sum_{j=1}^{n}\left[a + be^{-SK\left(\frac{1}{V_A} + \frac{1}{V_B}\right)t_j} - C_j\right]^2$$

的最小值点 (K, a, b)。

12.2.4 模型中参数的求解

【例 12-1】设 $V_A = V_B = 1000\ cm^3$，$S = 10\ cm^2$，容器 B 部分溶液浓度的测试结果如表 12-1 所列。

表 12-1　容器 B 部分溶液测试浓度

t_j/s	100	200	300	400	500	600	700	800	900	1000
$C_j/(\text{mg} \cdot \text{cm}^{-3})$	4.54	4.99	5.35	5.65	5.90	6.10	6.26	6.39	6.50	6.59

此时极小化的函数为

$$E(K, \alpha_A, \alpha_B) = \sum_{j=1}^{10} [a + b\text{e}^{-0.02K \cdot t_j} - C_j]^2$$

下面用 MATLAB 进行参数求解。

(1) 编写 m 文件(curvefun.m)

```
function f = curvefun(x,tdata)
f = x(1) + x(2) * exp(-0.02 * x(3) * tdata);
% 其中 x(1) = a;x(2) = b;x(3) = k;
```

(2) 编写程序(test1.m)

```
tdata = linspace(100,1000,10);
cdata = 1e-05. * [454 499 535 565 590 610 626 639 650 659];
x0 = [0.2,0.05,0.05];
opts = optimset('lsqcurvefit');
opts = optimset(opts,'PrecondBandWidth', 0)
x = lsqcurvefit('curvefun',x0,tdata,cdata,[],[],opts)
f = curvefun(x,tdata)
plot(tdata,cdata,'o',tdata,f,'r-')
xlabel('时间(秒)')
ylabel('浓度(毫克/立方厘米)')
```

(3) 输出结果

```
x =
    0.0063   -0.0034    0.2542
% 即表示 k = 0.2542, a = 0.0063, b = -0.0034 时
f =
    0.0043    0.0051    0.0056    0.0059    0.0061
    0.0062    0.0062    0.0063    0.0063    0.0063
```

曲线的拟合结果如图 12-2 所示,进一步可求得

$$\alpha_B = 0.004, \quad \alpha_A = 0.01 \quad (单位:\text{mg/cm}^3)$$

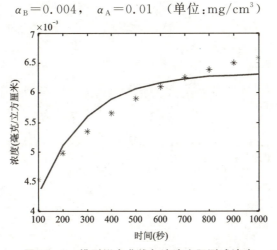

图 12-2　模型拟合曲线与溶液实际测试浓度

12.3 元胞自动机——仿真法机理建模

12.3.1 元胞自动机的定义

元胞自动机(Cellular Automata,CA),亦被称为细胞自动机。CA 的经典案例是定义一个网格,网格上的每个点代表一个有限数量的状态中的细胞。过渡规则同时应用到每一个细胞。典型的转换规则依赖于细胞和它的(4 个或 8 个)近邻的状态,虽然临近的细胞也同样使用。CA 的应用在并行计算研究、物理模拟和生物模拟等领域。在数学建模中,一般是借鉴元胞自动机的概念,应用于具体的适合于机理建模的问题中。这类问题的典型特征是,所研究的问题是一个系统问题,系统是由若干个一个或几个不同类的对象组成,经典的模型不适应。典型的问题如滴滴打车问题(2015)、开发小区问题(2016)。

12.3.2 元胞自动机的 MATLAB 实现

这类问题,首先要分析系统内的对象,从微观角度研究每个对象的行为规则(模型),然后通过动态仿真研究系统内的对象随着时间或其他物理量的变化趋势,然后再根据目标综合评估系统。总结下来,实现步骤如下:
① 定义元胞的初始状态;
② 定义系统内元胞的变化规则;
③ 设置仿真时间,输出仿真结果。

对于这类仿真,MATLAB 的优势非常明显。

【例 12-2】 典型的 CA 的 MATLAB 实现过程。

```
%%元胞自动机(CA)MATLAB实现程序
clc,clf,clear
%%界面设计(环境的定义)
plotbutton = uicontrol('style','pushbutton',...
    'string','Run',...
    'fontsize',12,...
    'position',[100,400,50,20],...
    'callback', 'run = 1;');
%定义 stop button
erasebutton = uicontrol('style','pushbutton',...
    'string','Stop',...
    'fontsize',12,...
    'position',[200,400,50,20],...
    'callback','freeze = 1;');
%定义 Quit button
quitbutton = uicontrol('style','pushbutton',...
    'string','Quit',...
    'fontsize',12,...
    'position',[300,400,50,20],...
    'callback','stop = 1;close;');
number = uicontrol('style','text',...
    'string','1',...
    'fontsize',12,...
```

```matlab
    'position',[20,400,50,20]);
%% 元胞自动机的设置
n = 128;
z = zeros(n,n);
cells = z;
sum = z;
cells(n/2,.25*n:.75*n) = 1;
cells(.25*n:.75*n,n/2) = 1;
cells = (rand(n,n))<.5;
imh = image(cat(3,cells,z,z));
axis equal
axis tight

% 元胞索引更新的定义
x = 2:n-1;
y = 2:n-1;

% 元胞更新的规则定义
stop = 0; % wait for a quit button push
run = 0; % wait for a draw
freeze = 0; % wait for a freeze
while (stop == 0)
    if (run == 1)
        % nearest neighbor sum
        sum(x,y) = cells(x,y-1) + cells(x,y+1) + ...
            cells(x-1,y) + cells(x+1,y) + ...
            cells(x-1,y-1) + cells(x-1,y+1) + ...
            cells(3:n,y-1) + cells(x+1,y+1);
        % The CA rule
        cells = (sum == 3) | (sum == 2 & cells);
        % draw the new image
        set(imh,'cdata',cat(3,cells,z,z))
        % update the step number diaplay
        stepnumber = 1 + str2num(get(number,'string'));
        set(number,'string',num2str(stepnumber))
    end
    if (freeze == 1)
        run = 0;
        freeze = 0;
    end
    drawnow    % need this in the loop for controls to work
end
```

运行这段代码,可以得到如图 12-3 所示的初始图。

单击 Run 按钮,可以得到如图 12-4 所示的仿真图。

如果改变运行规则,还可以到其他图像,如图 12-5 所示。

以上只是给出一个 MATLAB 实现典型元胞自动机的一个框架,具体建模的时候,还要根据具体问题,灵活定义元胞,更新规则,以及系统输出。比如在 CUMCM 2015 年打车问题中,元胞就是打车人和出租车;更新规则是当打车人发出打车信号时,周边出租车的响应规则;系统输出则是评价指标。所以说元胞自动机只是一个概念,在实际建模问题中,还是要根据特定的问题再灵活运用。

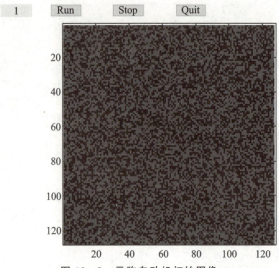

图 12-3 元胞自动机初始图像

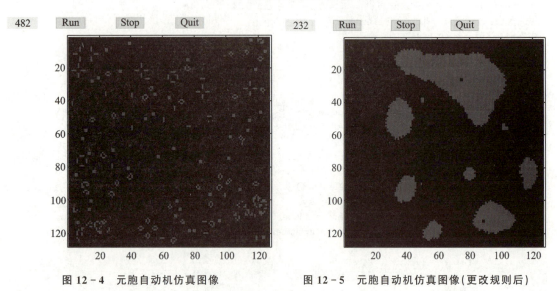

图 12-4 元胞自动机仿真图像　　　图 12-5 元胞自动机仿真图像(更改规则后)

12.4 小　结

　　机理建模方法是没有定式的建模方法,相对比较开放,要针对具体的问题。本章介绍的两种方法是机理建模中常用的两类建模方法,当遇到非经典建模问题时,尤其是开放度比较强的问题,这时就要考虑采用机理建模方法了。一般会先用推导法建模,找出事物之间本质的定量联系,然后再看看是否适合数值仿真,如果适合仿真,此时就可以考虑使用元胞自动机仿真法了。这两种建模方法往往相辅相成,推导法为仿真提供理论基础,仿真法为推导法提供验证和改进依据,两种方法相得益彰,不断促进模型的提升。

参考文献

[1] 姜启源,谢金星,叶俊. 数学模型[M]. 4版. 北京:高等教育出版社,2011.

第三篇 实践篇

本篇是实践篇,以历年全国大学生数学建模竞赛的经典赛题为例,介绍MATLAB在其中的实际应用过程,包括详细的建模过程、求解过程以及原汁原味的竞赛论文,不仅能增加读者的 MATLAB 实战技能,也能增强读者的建模实战水平。

第 13 章

彩票中的数学问题(CUMCM 2002B)

2002年的彩票问题是一道非常有意思的题目,在中国数学建模竞赛中有着里程碑的意义。这道题目的开放性相当强,不仅对开拓建模思路有很好的示范作用,而且对建模问题的求解也提出了新的要求。组委会所给参考答案中的模型对参赛队员的编程要求相对较高,如果没有很好的编程基础,在短时间内很难求出模型的结果。通过对这道题目求解过程的学习,读者对大规模复杂规划问题的求解会有个大致的认识。要想在建模竞赛中取得好成绩,一个队中应该有个队友能够自己编写出求解该类问题的程序。

13.1 问题的提出

近年来"彩票飓风"席卷中华大地,巨额诱惑使越来越多的人加入到"彩民"的行列,目前流行的彩票主要有"传统型"和"乐透型"两种类型。

"传统型"采用"10选6+1"方案:先从6组0~9号球中摇出6个基本号码,每组摇出一个,然后从0~4号球中摇出一个特别号码,构成中奖号码。投注者从0~9十个号码中任选6个基本号码(可重复),从0~4中选一个特别号码,构成一注,根据单注号码与中奖号码相符的个数多少及顺序确定中奖等级。以中奖号码"abcdef+g"为例说明中奖等级,如表13-1所列。

表 13-1 中奖等级说明

中奖等级	10选6+1(6+1/10)	
	基本号码+特别号码	说　明
一等奖	abcdef　　g	选7中(6+1)
二等奖	abcdef	选7中(6)
三等奖	abcdeX　Xbcdef	选7中(5)
四等奖	abcdXX　XbcdeX　XXcdef	选7中(4)
五等奖	abcXXX　XbcdXX　XXcdeX　XXXdef	选7中(3)
六等奖	abXXXX　XbcXXX　XXcdXX　XXXdeX　XXXXef	选7中(2)

注:X表示未选中的号码。

"乐透型"有多种不同的形式,比如"33选7"的方案:先从01~33个号码球中一个一个地摇出7个基本号,再从剩余的26个号码球中摇出一个特别号码。投注者从01~33个号码中任选7个组成一注(不可重复),根据单注号码与中奖号码相符的个数多少确定相应的中奖等级,不考虑号码顺序。又如"36选6加1"方案,先从01~36个号码球中一个一个地摇出6个基本号,再从剩下的30个号码球中摇出一个特别号码。从01~36个号码中任选7个组成一注(不可重复),根据单注号码与中奖号码相符的个数多少确定相应的中奖等级,不考虑号码顺序。这两种方案的中奖等级如表13-2所列。

以上两种类型的总奖金比例一般为销售总额的50%,投注者单注金额为2元,单注若已得到高级别的奖就不再兼得低级别的奖。现在常见的销售规则及相应的奖金设置方案如表 13-3 所列,其中一、二、三等奖为高项奖,后面的为低项奖。低项奖数额固定,高项奖按比例分配,但一等奖单注保底金额 60 万元,封顶金额 500 万元,各高项奖额的计算方法为

高项奖额＝[(当期销售总额×总奖金比例)—低项奖总额]×单项奖比例

问题 1 这些方案的具体情况,综合分析各种奖项出现的可能性、奖项和奖金额的设置以及对彩民的吸引力等因素,评价各方案的合理性。

问题 2 设计一种"更好"的方案及相应的算法,并据此给彩票管理部门提出建议。

问题 3 给报纸写一篇短文,供彩民参考。

表 13-2 两种方案的中奖等级比较

中奖等级	33 选 7(7/33)		36 选 6+1[(6+1)/36]	
	基本号码＋特别号码	说明	基本号码＋特别号码	说明
一等奖	●●●●●●●	选 7 中(7)	●●●●●● ★	选 7 中(6+1)
二等奖	●●●●●○ ★	选 7 中(6+1)	●●●●●●	选 7 中(6)
三等奖	●●●●●○	选 7 中(6)	●●●●●○ ★	选 7 中(5+1)
四等奖	●●●●●○○ ★	选 7 中(5+1)	●●●●●○	选 7 中(5)
五等奖	●●●●●○○	选 7 中(5)	●●●●○○ ★	选 7 中(4+1)
六等奖	●●●●○○○ ★	选 7 中(4+1)	●●●●○○	选 7 中(4)
七等奖	●●●●○○○	选 7 中(4)	●●●○○○ ★	选 7 中(3+1)

注:●为选中的基本号码;★为选中的特别号码;○为未选中的号码。

表 13-3 常见彩票销售规则

序号	奖项方案	一等奖比例	二等奖比例	三等奖比例	四等奖金额	五等奖金额	六等奖金额	七等奖金额	备注
1	(6+1)/10	50%	20%	30%	50				
2	(6+1)/10	60%	20%	20%	300	20	5		
3	(6+1)/10	65%	15%	20%	300	20	5		
4	(6+1)/10	70%	15%	15%	300	20	5		
5	7/29	60%	20%	20%	300	30	5		
6	(6+1)/29	60%	25%	15%	200	20	5		
7	7/30	65%	15%	20%	500	50	15	5	
8	7/30	70%	10%	20%	200	50	10	5	
9	7/30	75%	10%	15%	200	30	10	5	
10	7/31	60%	15%	25%	500	50	20	10	
11	7/31	75%	10%	15%	320	30	5		
12	7/32	65%	15%	20%	500	50	10		
13	7/32	70%	10%	20%	500	50	10		
14	7/32	75%	10%	15%	500	50	10		
15	7/33	70%	10%	20%	600	60	6		
16	7/33	75%	10%	15%	500	50	10	5	

续表 13-3

序号	奖项方案	一等奖比例	二等奖比例	三等奖比例	四等奖金额	五等奖金额	六等奖金额	七等奖金额	备注
17	7/34	65%	15%	20%	500	30	6		
18	7/34	68%	12%	20%	500	50	10	2	
19	7/35	70%	15%	15%	300	50	5		
20	7/35	70%	10%	20%	500	100	30	5	
21	7/35	75%	10%	15%	1000	100	50	5	
22	7/35	80%	10%	10%	200	50	20	5	
23	7/35	100%		2000	20	4	2		无特别号
24	(6+1)/36	75%	10%	15%	500	100	10	5	
25	(6+1)/36	80%	10%	10%	500	100	10		
26	7/36	70%	10%	10%	500	50	10	5	
27	7/37	70%	15%	15%	1500	100	50		
28	6/40	82%	10%	8%	200	10	1		
29	5/60	60%	20%	20%	300	30			

13.2 问题2模型的建立

本篇的模型主要参考组委会提供的参考模型。关于问题1，已有一些文献作了介绍，这里重点介绍问题2的MATLAB求解过程。

13.2.1 模型假设与符号说明

模型假设：

① 彩票摇奖是公平公正的，各号码的出现是随机的，彩民购买彩票是随机的独立事件；

② 同一方案中高级别奖项的奖金比例或奖金额不应低于相对低级别的奖金比例或奖金额；

③ 根据我国的现行制度，假设我国居民的平均工作年限 T 为35年。

符号说明：

r_j——第 j 等（高项）奖占高项奖总额的比例，$j=1,2,3$；

x_i——第 i 等奖奖金额均值，$1 \leqslant i \leqslant 7$；

P_i——彩民中第 i 等奖 x_i 的概率，$1 \leqslant i \leqslant 7$；

$\mu(x_i)$——彩民对某个方案第 i 等奖的满意度，即第 i 等奖对彩民的吸引力，$1 \leqslant i \leqslant 7$；

λ——某地区的平均收入和消费水平的相关因子，称为"实力因子"，一般为常数。

13.2.2 模型的准备

1. 确定彩民的心理曲线

一般说来，人们的心理变化是一个模糊的概念，在此，彩民对一个方案的各个奖项及奖金额的看法（即对彩民的吸引力）的变化就是一个典型的模糊概念。由模糊数学隶属度的概念和

心理学的相关知识，以及人们通常对一件事物的心理变化一般遵循的规律，不妨定义彩民的心理曲线为

$$\mu(x) = 1 - e^{-(\frac{x}{\lambda})^2} \quad (\lambda > 0)$$

其中，λ 表示彩民平均收入的相关因子，称为实力因子，一般为常数。

2. 彩票指标函数

要综合彩票方案的合理性，应该建立一个能够充分反映各种因素的合理性指标函数。因为彩民购买彩票可以认为是一种冒险行为，所以，根据决策分析中风险决策的理论，考虑到彩民的心理因素的影响，可取 $\mu(x) = 1 - e^{-(\frac{x}{\lambda})^2} (\lambda > 0)$ 为风险决策的益损函数，于是作出如下指标函数：

$$F = \sum_{i=1}^{7} P_i \mu(x_i)$$

即表示在考虑彩民的心理因素的条件下，一个方案的中奖率、中奖面、奖项和奖金设置等因素对彩民的吸引力。

13.2.3 模型的建立

问题 2 是取什么样的方案 m/n（n 和 m 取何值），设置哪些奖项，高项奖的比例 $r_j(j=1,2,3)$ 和低项奖的奖金额 $x_j(j=4,5,6,7)$ 为多少时，使目标函数 $F = \sum_{i=1}^{7} P_i \mu(x_i)$ 有最大值。

设以 $m, n, r_j(j=1,2,3), x_i(i=4,5,6,7)$ 为决策变量，以它们之间所满足的关系为约束条件，则可得到非线性规划模型：

$$\max F = \sum_{i=1}^{7} P_i \mu(x_i)$$

$$\text{s.t.} \begin{cases} x_j = \dfrac{(1 - \sum_{i=4}^{7} P_i x_i) r_j}{P_j} \quad (j=1,2,3) & (1) \\ \mu(x_i) = 1 - e^{-(\frac{x_i}{\lambda})^2} \quad (i=1,2,\cdots,7; \lambda = 6.30589 \times 10^5) & (2) \\ r_1 + r_2 + r_3 = 1 & (3) \\ 0.5 \leqslant r_1 \leqslant 0.8 & (4) \\ 6 \times 10^5 \leqslant x_1 \leqslant 5 \times 10^6 & (5) \\ a_i \leqslant \dfrac{x_i}{x_{i+1}} \leqslant b_i \quad (i=1,2,\cdots,6) & (6) \\ P_i < P_{i+1} \quad (i=1,2,\cdots,6) & (7) \\ 5 \leqslant m \leqslant 7 & (8) \\ 29 \leqslant n \leqslant 60 \quad (m, n \text{ 为正整数}) & (9) \\ r_j > 0, x_i \geqslant 0 & (10) \end{cases}$$

关于约束条件的说明：

① 条件(1)、(2)是奖项的获奖率和心理满意度的计算表达式。

② 条件(3)、(4)是对高项奖的比例约束，r_1 的值不能太大或太小，条件(4)是根据已知的

方案确定的。

③ 条件(5)是根据题意中一等奖的保底额和封顶额确定的。

④ 条件(6)中的 $a_i, b_i (i=1,2,\cdots,6)$ 分别为 i 等奖的奖金额 x_i 比 $i+1$ 等奖的奖金额 x_{i+1} 高的倍数，可由问题 1 的计算结果和已知各方案的奖金数额统计得

$$a_1=10, b_1=233; a_2=4, b_2=54; a_3=3, b_3=17;$$
$$a_4=4, b_4=20; a_5=2, b_5=10; a_6=2, b_6=10$$

⑤ 条件(7)是根据实际问题确定的，实际中高等奖的概率 P_i 应小于低等奖的概率 P_{i+1}，它的值主要由 m, n 确定。

⑥ 条件(8)、(9)是对方案中 m, n 取值范围的约束，是由已知的方案确定的。

⑦ 条件(10)为变量有效性约束。

13.3 模型的求解

13.3.1 求解的思路

这是一个较复杂的非线性(整数)规划。彩票共有 K_1, K_2, K_3, K_4 四种类型(K_1 为 10 选 6+1[(6+1)/10]型，K_2 为 n 选 $m(m/n)$ 型，K_3 为 n 选 $m+1[(m+1)/n]$ 型，K_4 为 n 选 $m(m/n)$ 无特别号型)，K_2, K_3, K_4 又对应各不相同的若干组 m, n 组合。因此我们要做的是：求出各种类型，各种 m, n 组合下的最优解，再找出所有这些最优解中目标函数最大的那组 m, n，它的最优解就是答案了。

对于复杂的非线性规划，MATLAB 和 Lingo 是常用的方案，这里用 MATLAB。求解函数我们用 fmincon(fmincon 用于求解有约束非线性规划问题，详细说明请见 MATLAB 的帮助文件)。程序中要首先求出当前彩票方案各奖项的获奖概率，然后用 fmincon 求解当前彩票方案目标函数最大的解。由于变量数目有差异，不同类型彩票的目标函数和约束的形式可能略有不同，这一困难可以用 fmincon 参数中的 P1, P2 等作为标志变量，向目标函数和约束函数传递当前求解的彩票类型，以起到区分的作用(P1, P2 的用法请见 fmincon 的说明)。最后比较所有的最优解(应注意，首先要求的是可行解)，输出目标函数最大的方案。

另外，要完整地求解这个模型，需要处理不同彩票类型和不同 m, n 组合这两层循环。刚开始尝试的读者可以先固定一组 m, n，然后完善用到的数据结构，尝试整体求解。

还有一个需要引起注意的问题就是，MATLAB 非线性规划函数是从我们传递给 fmincon 的初始解开始搜索的，最后求得的结果可能不是全局最优解，而是局部极值，这和非线性规划的数值算法有关。一个避免只求到局部极值的办法是：用大量不同的解作为 fmincon 的初值，以提高找到全局最优的概率，下面程序中的 nums_test_of_initial_value 就是这个作用。但是如果 nums_test_of_initial_value 设置的过大，也意味着求解时间相当长，请读者根据计算机的配置自行设置。

13.3.2 MATLAB 程序

求解的 MATLAB 程序如下：

| 程序编号 | P13-1 | 文件名称 | main.m | 说明 | 主程序 |

```
%% 功能说明:
% 根据参考答案中的模型,本程序分别对 K1、K2、K3、K4 型彩票进行求解,并对 n、m 的各种组合进行循
% 环。求解时,首先计算当前 n、m 的各奖项获奖概率,然后随机生成多个初始值,调用 fmincon
% 函数寻找目标函数的最小值(原目标函数要求极大,但 fmincon 是寻找极小,故令原目标函数乘
% 以(-1),寻找新目标函数的极小值),最后比较各种类型彩票的求解结果,输出对应最大的原目
% 标函数的解。
% 本程序包含的 m 文件为:
%     main.m:主程序
%     cpiao.m:目标函数
%     calculate_probability.m:计算各奖项获奖概率
%     nonlcon.m:非线性约束
% 使用说明:执行 main.m
%% 设置初始参数
clc, clear
% 为避免陷入局部最优,需要以随机的初值进行多次尝试,该变量为对每个 m/n 组合生成随机初值的
% 数目,越大则找到全局最优的概率越大,但程序运行的时间也越长,请根据电脑情况自行设置
nums_test_of_initial_value = 20;

global v
v = 630589;% 求解 v 为 630589 的收入水平情况
DEBUG = 0;
rng('shuffle')
format long g

%% 求解 K1 型
p_k1 = [2e-7;8e-7;1.8e-5;2.61e-4;3.42e-3;4.1995e-2];
% 6 个奖项 6 个变量
Aeq = [1,1,1,0,0,0];
beq = 1;
a_lb = [10,4,3,4,2];
b_ub = [233,54,17,20,10];
A = [0,0,0,-1,a_lb(4),0;
     0,0,0,1,-b_ub(4),0;
     0,0,0,0,-1,a_lb(5);
     0,0,0,0,1,-b_ub(5)];
b = [0;0;0;0];
lb = [0.5;0;0;0;0;0];
ub = [0.8;1;1;inf;inf;inf];
p_test = p_k1;
rx0_tmp = zeros(6,1);
rx_meta_result = zeros(6,1);
fval_meta_result = inf;
flag_meta_result = nan; % 用以判断有没有得到过可行解
if DEBUG == 1
    output_meta_result = [];
end
for j = 1:nums_test_of_initial_value
    % 随机生成多个初始值 rx0_tmp,以避免局部最优
    rx0_tmp(1) = rand*(0.8-0.5) + 0.5;
    rx0_tmp(2) = rand*(1-rx0_tmp(1));
    rx0_tmp(3) = 1 - rx0_tmp(1) - rx0_tmp(2);
    rx0_tmp(4) = rand*1000;
    rx0_tmp(5) = rand*100;
    rx0_tmp(6) = rand*50;
    % 寻优
```

```
            [rx_tmp,fval_tmp,flag_tmp,output_tmp] = ...
                fmincon('cpiao',rx0_tmp,A,b,...
                    Aeq,beq,lb,ub,'nonlcon',[],1,p_test,a_lb,b_ub);
            % 上式倒数第四个参数是为了区分彩票的类型(K1/K2/K3/K4)
            % 最后三个是函数 cpiao 和 nonlcon 计算中可能要用到的量
            if (flag_tmp == 1) && (fval_meta_result > fval_tmp)
                fval_meta_result = fval_tmp;
                rx_meta_result = rx_tmp;
                flag_meta_result = 1;
                if DEBUG == 1
                    output_meta_result = output_tmp;
                end
            end
        end
    end
    % 把求得的最好结果保存下来
    if ~isnan(flag_meta_result)
        rx_k1 = rx_meta_result;
        fval_k1 = fval_meta_result;
        flag_k1 = flag_meta_result;
        if DEBUG == 1
            output = output_meta_result;
        end
    else
        if DEBUG == 1
            rx_k1 = rx_tmp;
            fval_k1 = fval_tmp;
            flag_k1 = flag_tmp;
            output = output_tmp;
        end
    end
    %% 对于 K2、K3、K4 型的情况
    % n 选 m 或(m+1),n 的选择范围为 29~60,m 的选择范围为 5~7
    % 故有 (60-29+1)*(7-5+1) = 96 种取法,
    % 依题意,K2、K3、K4 都有这 96 种取法
    % 故有下面的变量声明:
    p_all = zeros(7,96,3);
    rx_all = zeros(7,96,3);
    fval_all = zeros(1,96,3);
    flag_all = zeros(1,96,3);
    for m = 5:7
        for n = 29:60
            for i = 1:3
                % 根据 i 的值判断属于(K2、K3、K4)中哪一型
                % (i = 1 是 K2;i = 2 是 K3;i = 3 是 K4),
                % 并根据 n、m 生成各奖项概率
                % p_temp = eval(sprintf('comb_k%d(m,n)',i+1));
                p_temp = calculate_probability(m,n,i+1);
                p_all(:,(m-5).*32+(n-28),i) = p_temp;
                % K2、K3 可合并处理(奖项数目一样)
                if (i ~= 3)
                    Aeq = [1,1,1,0,0,0,0];
                    beq = 1;
                    a_lb = [10,4,3,4,2,2];
                    b_ub = [233,54,17,20,10,10];
```

```matlab
            A = [0,0,0,-1,a_lb(4),0,0;
                 0,0,0,1,-b_ub(4),0,0;
                 0,0,0,0,-1,a_lb(5),0;
                 0,0,0,0,1,-b_ub(5),0];
            % 由于 x(7)可能为零,故不在这里对 x(6)/x(7)进行上下限限制,
            % 而在非线性约束 nonlcon 中进行
            %     0,0,0,0,0,-1,a_lb(6);
            %     0,0,0,0,0,1,-b_ub(6)];
            %b = [0;0;0;0;0;0];
            b = [0;0;0;0];
            lb = [0.5;0;0;0;0;0;0];
            ub = [0.8;1;1;inf;inf;inf;inf];
            p_test = p_temp;
            % 随机生成多个初始值 rx0_tmp,以避免局部最优
            rx0_tmp = zeros(7,1);
            rx_meta_result = zeros(7,1);
            fval_meta_result = inf;
            flag_meta_result = nan; % 用以判断有没有得到过可行解
            for j = 1:nums_test_of_initial_value
                rx0_tmp(1) = rand*(0.8-0.5) + 0.5;
                rx0_tmp(2) = rand*(1-rx0_tmp(1));
                rx0_tmp(3) = 1 - rx0_tmp(1) - rx0_tmp(2);
                rx0_tmp(4) = rand*1000;
                rx0_tmp(5) = rand*100;
                rx0_tmp(6) = rand*50;
                rx0_tmp(7) = rand*10;
                [rx_tmp,fval_tmp,flag_tmp] = ...
                        fmincon('cpiao',rx0_tmp,...
                        A,b,Aeq,beq,lb,ub,...
                        'nonlcon',[],i+1,p_test,a_lb,b_ub);
                % 上式倒数第四个参数是为了区分彩票的类型(K1/K2/K3/K4)
                % 最后三个是函数 cpiao 和 nonlcon 计算中可能要用到的量
                if (flag_tmp == 1) && (fval_meta_result > fval_tmp)
                    fval_meta_result = fval_tmp;
                    rx_meta_result = rx_tmp;
                    flag_meta_result = 1;
                end
            end
            % 把求得的最好结果保存下来
            rx_all(:,(m-5).*32+(n-28),i) = rx_meta_result;
            fval_all(1,(m-5).*32+(n-28),i) = fval_meta_result;
            flag_all(1,(m-5).*32+(n-28),i) = flag_meta_result;
        else
        % i==3,相应于 K4 型
            % 对于 K4 型,因只设到五等奖,故仅 5 个变量了
            Aeq = [1,1,1,0,0];
            beq = 1;
            a_lb = [10,4,3,4];
            b_ub = [233,54,17,20];
            A = [0,0,0,-1,a_lb(4);
                 0,0,0,1,-b_ub(4)];
            b = [0;0];
            lb = [0.5;0;0;0;0];
            ub = [0.8;1;1;inf;inf];
```

```
                p_test = p_temp;
                % 随机生成多个初始值 rx0_tmp,以避免局部最优
                rx0_tmp = zeros(5,1);
                rx_meta_result = zeros(5,1);
                fval_meta_result = inf;
                flag_meta_result = nan; % 用以判断有没有得到过可行解
                for j = 1:nums_test_of_initial_value
                    rx0_tmp(1) = rand * (0.8 - 0.5) + 0.5;
                    rx0_tmp(2) = rand * (1 - rx0_tmp(1));
                    rx0_tmp(3) = 1 - rx0_tmp(1) - rx0_tmp(2);
                    rx0_tmp(4) = rand * 1000;
                    rx0_tmp(5) = rand * 100;
                    [rx_tmp,fval_tmp,flag_tmp] = ...
                        fmincon('cpiao',rx0_tmp,A,b,...
                        Aeq,beq,lb,ub,'nonlcon',...
                        [],4,p_test,a_lb,b_ub);
                    % 上式倒数第四个参数是为了区分彩票的类型(K1/K2/K3/K4)
                    % 最后三个是函数 cpiao 和 nonlcon 计算中可能要用到的量
                    if (flag_tmp == 1) && (fval_meta_result > fval_tmp)
                        fval_meta_result = fval_tmp;
                        rx_meta_result = rx_tmp;
                        flag_meta_result = 1;
                    end
                end
                % 把求得的最好结果保存下来
                rx_all(:,(m-5).*32+(n-28),i) = [rx_meta_result;0;0];
                fval_all(1,(m-5).*32+(n-28),i) = fval_meta_result;
                flag_all(1,(m-5).*32+(n-28),i) = flag_meta_result;
            end
        end
    end
end
% % 寻优结束,进行结果处理
% 在所有(K1、K2、K3、K4)求解结果中找目标函数最小的
% 判断(K1、K2、K3、K4)中哪一种的目标函数最小
ind_tmp = (flag_all >= 0);
if sum(sum(sum(ind_tmp))) ~= 0
    % K2、K3、K4 的求解中找到了可行解(或最优解)
    val_tmp = fval_all.*ind_tmp;
    [val_tmp2,ind_tmp2] = min(val_tmp);
    [val_min,ind_tmp3] = min(val_tmp2);
    if (flag_k1 < 0)
        % K1 的求解中没找到可行解
        signal = 1;        % 标志变量
    else
        if val_min < fval_k1
            signal = 1;
        elseif val_min > fval_k1
            signal = 2;
        else
            signal = 3;
        end
    end
```

```matlab
        else
            % K2、K3、K4 的求解中没有找到可行解
            if (flag_k1 < 0)
                % K1 的求解中没有找到可行解
                disp('(K1、K2、K3、K4)所有的求解中 ')
                disp('一个可行解都没有找到 ')
                disp('(还并不意味着完全没有可行解,')
                disp('也许是初值点选的不好因此没有找到)')
                % break;
            else
                signal = 2;
            end
        end
        if (signal == 1)
            ind_tmp4 = ind_tmp2(ind_tmp3);
            rx_result = rx_all(:,ind_tmp4,ind_tmp3);
            fval_result = fval_all(:,ind_tmp4,ind_tmp3);
            fval_result = -fval_result;
            n = (ind_tmp4 - floor(ind_tmp4 / 32) * 32) + 28;
            m = floor(ind_tmp4 / 32) + 5;
            p_tmp = p_all(:,ind_tmp4,ind_tmp3);
        elseif signal == 2
            rx_result = rx_k1;
            fval_result = -fval_k1;
            p_tmp = p_k1;
        else        % signal == 3
            ind_tmp4 = ind_tmp2(ind_tmp3);
            rx_result = rx_all(:,ind_tmp4,ind_tmp3);
            fval_result = fval_all(:,ind_tmp4,ind_tmp3);
            fval_result = -fval_result;
            n = (ind_tmp4 - floor(ind_tmp4 / 32) * 32) + 28;
            m = floor(ind_tmp4 / 32) + 5;
        end
        %% 输出计算结果
        if signal == 1          % 最优解在 K2、K3、K4 中时
            if ind_tmp3 == 1
                fprintf('最优解为:K2 型,%d 选 %d\n',n,m);
            elseif ind_tmp3 == 2
                fprintf('最优解为:K3 型,%d 选 %d+1\n',n,m);
            elseif ind_tmp3 == 3
                fprintf('最优解为:K4 型,%d 选 %d 无特别号\n',n,m);
            end
        elseif signal == 2      % 最优解在 K1 中时
            fprintf('最优解为:K1 型,10 选 6+1\n');
        else                    % K1 的解和 K2、K3、K4 的解重合时
            if ind_tmp3 == 1
                fprintf('10 选 6+1 和 K2 型 %d 选 %d 同为最优解\n',n,m);
            elseif ind_tmp3 == 2
                fprintf('10 选 6+1 和 K3 型 %d 选 %d+1 同为最优解\n',n,m);
            elseif ind_tmp3 == 3
                fprintf('10 选 6+1 和 K4 型 %d 选 %d 无特别号同为最优解\n',n,m);
            end
        end
        disp('对应的目标函数值为:')
```

```
        disp(fval_result)
        if signal ~= 3
            disp('最终求解变量值为：')
            disp(rx_result)
            disp('各奖项的金额是：')
            x = zeros(3,1);
            x(1) = (1 - p_tmp(4).*rx_result(4) - ...
                    p_tmp(5).*rx_result(5) - ...
                    p_tmp(6).*rx_result(6) - ...
                    p_tmp(7).*rx_result(7)).*rx_result(1)./p_tmp(1);
            x(2) = (1 - p_tmp(4).*rx_result(4) - ...
                    p_tmp(5).*rx_result(5) - ...
                    p_tmp(6).*rx_result(6) - ...
                    p_tmp(7).*rx_result(7)).*rx_result(2)./p_tmp(2);
            x(3) = (1 - p_tmp(4).*rx_result(4) - ...
                    p_tmp(5).*rx_result(5) - ...
                    p_tmp(6).*rx_result(6) - ...
                    p_tmp(7).*rx_result(7)).*rx_result(3)./p_tmp(3);
            rx_money = [x;rx_result(4:7)];
            disp(rx_money)
        else
            disp('最终求解变量值为：')
            disp('10 选 6 + 1 时 ')
            disp(rx_k1)
            disp('K%d 型时 ',ind_tmp3 + 1)
            disp(rx_result)
        end
```

程序编号	P13-1-1	文件名称	cpiao.m	说明	目标函数

```
function f = cpiao(rx,type,p_test,a_lb,b_ub)
% type 代表当前求解的彩票类型
% p_test 是当前各奖项概率（当前彩票类型，当前 m,n）
% a_lb,b_ub 在本函数中用不到
% 注意：这里的目标函数是原目标函数乘以 -1；
global v
if (type == 1)
    % 这是 K1 型的
    rx_last3 = rx(4:6);
    p_last3 = p_test(4:6);
    p_last3 = p_last3';
    sum_last3 = p_last3 * rx_last3;
    f = ...
    -(p_test(1).*(1 - exp(-(((1 - sum_last3).*rx(1))./p_test(1)./v).^2)) + ...
      p_test(2).*(1 - exp(-(((1 - sum_last3).*rx(2))./p_test(2)./v).^2)) + ...
      p_test(3).*(1 - exp(-(((1 - sum_last3).*rx(3))./p_test(3)./v).^2)) + ...
      p_test(4).*(1 - exp(-(rx(4)./v).^2)) + ...
      p_test(5).*(1 - exp(-(rx(5)./v).^2)) + ...
      p_test(6).*(1 - exp(-(rx(6)./v).^2)) ...
    );
elseif (type == 2) || (type == 3)
    % 这是 K2 和 K3 的（K2、K3 可合并处理，因奖项数目一样）
    rx_last4 = rx(4:7);
```

```matlab
            p_last4 = p_test(4:7);
            p_last4 = p_last4';
            sum_last4 = p_last4 * rx_last4;
            f = ...
                -(p_test(1).*(1-exp(-(((1-sum_last4).*rx(1))./p_test(1)./v).^2))+...
                    p_test(2).*(1-exp(-(((1-sum_last4).*rx(2))./p_test(2)./v).^2))+...
                    p_test(3).*(1-exp(-(((1-sum_last4).*rx(3))./p_test(3)./v).^2))+...
                    p_test(4).*(1-exp(-(rx(4)./v).^2))+...
                    p_test(5).*(1-exp(-(rx(5)./v).^2))+...
                    p_test(6).*(1-exp(-(rx(6)./v).^2))+...
                    p_test(7).*(1-exp(-(rx(7)./v).^2))...
                );
        elseif (type == 4)
            % K4 型
            rx_last2 = rx(4:5);
            p_last2 = p_test(4:5);
            p_last2 = p_last2';
            sum_last2 = p_last2 * rx_last2;
            f = ...
                -(p_test(1).*(1-exp(-(((1-sum_last2).*rx(1))./p_test(1)./v).^2))+...
                    p_test(2).*(1-exp(-(((1-sum_last2).*rx(2))./p_test(2)./v).^2))+...
                    p_test(3).*(1-exp(-(((1-sum_last2).*rx(3))./p_test(3)./v).^2))+...
                    p_test(4).*(1-exp(-(rx(4)./v).^2))+...
                    p_test(5).*(1-exp(-(rx(5)./v).^2))...
                );
        else
            error('Error in function cpiao! ')
        end
```

程序编号	P13-1-2	文件名称	calculate_probability.m	说明	计算各奖项获奖概率

```matlab
function p_temp_sub = calculate_probability(m,n,type);
% n 选 m 时各奖项的获奖概率
% type 代表当前求解的彩票类型
% K1 型是固定概率,无需在这里计算
if (type == 2)
    % K2 型的
    p_temp_sub = zeros(7,1);
    p_temp_sub(1) = 1/mmmcomb(n,m);
    p_temp_sub(2) = mmmcomb(m,m-1)./mmmcomb(n,m);
    p_temp_sub(3) = mmmcomb(m,m-1).*mmmcomb(n-m-1,1)./mmmcomb(n,m);
    p_temp_sub(4) = mmmcomb(m,m-2).*mmmcomb(n-m-1,1)./mmmcomb(n,m);
    p_temp_sub(5) = mmmcomb(m,m-2).*mmmcomb(n-m-1,2)./mmmcomb(n,m);
    p_temp_sub(6) = mmmcomb(m,m-3).*mmmcomb(n-m-1,2)./mmmcomb(n,m);
    p_temp_sub(7) = mmmcomb(m,m-3).*mmmcomb(n-m-1,3)./mmmcomb(n,m);
elseif (type == 3)
    % K3 型的
    p_temp_sub = zeros(7,1);
    p_temp_sub(1) = 1./mmmcomb(n,m+1);
    p_temp_sub(2) = mmmcomb(n-m-1,1)./mmmcomb(n,m+1);
    p_temp_sub(3) = mmmcomb(m,m-1).*mmmcomb(n-m-1,1)./mmmcomb(n,m+1);
    p_temp_sub(4) = mmmcomb(m,m-1).*mmmcomb(n-m-1,2)./mmmcomb(n,m+1);
    p_temp_sub(5) = mmmcomb(m,m-2).*mmmcomb(n-m-1,2)./mmmcomb(n,m+1);
```

```matlab
        p_temp_sub(6) = mmmcomb(m,m-2).*mmmcomb(n-m-1,3)./mmmcomb(n,m+1);
        p_temp_sub(7) = mmmcomb(m,m-3).*mmmcomb(n-m-1,3)./mmmcomb(n,m+1);
    elseif (type == 4)
        % K4 型的
        p_temp_sub = zeros(7,1);
        p_temp_sub(1) = 1./mmmcomb(n,m);
        p_temp_sub(2) = mmmcomb(m,m-1).*mmmcomb(n-m,1)./mmmcomb(n,m);
        p_temp_sub(3) = mmmcomb(m,m-2).*mmmcomb(n-m,2)./mmmcomb(n,m);
        p_temp_sub(4) = mmmcomb(m,m-3).*mmmcomb(n-m,3)./mmmcomb(n,m);
        p_temp_sub(5) = mmmcomb(m,m-4).*mmmcomb(n-m,4)./mmmcomb(n,m);
        p_temp_sub(6) = 0;
        p_temp_sub(7) = 0;
    else
        error('Error in calculate_probability!');
    end
function combi = mmmcomb(n,m)
    % 求从 n 个数中取出 m 个数的组合数
    if (isscalar(n)) && (isscalar(m)) &&...
        (isreal(n)) && (isreal(m)) && (n >= m) && (m > 0)
        combi = factorial(n)./factorial(m)./factorial(n-m);
    else
        error('A mistake occurs when calculating combinations.')
    end
```

| 程序编号 | P13-1-3 | 文件名称 | nonlcon.m | 说明 | 非线性约束 |

```matlab
function [c,ceq] = nonlcon(rx,type,p_test,a_lb,b_ub)
% type 代表当前求解的彩票类型
% p_test 是当前各奖项概率(当前彩票类型,当前 m,n)
% a_lb,b_ub 是相邻两个奖项奖金之比的下限和上限
if (type == 1)
    % 这是 K1 型的
    c(1) = 6e5 -...
        (1 - p_test(4).*rx(4) - p_test(5).*rx(5) -...
        p_test(6).*rx(6)).*rx(1)./p_test(1);
    c(2) = -5e6 +...
        (1 - p_test(4).*rx(4) - p_test(5).*rx(5) -...
        p_test(6).*rx(6)).*rx(1)./p_test(1);
    c(3) = a_lb(1).*...
        (1 - p_test(4).*rx(4) - p_test(5).*rx(5) -...
        p_test(6).*rx(6)).*rx(2)./p_test(2) -...
        (1 - p_test(4).*rx(4) - p_test(5).*rx(5) -...
        p_test(6).*rx(6)).*rx(1)./p_test(1);
    c(4) = a_lb(2).*...
        (1 - p_test(4).*rx(4) - p_test(5).*rx(5) -...
        p_test(6).*rx(6)).*rx(3)./p_test(3) -...
        (1 - p_test(4).*rx(4) - p_test(5).*rx(5) -...
        p_test(6).*rx(6)).*rx(2)./p_test(2);
    c(5) = a_lb(3).*rx(4) -...
```

```matlab
            (1 - p_test(4).*rx(4) - p_test(5).*rx(5) - ...
            p_test(6).*rx(6)).*rx(3)./p_test(3);
    c(6) = -b_ub(1).* ...
            (1 - p_test(4).*rx(4) - p_test(5).*rx(5) - ...
            p_test(6).*rx(6)).*rx(2)./p_test(2) + ...
            (1 - p_test(4).*rx(4) - p_test(5).*rx(5) - ...
            p_test(6).*rx(6)).*rx(1)./p_test(1);
    c(7) = -b_ub(2).* ...
            (1 - p_test(4).*rx(4) - p_test(5).*rx(5) - ...
            p_test(6).*rx(6)).*rx(3)./p_test(3) + ...
            (1 - p_test(4).*rx(4) - p_test(5).*rx(5) - ...
            p_test(6).*rx(6)).*rx(2)./p_test(2);
    c(8) = -b_ub(3).*rx(4) + ...
            (1 - p_test(4).*rx(4) - p_test(5).*rx(5) - ...
            p_test(6).*rx(6)).*rx(3)./p_test(3);
    ceq = [];
elseif (type == 2) || (type == 3)
    % 这是 K2 和 K3 的(K2、K3 可合并处理,因奖项数目一样)
    c(1) = 6e5 - ...
            (1 - p_test(4).*rx(4) - p_test(5).*rx(5) - ...
            p_test(6).*rx(6) - p_test(7).*rx(7)).*rx(1)./p_test(1);
    c(2) = -5e6 + ...
            (1 - p_test(4).*rx(4) - p_test(5).*rx(5) - ...
            p_test(6).*rx(6) - p_test(7).*rx(7)).*rx(1)./p_test(1);
    c(3) = a_lb(1).* ...
            (1 - p_test(4).*rx(4) - p_test(5).*rx(5) - ...
            p_test(6).*rx(6) - p_test(7).*rx(7)).*rx(2)./p_test(2) - ...
            (1 - p_test(4).*rx(4) - p_test(5).*rx(5) - ...
            p_test(6).*rx(6) - p_test(7).*rx(7)).*rx(1)./p_test(1);
    c(4) = a_lb(2).* ...
            (1 - p_test(4).*rx(4) - p_test(5).*rx(5) - ...
            p_test(6).*rx(6) - p_test(7).*rx(7)).*rx(3)./p_test(3) - ...
            (1 - p_test(4).*rx(4) - p_test(5).*rx(5) - ...
            p_test(6).*rx(6) - p_test(7).*rx(7)).*rx(2)./p_test(2);
    c(5) = a_lb(3).*rx(4) - ...
            (1 - p_test(4).*rx(4) - p_test(5).*rx(5) - ...
            p_test(6).*rx(6) - p_test(7).*rx(7)).*rx(3)./p_test(3);
    c(6) = -b_ub(1).* ...
            (1 - p_test(4).*rx(4) - p_test(5).*rx(5) - ...
            p_test(6).*rx(6) - p_test(7).*rx(7)).*rx(2)./p_test(2) + ...
            (1 - p_test(4).*rx(4) - p_test(5).*rx(5) - ...
            p_test(6).*rx(6) - p_test(7).*rx(7)).*rx(1)./p_test(1);
    c(7) = -b_ub(2).* ...
            (1 - p_test(4).*rx(4) - p_test(5).*rx(5) - ...
            p_test(6).*rx(6) - p_test(7).*rx(7)).*rx(3)./p_test(3) + ...
            (1 - p_test(4).*rx(4) - p_test(5).*rx(5) - ...
            p_test(6).*rx(6) - p_test(7).*rx(7)).*rx(2)./p_test(2);
    c(8) = -b_ub(3).*rx(4) + ...
            (1 - p_test(4).*rx(4) - p_test(5).*rx(5) - ...
            p_test(6).*rx(6) - p_test(7).*rx(7)).*rx(3)./p_test(3);
    if (rx(7) == 0)
```

```
              c(9) = -1;
              c(10) = -1;
          else
              c(9) = a_lb(6) .* rx(7) - rx(6);
              c(10) = -b_ub(6) .* rx(7) + rx(6);
          end
          ceq = [];
    elseif (type == 4)
        % K4 型
        c(1) = 6e5 - ...
            (1 - p_test(4).*rx(4) - p_test(5).*rx(5)).*rx(1)./p_test(1);
        c(2) = -5e6 + ...
            (1 - p_test(4).*rx(4) - p_test(5).*rx(5)).*rx(1)./p_test(1);
        c(3) = a_lb(1) .* ...
            (1 - p_test(4).*rx(4) - p_test(5).*rx(5)).*rx(2)./p_test(2) - ...
            (1 - p_test(4).*rx(4) - p_test(5).*rx(5)).*rx(1)./p_test(1);
        c(4) = a_lb(2). * ...
            (1 - p_test(4).*rx(4) - p_test(5).*rx(5)).*rx(3)./p_test(3) - ...
            (1 - p_test(4).*rx(4) - p_test(5).*rx(5)).*rx(2)./p_test(2);
        c(5) = a_lb(3) .* rx(4) - ...
            (1 - p_test(4).*rx(4) - p_test(5).*rx(5)).*rx(3)./p_test(3);
        c(6) = -b_ub(1). * ...
            (1 - p_test(4).*rx(4) - p_test(5).*rx(5)).*rx(2)./p_test(2) + ...
            (1 - p_test(4).*rx(4) - p_test(5).*rx(5)).*rx(1)./p_test(1);
        c(7) = -b_ub(2). * ...
            (1 - p_test(4).*rx(4) - p_test(5).*rx(5)).*rx(3)./p_test(3) + ...
            (1 - p_test(4).*rx(4) - p_test(5).*rx(5)).*rx(2)./p_test(2);
        c(8) = -b_ub(3) .* rx(4) + ...
            (1 - p_test(4).*rx(4) - p_test(5).*rx(5)).*rx(3)./p_test(3);
        ceq = [];
    else
        error('Error in function nonlcon! ')
    end
```

13.3.3 程序结果

在 nums_test_of_initial_value＝20 时,笔者的一台双核(E5300)计算机上大约要运行 5 分钟。经过几次的运行,得到的最好结果如下:

```
最优解:K2 型,32 选 6
对应的目标函数值为:
 -8.03531714610032e-007
最终求解变量为:
0.799976241865028
        0.136725100520848
        0.0632986576141243
       22.1883858101198
        1.10941929050599
        0.110954086029531
        0.0111140743020319
各奖项的金额是:
```

```
rx_money =
          713340.412780325
          20319.6741752165
          376.290262504009
          22.1883858101198
          1.10941929050599
          0.110954086029531
          0.0111140743020319
```

上面是对λ=630589的情况求解的。对于经济发达地区和欠发达地区,应有所不同。这里分别对年收入1万元、2.5万元、3万元、4万元、5万元、10万元,工作年限均35年的情况进行求解,最优方案如表13-4所列。

表13-4 不同地区的最佳彩票方案

年收入指标	1万元	2万元	2.5万元	3万元	4万元	5万元	10万元
λ	420393	840786	1050952	1261179	1681571	210964	4203928
最优方案	42选5	44选5	29选6+1	30选6+1	52选5	32选6+1	42选5+1
F	1.057×10^{-6}	5.831×10^{-7}	4.763×10^{-7}	3.901×10^{-7}	2.830×10^{-7}	2.359×10^{-7}	1.176×10^{-7}
r_1	0.80	0.80	0.8	0.8	0.8	0.8	0.80
r_2	0.037	0.097	0.174	0.170	0.050	0.173	0.183
r_3	0.163	0.103	0.026	0.030	0.150	0.027	0.017
x_1	6.35×10^5	8.39×10^5	1.22×10^6	1.58×10^6	1.93×10^6	2.63×10^6	4.11×10^6
x_2	5930	20239	12047	14602	23981	22745	26115
x_3	717	571	304	425	1583	594	484
x_4	77	34	18	25	162	35	28
x_5	4	2	10	1	8	2	1
x_6	0	1	2	1	1	0	0
x_7	0	0	0	0	0	0	0

13.4 技巧点评

彩票问题本质上为决策论方法,即需要用"效用理论"来求解,若细分则只有两种方法,即单目标决策和多目标决策。但无论哪种决策,都需要用规划模型的建模方法。

彩票问题之所以很经典,主要的一个原因是这个问题中的效用很难定量描述,在全国赛中出现过的经典的最短路、参数设计、投资等问题中,它们的目标都很好用具体的指标来衡量,也很容易找到计算方法,但彩票问题的目标就比较难找,这个心理效用和经济效用该如何用数学表达式去定量描述呢? 这也是彩票问题的一个难点。该题目的另一个特色就是求解方法的多样和复杂,从上文也可以看出,如果采用标准答案的建模思路,求解起来就比较难一些,对参赛学生的编程要求较高。

从这道题目的建模过程和求解过程来看,我们可以总结出以下几点解题技巧:

① 确定问题的所属类别,确定模型的基调。很明显本题是最优决策问题,需要求解的参数比较多,用目标规划方法求解比较合适。

② 确定目标，并构建定量描述目标的数学表达式。如果目标是不便于量化的效用函数，则利用心理、物理等方法加以确定，只要能客观反映事物发展趋势的表达式都可以，当然和事物的实际情况越接近越好。

③ 抽象问题中的约束条件。约束条件总的来说分为两种：一种是明显存在的约束，如供求模型中的物品的总数，本文中的前三个获奖等级奖金的分配率之和为1。另外一种是隐含约束，主要功能是限制搜索范围，界定可行解的大致区间，像前面提高的 a_i 和 $b_i (i=1,2,\cdots,6)$。在抽象约束条件时，要特别关注这种隐含约束。隐含约束不仅使模型变得非常漂亮，而且可以减少求解过程中的很多麻烦，提高求解效率。

④ 模型的求解，首先是要选择一个合适的求解工具，在建模比赛中，比较常用的有MATLAB、Lingo、Mathematica，这三款软件各有特长。根据本文的模型，首先要能够判断出该模型的求解需要自主编程，基于这样的判断，选择MATLAB是比较合适的。Lingo适合求解标准的规划问题，尤其是整数规划，而Mathematica适合处理符号计算的问题。

⑤ 确定求解工具后就要确定求解的算法，最原始的求解规划模型的方法是遍历算法，其次可以考虑用遗传算法等智能算法提高求解效率。

本章介绍的模型是全国评分标准答案，也是比较经典的一个建模案例，但依然存在一些拓展空间。本章的问题用多目标决策方法更好些，否则误差较大，考虑因素不全面，不切合实际。对于头等奖奖金广告效应、各项奖奖金吸引力效用、总中奖率、头等奖中奖率、彩票公司保底60万元带来的风险等因素的权重，可以用层次分析法来确定。不同的论文定的权重会有一些不同，这也很正常，这并非随意性大，而是短短3天思考，本就难以确定的缘故，大家只是用自己的感受来定。很明显，单目标决策，只有各项奖奖金吸引力效用为1，而其他因素权重均为0，这显然很不合情理。其实单目标决策只是多目标决策的一个特例，所以感兴趣的读者可以尝试用多目标决策的方法来完善该问题的求解。

参考文献

[1] 韩中庚. 数学建模竞赛：获奖论文精选与点评[M]. 北京：科学出版社，2007.

第 14 章

露天矿卡车调度问题(CUMCM 2003B)

本章问题是 2003 年的 B 题,是典型的规划类问题。这道题目的特色是模型比较容易建立,但求解比较困难,所以当时我们的求解策略是分步求解、逐级优化。采用这种策略后,就可以将复杂的优化问题转化为标准的规划模型,然后通过 MATLAB 等科学计算软件很容易就能求解了。本章给出的 MATLAB 程序具有典型性,用标准的命令格式就可以把问题求解了。需要注意的是问题中的约束比较多,所以数据比较多,求解的过程基本上都是数据输入的过程。读者阅读本章时,重点关注将复杂问题转化为可求解的规划问题的方法,同时练习用 MATLAB 求解实际的规划类问题。

14.1 问题的提出

钢铁工业是国家工业的基础之一,铁矿是钢铁工业的主要原料基地。许多现代化铁矿是露天开采的,它的生产主要是由电动铲车(以下简称电铲)装车、电动轮自卸卡车(以下简称卡车)运输来完成。提高这些大型设备的利用率是增加露天矿经济效益的首要任务。

露天矿里有若干个爆破生成的石料堆,每堆称为一个铲位,每个铲位已预先根据铁含量将石料分成矿石和岩石。一般来说,平均铁含量不低于 25% 的为矿石,否则为岩石。每个铲位的矿石、岩石数量,以及矿石的平均铁含量(称为品位)都是已知的。每个铲位至多能安置一台电铲,电铲的平均装车时间为 5 min。

卸货地点(以下简称卸点)有卸矿石的矿石漏、2 个铁路倒装场(以下简称倒装场)和卸岩石的岩石漏、岩场等,每个卸点都有各自的产量要求。从保护国家资源的角度及矿山的经济效益考虑,应该尽量把矿石按矿石卸点需要的铁含量(假设要求都为 29.5%±1%,称为品位限制)搭配起来送到卸点,搭配的量在一个班次(8 h)内满足品位限制即可。从长远看,卸点可以移动,但一个班次内不变。卡车的平均卸车时间为 3 min。

所用卡车载重量为 154 t,平均时速为 28 km/h。卡车的耗油量很大,每个班次每台车消耗近 1 t 柴油。发动机点火时需要消耗相当多的电瓶能量,故一个班次中只在开始工作时点火一次。卡车在等待时所耗费的能量也是相当可观的,原则上在安排时不应发生卡车等待的情况。电铲和卸点都不能同时为两辆及两辆以上卡车服务。卡车每次都是满载运输。

每个铲位到每个卸点的道路都是专用的宽 60 m 的双向车道,不会出现堵车现象,每段道路的里程都是已知的。

一个班次的生产计划应该包含以下内容:出动电铲的数量,分别在哪些铲位上;出动卡车的数量,分别在哪些路线上,各运输多少次(因为随机因素影响,装卸时间与运输时间都不精确,所以排时计划无效,只求出各条路线上的卡车数及安排即可)。一个合格的计划要在卡车

本章内容是根据中国矿业大学卓金武、刘广峰、吴德勇 2003 全国大学生数学建模竞赛一等奖论文整理的。

不等待条件下满足产量和质量(品位)的要求,而一个好的计划还应该考虑下面两条原则之一:

① 总运量(单位:吨·公里)最小,同时出动的卡车最少,从而运输成本最小;

② 利用现有车辆运输,获得最大的产量(岩石产量优先;在产量相同的情况下,取总运量最小的解)。

请你就两条原则分别建立数学模型,并给出一个班次生产计划的快速算法。针对下面的实例,给出具体的生产计划、相应的总运量及岩石和矿石的产量。

某露天矿有铲位 10 个,卸点 5 个,现有铲车 7 台,卡车 20 辆。各卸点一个班次的产量要求:矿石漏 1.2 万吨,倒装场Ⅰ1.3 万吨,倒装场Ⅱ1.3 万吨,岩石漏 1.9 万吨,岩场 1.3 万吨。

矿场各铲位和卸点位置的示意图如图 14-1 所示,各铲位和各卸点之间的距离如表 14-1 所列,各铲位矿石、岩石数量(万吨)和矿石的平均铁含量如表 14-2 所列。

表 14-1 各铲位和各卸点之间的距离

公里

卸 点	铲位 1	铲位 2	铲位 3	铲位 4	铲位 5	铲位 6	铲位 7	铲位 8	铲位 9	铲位 10
矿石漏	5.26	5.19	4.21	4.00	2.95	2.74	2.46	1.90	0.64	1.27
倒装场Ⅰ	1.90	0.99	1.90	1.13	1.27	2.25	1.48	2.04	3.09	3.51
岩场	5.89	5.61	5.61	4.56	3.51	3.65	2.46	2.46	1.06	0.57
岩石漏	0.64	1.76	1.27	1.83	2.74	2.60	4.21	3.72	5.05	6.10
倒装场Ⅱ	4.42	3.86	3.72	3.16	2.25	2.81	0.78	1.62	1.27	0.50

表 14-2 各铲位矿石、岩石数量和矿石的平均铁含量

参 量	铲位 1	铲位 2	铲位 3	铲位 4	铲位 5	铲位 6	铲位 7	铲位 8	铲位 9	铲位 10
矿石量/万吨	0.95	1.05	1.00	1.05	1.10	1.25	1.05	1.30	1.35	1.25
岩石量/万吨	1.25	1.10	1.35	1.05	1.15	1.35	1.05	1.15	1.35	1.25
铁含量/%	30	28	29	32	31	33	32	31	33	31

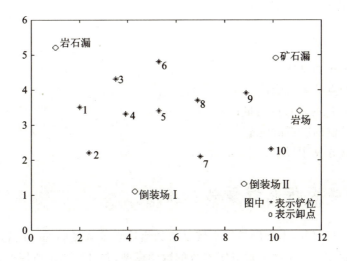

图 14-1 矿场各铲位和卸点位置的示意图

14.2 基本假设与符号说明

14.2.1 基本假设

为了便于问题的研究,我们对题目中的不确定因素作以下约定和假设:

① 电铲在一个班次内不改变铲位,也就是说,每台电铲在一个班次内只在一个铲位上工作。这主要是因为电铲的转移不方便并且电铲的转移需要占用时间,影响公司的效益。

② 矿石漏和铁路倒装场只是卸矿石的不同地方,它们的开采对露天矿的经济效益无影响。同样,卸岩石的岩石漏和岩场的属性也不影响开采公司的经济效益。开采公司的经济效益主要与开采量、运输成本有关。

③ 卸点的品位是指在一个班次内在卸点内所卸总矿石铁的综合含量,并不要求任何一部分矿石的铁含量达到品位限制要求。

④ 卡车每次运输都按载重量满载运输,并不考虑因颠簸而使岩石或矿石减少的情况。另外,卡车运输始终以 28 km/h 的平均速度行驶,发动和刹车所占用的时间忽略不计。

⑤ 在同一班次内,每辆卡车所走的路线是不定的,即卡车选择哪条路线是随机的。

14.2.2 符号说明

g_{ij}——在一个班次内从 j 铲位到 i 卸点单向路径上通过的总车次;

r_{ij}——在一个班次内从 i 卸点到 j 铲位单向路径上通过的总车次;

n——铲位的总数;

m——卸点的总数;

s_{ij}——从 i 卸点到 j 铲位的路程;

$t_{上}$——装一辆车所需的时间;

$t_{下}$——卸一辆车所需的时间;

Q——总运量;

F——总产量;

N——所需卡车的总量;

K_i——i 号卸点的需求量;

M_i——j 号铲位的岩石供应量;

U_j——j 号铲位的矿石供应量。

其他符号依次在文中说明。

14.3 问题的分析及模型的准备

通过直观的分析可知,本问题是一个较复杂的运输系统调度问题。问题要求满足两条运输原则的条件下建立一个班次运输方案安排的数学模型,并且要给出所用电铲的台数、每台电铲的铲位、出动卡车的数量、卡车的具体调度安排等。所以本问题是一个大型的目标规划问题,目标函数是要求的两个原则。

原则 1: 总运量最小,同时出动的卡车最少。

原则 2：获得最大的产量。

对于开采公司来说，制定的两个原则实际上就是减少成本，增加收入，以提高公司的经济效益。通过分析，我们就可以知道研究该问题的方向是：找目标函数，抽象约束条件，建立规划问题的数学模型。

为了建立完善的数学模型，我们还需对问题作进一步的分析。

（1）运输矩阵的建立

卡车运输路线的选择是双向、随机的，当多辆卡车同时运输时，它们所形成的运输网错综复杂。为了便于描述卡车在一个班次的调动状态，我们先规定了两个运输方向，同人们习惯上的方向相同。我们把从铲位到卸点的方向称为前进（Go）方向，而将从卸点到铲位的方向称为返回（Return）方向。

设有 m 个卸点、n 个铲位，就可以构建以下矩阵描述 Go 方向的运输状态（简称 Go 矩阵）：

$$G = \begin{bmatrix} g_{11} & g_{12} & \cdots & g_{1n} \\ g_{21} & g_{22} & \cdots & g_{2n} \\ \vdots & \vdots & & \vdots \\ g_{n1} & g_{n2} & \cdots & g_{mn} \end{bmatrix}$$

式中，g_{ij} 表示在一个班次内从 j 铲位到 i 卸点单向路径上通过的总车次，$1 \leqslant j \leqslant n$，$1 \leqslant i \leqslant m$。

同理，还可得到 Return 矩阵：

$$R = \begin{bmatrix} r_{11} & r_{12} & \cdots & r_{1n} \\ r_{21} & r_{22} & \cdots & r_{2n} \\ \vdots & \vdots & & \vdots \\ r_{n1} & r_{n2} & \cdots & r_{mn} \end{bmatrix}$$

式中，r_{ij} 表示在一个班次内从 i 卸点到 j 铲位单向路径上通过的总车次。

我们将 Go 矩阵和 Return 矩阵统称为调度矩阵。

（2）原则 1 的数学分析

原则 1 要求总运量最小，同时出动的卡车数量最少，这实际上是要求运输成本最小，所以原则 1 又可称为成本最小原则。这里的总运量我们理解为卡车所装载的货物总质量（吨）与卡车在装载状态下所行的路程之积，其数字表达式为

$$Q = \sum_{i=1}^{m} \sum_{j=1}^{n} a g_{ij} s_{ij}$$

式中，s_{ij} 表示从铲位 j 到卸点 i 之间的路程，a 为卡车满载时的载重。

当卡车从卸点返回时，此时虽然卡车所走的路程不为零，但此时卡车所装载货物的质量为零，所以返回时卡车的运量为零，所以卡车的总运输指的是从铲位到卸点（即 Go 方向上）的总运量。

原则 1 同时也要求在同一班次内出动卡车的数量最少。卡车最少的运输状态有以下两个特点：

① 卡车得到最大限度的利用，即卡车几乎没有等待时间（闲置时间）。

② 卡车充分地工作，恰能完成运输问题，或者说超额的部分并不多。

对于多辆卡车的装、运、卸的时间，我们很难确定，但根据特点①，我们在宏观上很容易找到卡车数量与其他因素之间的关系。

由于所有卡车（几乎）一直在工作，即对每辆卡车来说，在一个班次内都处于装、运、卸三个

时间状态,所以我们将所有卡车的工作时拆合成一辆卡车的工作时,便有

$$NT = \sum_{i=1}^{m}\sum_{j=1}^{n}[(g_{ij}+r_{ij})s_{ij}/v] + \sum_{i=1}^{m}\sum_{j=1}^{n}(g_{ij}t_{\bot}+r_{ij}t_{\top}) + t^*$$

其中,T 为生产周期,即一个班次的时间;t^* 为在一个班次内所有卡车的总等待时间,于是有

$$N = \left\{\sum_{i=1}^{m}\sum_{j=1}^{n}[(g_{ij}+r_{ij})s_{ij}/v] + \sum_{i=1}^{m}\sum_{j=1}^{n}(g_{ij}t_{\bot}+r_{ij}t_{\top}) + t^*\right\}/T$$

由于整个运输过程中原则上不应存在等待时间,所以 t^* 值应近似为零或就是零。

(3) 原则 2 的数学分析

原则 2 要求利用现有车辆,获得最大的产量,所以原则 2 又可称为产量最大原则。这里的产量指的是矿石和岩石的总产量,其数学表达式为

$$F = \sum_{i=1}^{m}\sum_{j=1}^{n}ag_{ij}$$

(4) 等待时间的控制

在安排运输方案时,原则上不应存在等待时间,但不排除一定存在等待时间的情况,所以我们安排运输时应尽可能避免出现等待时间的情况。根据参考文献[1],卡车在进行调度时可以根据"最小饱和度"调度准则(MSD)尽可能地避免发生等待现象。

这一准则的实质,是将卡车调往具有最小"饱和"程度的路线:

$$\begin{cases} \text{choice}(i) = j \left| \begin{array}{l} \min\{D_j\} \\ 1 \leqslant j \leqslant n \end{array}\right. \\ \text{choice}(j) = i \left| \begin{array}{l} \min\{D_j\} \\ 1 \leqslant i \leqslant m \end{array}\right. \end{cases}$$

式中,choice(i)表示处于 i 卸点的待发车所选择的将去铲位的代号;choice(j)表示处于 j 铲位的待发车所选择的将去卸点的代号;D_j 表示由卸点到 j 铲位的饱和度;D_i 表示由铲位到 i 卸点的饱和度。D_j 和 D_i 的具体表达式为

$$\begin{cases} D_j = \dfrac{s_{ij}\left(\dfrac{t'}{t_{\bot}}+N_j\right)}{vt_{\bot}} \\ D_i = \dfrac{s_{ij}\left(\dfrac{t'}{t_{\top}}+N_i\right)}{vt_{\top}} \end{cases}$$

式中,t' 为正装车(卸车)估计剩余的装车(卸车)时间;N_j 表示到第 j 号铲位的卡车数,不包括正装的卡车;N_i 表示到 i 卸点的卡车数,不包括正卸的卡车。

14.4 数学模型的建立与求解

下面对原则①建立数学模型并求解。

14.4.1 模型的建立

由前面对问题的分析,我们给出了成本的数学表达式,再经过对目标函数约束条件的分析后,建立了以下双目标线性规划模型:

$$\min Q = \sum_{i=1}^{m}\sum_{j=1}^{n} ag_{ij}s_{ij}$$

$$\min N = \left\{ \sum_{i=1}^{m}\sum_{j=1}^{n}[(g_{ij}+\gamma_{ij})s_{ij}/v] + \sum_{i=1}^{m}\sum_{j=1}^{n}(g_{ij}t_{\text{上}} + \gamma_{ij}t_{\text{下}}) + t^{*} \right\}/T$$

$$\text{s.t.} \begin{cases} \sum_{j=1}^{n} ag_{ij} \geqslant K_i & (1) \\ \left(\sum_{j=1}^{n} b_j g_{ij} a \Big/ \sum_{j=1}^{n} ag_{ij} a\right) \in [29.5\% \pm 1\%] & (2) \\ \sum_{i=1}^{n} ag_{ij} \leqslant M_j & (3) \\ \sum_{i=1}^{n} ag_{ij} \leqslant U_j & (4) \\ \sum_{i=1}^{n} g_{ij} \leqslant \dfrac{T}{t_{\text{上}}},\ 1 \leqslant j \leqslant n & (5) \\ \sum_{j=1}^{n} r_{ij} \leqslant \dfrac{T}{t_{\text{下}}},\ 1 \leqslant i \leqslant m & (6) \\ T^{*} \geqslant 0,\ \lim T^{*} = 0 & (7) \\ \sum_{i=1}^{m}\sum_{j=1}^{n} g_{ij} = \sum_{i=1}^{m}\sum_{j=1}^{n} r_{ij} & (8) \\ g_{ij} \geqslant 0,\ r_{ij} \geqslant 0,\ \text{且}\ g_{ij}, r_{ij}\ \text{为整数} & (9) \\ \text{choice}(i) = j \left| \begin{array}{l} \min\{D_j\} \\ 1 \leqslant j \leqslant n \end{array}\right. & (10) \\ \text{choice}(j) = i \left| \begin{array}{l} \min\{D_j\} \\ 1 \leqslant i \leqslant m \end{array}\right. & (11) \end{cases}$$

关于约束条件的说明：

① 条件(1)是为保障在一个班次内要满足各卸点的需求。

② 条件(2)是对铲位搭配的约束,即在同一班次内所有矿石的卸点都要达到品位要求的限制；

③ 条件(3)、(4)是基于铲位的岩石和矿石的储量都是有限的而进行的约束,即从任何铲位所输出的产量不应超过该铲位的储量。

④ 条件(5)、(6)是对 g_{ij} 和 r_{ij} 的约束,它们的上限不应超过 $T/t_{\text{上}}$ 和 $T/t_{\text{下}}$。

⑤ 条件(7)描述了等待时间的情形,说明了可以存在等待时间,但尽量应使等待时间为0。

⑥ 条件(8)给出了 Go 和 Return 矩阵元素之间的逻辑关系。

⑦ 条件(9)是对目标函数中 g_{ij} 和 r_{ij} 的约束,这是由它们的现实意义而定的。

⑧ 条件(10)、(11)是为了保证尽量避免等待现象而进行的实时调度的约束。

14.4.2 模型的求解

原则1的数字模型是典型的大型双目标线性规划问题,即使在约束条件下对两个目标分别求解,难度也很大。其困难在于模型中的变量太多,尤其是模型的约束条件中包含了实时调度的限制。这种限制使模型变成非线性,不易控制且复杂。因此不易直接由计算机进行搜索求解,只能另辟途径。

1. 模型算法的理论分析

模型的求解要求给出一个班次内出动电铲的台数、电铲分布的铲位、出动卡车的数量及卡车的路线分配。模型的目标函数为总运量最小,同时要求出动的卡车也是最少,但也要满足运输要求;所以我们先不考虑出动卡车的台数,直接以总运量最小为目标,求解模型。求解出运输方案后,卡车数量即可给出。

直接求解很复杂,为此我们采取分步求解的方法:
① 用线性规划的方法求出从每个铲位到每个卸点所发的车次,从而求解出 Go 矩阵。
② 从 Go 矩阵判断所需出动的电铲的台数和铲位分配。
③ 依据 Go 矩阵提供的信息,用线性规划方法求出由每个卸点返回到每个铲位的车次,从而给出了 Return 矩阵。
④ 依据 Go 矩阵和 Return 矩阵,根据卡车的充分利用条件求出在一个班次内所需卡车的数量。

2. 分步求解的实现

为求解 Go 矩阵,首先要求出从每个铲位到每个卸点的岩石或矿石的运量。为此,我们以总运量最小为目标函数,以供应约束、需求约束、品位限制为约束条件,建立以下单目标线性规划模型:

$$\min Q = a \sum_{i=1}^{5} \sum_{j=1}^{10} g_{ij} s_{ij}$$

$$s.t. \begin{cases} \sum_{j=1}^{10} a g_{ij} \geqslant K_i \\ \sum_{i=1}^{5} a g_{ij} \leqslant M_j \\ \sum_{j=1}^{5} a g_{ij} \leqslant U_i \\ \left(\sum_{j=1}^{5} b_j g_{ij} a \Big/ \sum_{j=1}^{5} g_{ij} a \right) \in [29.5\% \pm 1\%] \\ \sum_{i=1}^{m} g_{ij} \leqslant \frac{T}{t_{\perp}}, 1 \leqslant j \leqslant n \\ g_{ij} \geqslant 0,\text{且为整数} \\ \sum_{j=1}^{10} g_{ij} \leqslant 160, \sum_{j=1}^{5} g_{ij} \leqslant 96 \end{cases}$$

该模型是线性规划问题,用 MATLAB 不难编写其求解程序(见 P14-1)。

程序编号	P14-1		文件名称	main1101.m		说明		Go 矩阵求解程序	
c = [5.26	5.19	4.21	4	2.95	2.74	2.46	1.9	0.64	1.27
1.9	0.99	1.9	1.13	1.27	2.25	1.48	2.04	3.09	3.51
4.42	3.86	3.72	3.16	2.25	2.81	0.78	1.62	1.27	0.5
5.89	5.61	5.61	4.56	3.51	3.65	2.46	2.46	1.06	0.57
0.64	1.76	1.27	1.83	2.74	2.6	4.21	3.72	5.05	6.1];

```
A = [0.0154 ……………   %该矩阵数据量较大,故此处省略,可到北京航空航天大学出版社网站下载源程
                      %序参考
b = [1.2154         -1.2          1.3154         -1.3          1.3154         -1.3
     0              0             0              0             0              0
     61.68831169    68.18181818   64.93506494    68.18181818   71.42857143    81.16883117
     68.18181818    84.41558442   87.66233766    81.16883117   81.16883117    71.42857143
     87.66233766    68.18181818   74.67532468    87.66233766   68.18181818    74.67532468
     87.66233766    81.16883117   160            160           160            160
     160            96            96             96            96             96
     96             96            96             96            96]';
Aeq = [];
beq = [];
lb = zeros(1,50);
for i = 1 :50
    ub(i) = inf;
end
[x,z] = linprog(c,A,b,Aeq,beq,lb,ub)
```

执行该程序求出一组解,由于该函数求出的解并非整数,所以我们用手工改动的方法对求出的结果进行优化处理,处理原则是对所得结果进行向上或向下取整,并在满足限制条件下使目标函数尽可能大,这样便得到 Go 矩阵:

$$G_{5\times 10} = \begin{bmatrix} 0 & 13 & 0 & 0 & 0 & 0 & 55 & 0 & 10 \\ 0 & 41 & 0 & 44 & 0 & 0 & 0 & 0 & 0 \\ 0 & 0 & 0 & 0 & 0 & 0 & 0 & 70 & 15 \\ 81 & 0 & 43 & 0 & 0 & 0 & 0 & 0 & 0 \\ 0 & 14 & 0 & 0 & 0 & 0 & 0 & 0 & 71 \end{bmatrix}$$

该矩阵对应的由铲位到卸点的运输方案如表 14-3 所列。

由于表格的形式能更直观地表现卡车的调动状态,所以以后我们只以表格的形式反映调动矩阵的信息。由表 14-3 中信息可解得:

满载运程:553.72 公里

最小总运量:85272.88 吨・公里

3. Return 矩阵的求解

由于卡车返回时所选的路线是随机的,但它选择的路线应使总路程最短,所以卡车返回时我们仍用线性规划模型求解。卡车返回的路线如图 14-2 所示。

表 14-3 满载时(从铲位到卸点)所经过路径车次表

卸点	铲位1	铲位2	铲位3	铲位4	铲位8	铲位9	铲位10	合计
矿石漏		13			55		10	78
倒装场Ⅰ		41		44				85
岩场						70	15	85
岩石漏	81		43					124
倒装场Ⅱ		14					71	85
合计	81	68	43	44	55	70	96	457

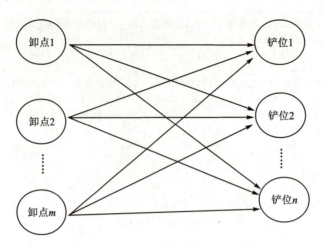

图 14-2 卡车返回的路线示意图

此时卡车看成都集中在卸点，我们的任务是给出卡车从卸点到铲位的最佳分配方案，使总路程最短。此时卸点相当于供求点，铲位相当于需求点，我们可以以总路程最短为目标函数，以卸点的供求限制、铲位的需求限制为约束条件，建立以下单目标线性规划模型：

$$\min H = \sum_{i=1}^{5}\sum_{j=1}^{10} s_{ij} r_{ij}$$

$$\text{s.t.} \begin{cases} \sum_{i=1}^{5} r_{ij} = \sum_{i=1}^{5} g_{ij}, j=1,2,\cdots,10 \\ \sum_{j=1}^{10} r_{ij} = \sum_{j=1}^{10} g_{ij}, j=1,2,\cdots,5 \end{cases}$$

其中，H 表示所有卡车返回时所走的总路程。

用 MATLAB 求解此模型(程序和 P14-1 相似)可得从卸点到铲位的运输方案，如表 14-4 所列，并可解得：

空载运程：468.39 公里

最小车辆数：13 辆

表 14-4 空载时(从卸点到铲位)所经过路径车次表

卸 点	铲位1	铲位2	铲位3	铲位4	铲位8	铲位9	铲位10	合 计
矿石漏					8	70		78
倒装场Ⅰ		68		17				85
岩场							85	85
岩石漏	81		43					124
倒装场Ⅱ				27	47		11	85
合计	81	68	43	44	55	70	96	457

原则 2 的数学模型和原则 1 的数学模型相似，不同的仅是目标函数，求解方法也基本相同，这里不再详述。

14.5 技巧点评

本章的建模思路依然是定目标、抽约束、求解三步曲，但模型的建模过程相对来说比较容易些。本问题的求解比较麻烦，尽管目标和约束非常清晰。从本章的建模和求解过程来看，可以得到以下的技巧：

① 在建立模型的过程中，可以有循序渐进的过程，从简单到复杂，这样求解的起点就会低些，更容易得到简单模型的解；这样求解也是逐渐深入的过程，便于对模型的结果进行比较。

② 本章的模型直接进行求解是非常困难的，这里采取了分步求解、逐级优化的策略，将复杂的模型简化到了可以求解的程度，从而很容易对模型进行求解。该解虽然不是最优解，但也是非常接近最优解的可行解。得到一个近似最优解，总好过得不到解吧！所以对模型进行简化在实际的建模比较中也要考虑到，尤其是遇到这种求解半天都不知道如何求解的模型。

参考文献

[1] 张幼蒂. 露天矿卡车调度模型[M]. 中国矿业学院科技情报室, 1984.

第 15 章

奥运会商圈规划问题(CUMCM 2004A)

本章问题也是个综合性的建模的问题,题目具有很强的开放性,从不同的角度可以给出不同的模型。本章介绍的模型来自笔者 2004 年参加比赛的模型,该模型的建模思路具有很强的典型性。在模型的求解过程中,除应用到了规划问题的求解方法,还应用到了模拟退火算法和遗传算法,对开拓建模视野、增加建模能力、巩固智能优化算法的应用都有很好的帮助价值。

15.1 问题的描述

2008 年,北京奥运会的建设工作已经进入全面设计和实施阶段。奥运会期间,在比赛主场馆的周边地区需要建设由小型商亭构建的临时商业网点,称为迷你超市(Mini Supermarket,MS)网,以满足观众、游客、工作人员等在奥运会期间的购物需求。在比赛主场馆周边地区设置这种 MS,在地点、大小类型和总量方面有三个基本要求:满足奥运会期间的购物需求;分布基本均衡;商业上赢利。

已知比赛主场馆的规划简图,如图 15-1 所示。作为真实地图的简化,图中仅保留了与本问题有关的地区:道路、公交车站、地铁站、出租车站、私车停车场、餐饮部门等,其中标有 A1～A10、B1～B6、C1～C4 的区域是规定的用于设计 MS 网点的 20 个商区。为简化起见,假定国家体育场(鸟巢)容量为 10 万人,国家体育馆容量为 6 万人,国家游泳中心(水立方)容量为 4 万人。三个场馆的每个看台容量均为 1 万人,出口对准一个商区,各商区面积相同。如果有两种规模大小不同的 MS 类型供选择,给出图 15-1 中 20 个商区内 MS 网点的设计方案(即每个商区内不同类型 MS 的个数及分布),以满足上述三个基本要求。

15.2 基本假设、符号说明及名词约定

15.2.1 基本假设

① 各场馆相互独立,其看台入口同时也是出口,并且奥运会期间每个场馆都爆满。
② 一个观众某一天出行的路径为"车站—场馆—餐厅或商场—场馆—车站",所以从车站到场馆之间的人流总量是从车站到场馆之间的总人数的两倍,从场馆到餐厅(或商场)之间的人流总量是从场馆到餐厅(或商场)的总人数的两倍。
③ MS 分布均衡是指各商区的 MS 的数量相等或近似相等。
④ 每个商区内设有大小两种规模的 MS,并且相同规模的 MS 造价相同。
⑤ 各商区的 MS 的利率均相等。

本章内容是根据中国矿业大学卓金武、王恺、朱琼燕 2004 全国大学生数学建模竞赛一等奖论文整理的。

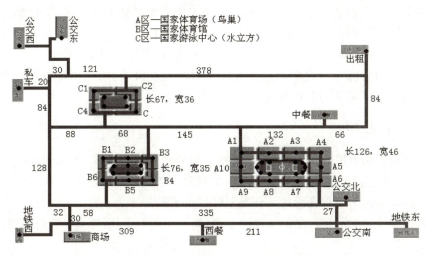

图 15-1 奥运会主场馆商区的规划简图

⑥ 人们的消费欲望及心理消费档次和当前 MS 的利率有关。

15.2.2 符号说明

x_i——i 商区内小 MS 的个数；

y_i——i 商区内大 MS 的个数；

a——小 MS 的标准容量；

b——大 MS 的标准容量；

c_j——j 档的平均消费额；

c'——小 MS 的造价；

c''——大 MS 的造价；

η——MS 的利率；

N_i——i 商区一天的总顾客数。

15.2.3 名词约定

MS 的标准容量：通常情况下，MS 在一天内可以宽松接待的顾客总人次。

潜在效益：建立 MS 网点潜在或长远的收益。

就业效益：建立 MS 网点在缓解社会就业压力方面产生的社会效益。

商圈：商圈也称商势圈，是指 MS 吸引游客的范围，即某店能吸引多远距离的游客来店购物，这一顾客到 MS 的距离范围，就称为该 MS 的商圈。因此，现代市场把商圈定义为：在现代市场中，零售企业进行销售活动的空间范围，它是由消费者的购买行为和零售企业的经营能力所决定的。

15.3 问题的分析与模型的准备

通过对问题的分析发现，确定每个商区内不同规模的 MS 的个数是我们研究的重点问题，而 MS 的设置应符合满足奥运会期间的购物要求、分布基本均衡和商业上赢利三个基本条件。

但事实上,除了要满足以上三个基本条件外,还要考虑一些其他方面的因素,比如这些 MS 在解决失业人口再就业问题方面带来的效益等。分析至此,我们就能感觉到该问题可以用目标规划方法来建立问题求解的数学模型。进一步分析可知,建立规划模型需要知道 20 个商区的人流量分布,而人流量分布可根据问卷调查反映的观众在出行、用餐和购物等方面的规律得到,于是我们就找到了解决问题的思路。

15.3.1 基本思路

① 在满足最短路原则的条件下,根据调查得到的观众出行规律,按比例计算不同规模体育馆周围各点的人流量分布,确定经过各商区的观众人次及其平均消费档次。

② 建立以 x_i、y_i 为规划变量的目标规划模型并求解。

③ 分析模型求解的结果与实际情况的差别,如果发现不妥,则进一步改进模型,以使其现实意义更大。

15.3.2 基本数学表达式的构建

1. 购物要求

各商区首先应该满足奥运会期间的购物需求,即一方面为观众提供方便的购物环境,另一方面增加商区的收益。

我们用下式来描述购物需求关系:

$$N_i \leqslant x_i a + y_i b \leqslant t N_i \quad (i=1,2,\cdots,20)$$

式中,a 为小 MS 的标准容量;b 为大 MS 的标准容量;t 表示一限制因子。该式的意义是各商区的大小 MS 所能接纳的标准顾客总和应大于或等于该商区的总顾客数,但也不能太大,以免资源浪费,对商区造成负面影响,故用限制因子 t 乘以 N_i 来限制。t 的值依据经验来确定,我们认为 $t=2$。

2. 分布均衡要求

这里的分布均衡指各商区的 MS 的个数近似相等,也就是要求 20 个商区的 MS 个数的方差尽可能小,其数学表达式为

$$\min \sum_{i=1}^{20} \left[x_i + y_i - \sum_{i=1}^{20} \frac{(x_i + y_i)}{20} \right]^2$$

3. 经济效益

以各商区所有 MS 的总利润为研究对象,利润与总销售额、利率有关,还应考虑各 MS 的折旧费用。我们应尽量让利润最大,以提高 MS 的经济效益,于是得到利润最大化的数学表达式:

$$\max \text{profit} = \sum_{i=1}^{20} \left(\eta \sum_{j=1}^{6} n_{ij} c_j - x_i c' - y_i c'' \right)$$

式中,η 表示盈利率;n_{ij} 表示各商区、各档次商品的销售额;c',c'' 表示小、大两种规模 MS 的折旧费。

4. 潜在效益

建立任何商业设施都应考虑当前的收益和潜在的收益,包括顾客对该项服务的满意程度和因此而引起的长远收益。这里统一用潜在效益来描述 MS 在这方面的社会效益,且这主要由顾客的满意程度来决定。顾客的满意度主要与 MS 的利率 η 有关,并认为,当 $\eta=0$ 时,满意度最大,其值为 1。为此,结合顾客的平均消费水平及顾客的消费心理特征,我们构建了如下潜在效益的数学表达式:

$$\text{underlyingbenefit} = 2 - e^{-\frac{\eta}{\bar{c}_j/r}}$$

式中，$\bar{c}_j = \sum p_i c_j$ 为平均消费水平；r 为修正因子。

5. 就业效益

当前就业问题已是比较严重的社会问题，如果多设一个 MS 就会相应地增加一些就业机会，从而有助于缓解紧张的就业压力，单从这个角度讲应该是多设置一些 MS 点。我们用下式来表达所有 MS 的就业效益：

$$\text{obtainemploymentbenefit} = s \sum_{i=1}^{20} (x_i c + y_i d)$$

式中，s 为一个人就业的社会效益值；c,d 分别为小、大 MS 可提供的就业岗位的个数。

15.4 设置 MS 网点数学模型的建立与求解

15.4.1 模型的建立

通过以上的分析我们知道，对商区内 MS 网点的设计有多个目标和多个限制条件，为便于建立一个规划模型，首先需要确定问题所涉及的几个目标函数。在对问题的分析中，已构建了几个描述问题目标和限制条件的数学表达式，我们很容易发现设置 MS 网点的经济效益、潜在效益和就业效益可以作为目标函数，而且三个目标函数都要求最大化。多目标不利于问题的求解，于是我们先用偏好性系数加权法将多目标问题转化为单目标问题，其表达式为

$$\max F = k_1 \sum_{i=1}^{20} \left(\eta \sum_{j=1}^{6} n_{ij} c_j - x_i c' - y_i c'' \right) + k_2 \left(1 - e^{-\frac{\eta}{\bar{c}_j/r}} \right) + k_3 s \sum_{i=1}^{20} (x_i c + y_i d)$$

这里目标函数 F 综合体现了经济效益、潜在效益和就业效益，我们称之为综合效益。这里的 k_1, k_2, k_3 有两方面的含义：一是作为偏好性加权系数；二是充当修正系数的作用，以保证经济效益、潜在效益和就业效益三个目标函数的量化值在数值上近似相等。

至此我们建立了以下单目标规划模型：

$$\max F = k_1 \sum_{i=1}^{20} \left(\eta \sum_{j=1}^{6} n_{ij} c_j - x_i c' - y_i c'' \right) + k_2 \left(1 - e^{-\frac{\eta}{\bar{c}_j/r}} \right) + k_3 s \sum_{i=1}^{20} (x_i c + y_i d)$$

$$\text{s.t.} \begin{cases} N_i \leqslant x_i a + y_i b \leqslant t N_i, i = 1, 2, \cdots, 20 & (1) \\ \sum_{i=1}^{20} \left[x_i + y_i - \sum_{i=1}^{20} (x_i + y_i) \big/ 20 \right]^2 & (2) \\ \bar{c} = \sum p_j c_j & (3) \\ n_{ij} = N_i p_i & (4) \\ x_i \leqslant \dfrac{N_i}{a}, y_i \leqslant \dfrac{N_i}{b} & (5) \\ b_1 \leqslant \dfrac{x_i}{y_i} \leqslant b_2 & (6) \\ x_i、y_i \text{ 为非负整数} & (7) \end{cases}$$

关于约束条件的说明：

① 条件(1)、(2)是为了分别满足观众的购物需求和各商区 MS 分布均匀的要求，这里引入了一个限制方差上限的 I^* 以调节各商区 MS 分布的均匀程度。I^* 值越大，表明对 MS 分布均匀程度的限制越宽松；I^* 越小，表明对这种均匀程度要求越高。特殊的是，当 I^* 为 0 时，表明各商区的 MS 数必须相当。考虑到实际情况，尽管各商区的面积都相等，但由于地理、交通等因素，各商区的商圈还是有些不同，正如题目要求的各商区的 MS 分布只是基本均衡。

② 条件(5)是为了给出各商区内大小两种 MS 数量的上限，便于计算机求解。

③ 条件(6)给出了两种 MS 数量的比例关系，所以给出了它们比例的上下限。一般来讲，一个商区内的小 MS 的数量都要比大 MS 的数量多，所以我们让 $b_1 = 1$，同时这种比例也不宜太大，所以定上限 $b_2 = 10$。

15.4.2 模型的求解

1. 模型求解理论分析

该模型是一个多变量非线性单目标规划模型，其是否有解主要取决于约束条件。我们分析模型的限制条件会发现，条件(1)和(2)构成了有多组解的二元方程组，而其他的一些约束条件则在一定程度上限定了一些解，再由目标函数可很快找到最优解。基于这样的分析，我们认为该模型有最优解。

2. 模型中一些参数的确定

(1) k_1、k_2、k_3 和 s

k_1、k_2、k_3 分别为经济效益、潜在效益和就业效益的加权因子。这三个子目标函数中，经济效益最重要，而且它有明确意义的数值概念，即是以收入的货币(元)来衡量的，所以我们将潜在效益和就业效益也转化为经济效益。由潜在效益的数学表达式可以发现，当盈利率为定值时，潜在效益也为定值，潜在效益仅是盈利率的函数，所以为了便于问题的求解，我们就令 $k_2 = 0$。需要说明的是，这不是说我们对潜在效益不重视，只是为了便于问题的求解。

个人的就业效益值可以由他的工资来衡量，并认为一位工作人员一天的工资为 100 元，即 $s = 100$。此时，我们可以简便地令 $k_1 = k_3 = 1$。

(2) η 和 r

各商区各 MS 的盈利率 η 应该相等，η 值大说明 MS 的盈利值就高，但 η 值过大又会产生很多负面效应。我们暂且规定 $\eta = 10\%$。

根据统计的结果，可以很快计算出 $\bar{c}_j = 202$，当 $\eta = 1$ 时，令 $2 - e^{\frac{\eta}{\bar{c}_j/r}} = 0$，即可解得 $r = 140$。

(3) a、b、c 和 d

基于我们对附近小 MS 每天人流量的调查和体育馆周边商区的商圈大小，我们认为小 MS 的标准容量 $a = 1000$，大 MS 的标准容量 $b = 8000$，小 MS 可以提供的就业岗位 $c = 20$，大 MS 可以提供的就业岗位 $d = 100$。

(4) c' 和 c''

这两个参数分别为小、大 MS 每天的折旧费用，考虑实际情况，暂令 $c' = 10000$，$c'' = 200000$。

3. 模型求解的结果

通过分析可以知道，该模型是一个非线性整数规划问题。其中，约束条件(3)、(4)要求

$ax_i \leq N_i$ 和 $by_i \leq N_i$,这和约束条件(1)$N_i \leq ax_i + by_i$ 在一定程度上是矛盾的,导致解空间大大缩小了;约束条件(2)要求各商区 MS 总数的方差要在一定范围内,但是由于各商区的总人流量不等,最大的是 278096,最小的仅为 60000。因此,要同时满足约束条件(1)、(2),解空间就会变得很不规则,所以这个问题的求解是比较困难的。

在实际求解中,我们采用的是 Lingo 软件。运行几次程序后我们发现,要找到最优解非常困难,有时需要连续计算一个半小时以上,而找到可行解则花费的时间比较少,并且迭代一段时间之后,目标函数值仅在一个较小的区域内发生变化,和最优的目标函数值相差无几。通过中断求解过程,我们发现这时的解和最优解差别也不大,所以我们认为用得到可行解后迭代至目标函数变化不明显时的解来代替最优解是合理的,是可以接受的。当各参数的取值为

$$a = 1000, \quad b = 8000, \quad k_1 = 1, \quad k_3 = 1$$
$$c' = 10000, \quad c'' = 200000, \quad c = 20, \quad d = 100, \quad s = 100$$
$$\eta = 0.1, \quad I^* = 800, \quad t = 1.5, \quad b_1 = 1, \quad b_2 = 6$$

的情况下,求得的最优解如表 15-1 所列。

为了给出一种比较好的 MS 网络设计方案,我们对两个重要参数 t、b_2 分别赋予不同的值求解,然后进行比较,比较的结果如图 15-2 所示。

表 15-1 MS 网点设计方案表

编 号	A_1	A_2	A_3	A_4	A_5	A_6	A_7	A_8	A_9	A_{10}
小 MS	66	38	42	47	60	47	60	47	42	37
大 MS	12	8	9	10	10	29	10	10	9	8
编 号	B_1	B_2	B_3	B_4	B_5	B_6	C_1	C_2	C_3	C_4
小 MS	34	35	44	36	34	61	30	30	53	30
大 MS	7	6	8	6	7	14	5	5	10	5

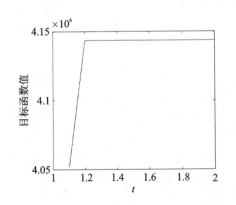 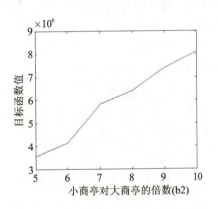

图 15-2 不同参数对目标函数值的灵敏度图

从图 15-2 可知,变化趋势大体上是目标函数值随自变量的增大而增大。所以,我们选择使目标函数最大的一组参数:

$$a = 2000, b = 12000, k_1 = 1, k_3 = 1$$
$$c' = 10000, c'' = 200000, c = 20, d = 100$$
$$s = 100, \eta = 0.1, I^* = 1024, t = 2, b_1 = 1, b_2 = 10$$

对应的最优解见表 15-2。

表 15-2　目标函数最大时对应的 MS 设置方案

编号	A_1	A_2	A_3	A_4	A_5	A_6	A_7	A_8	A_9	A_{10}
小 MS	45	30	33	40	40	32	40	40	33	30
大 MS	6	4	4	4	5	18	5	4	4	4
编号	B_1	B_2	B_3	B_4	B_5	B_6	C_1	C_2	C_3	C_4
小 MS	30	30	32	30	30	39	30	30	37	20
大 MS	3	3	4	3	3	8	3	3	5	2

15.5　设置 MS 网点理论体系的建立

定义 1　以各商区的大、小两种 MS 的数量构成的集合称为商区设置集合,即
$$A = \{(x_i, y_i) \mid i = 1, 2, \cdots, 20\}$$

定义 2　以下条件统称为商区设置条件:
$$\begin{cases} N_i \leqslant x_i a + y_i b \leqslant t N_i \\ \sum_{i=1}^{10} \left[x_i + y_i - \dfrac{\sum_{i=1}^{20}(x_i + y_i)}{20} \right]^2 \leqslant I^* \\ x_i, y_i \geqslant 0 \end{cases}$$

定义 3　满足商区设置条件的商区设置集合称为商区设置的解集(解空间),即
$$s = \{(x_i, y_i), i = 1, 2, \cdots, 20 \mid (x_i, y_i) \text{ 满足商区设置条件}\}$$
解空间中使目标函数最大的解集称为最优解集。

引理 1　商区的人流密度与人们消费档次的密度成正态分布。

引理 2　最优解集具有固定性,不具有对称性和轮换性,当且仅当各商区的所有因素,主要是人流密度相同时,此时的解才具有对称性和轮换性。

证明:假设解集$\{(x_1, y_1)(x_2, y_2)\}$是以下规划函数的最优解:
$$\max \{n_1 c - n_1 c' - y_1 c'' + n_2 c - x_2 c' - y_2 c''\}$$
$$\text{s.t.} \begin{cases} x_1 a + y_1 b = n_1 \\ x_2 a + y_2 b = n_2 \\ n_1 \neq n_2 \end{cases}$$

对上述目标函数的解作轮换后,假如可行,那么目标函数值不变,则有
$$\begin{cases} x_1 a + y_1 b = n_1 \\ x_2 a + y_2 b = n_2 \end{cases}$$

此时会有
$$\begin{cases} a(x_2 - x_1) + b(y_2 - y_1) = 0 \\ a(x_1 - x_2) + b(y_1 - y_2) = 0 \end{cases}$$

于是得到
$$x_2 = x_1, \quad y_2 = y_1$$

这就意味着原解集中的解都相等。所以当这些解不相等时,这种轮换是不合理的。

引理 3　若小 MS 的标准容量为 a，大 MS 的标准容量为 b，则大小 MS 商圈的半径之比为 $\sqrt{\dfrac{b}{a}}$。

证明：由雷利法可知，小 MS 的商圈半径为

$$D_x = \frac{D_{xy}}{1+\sqrt{\dfrac{b}{a}}}$$

则大 MS 的商圈半径为

$$D_y = D_{xy}\left(1 - \frac{1}{1+\sqrt{\dfrac{b}{a}}}\right) = \frac{D_{xy}\sqrt{\dfrac{b}{a}}}{1+\sqrt{\dfrac{b}{a}}}$$

则

$$\frac{D_x}{D_y} = \sqrt{\frac{b}{a}}$$

根据 MS 的职能及分布规律，我们可对 MS 进行性质上的分类。

定义 4　全能 MS 是指那些经营商品类型齐全、品种多的 MS，用 U 表示。

定义 5　互补 MS 是指 MS 具有互补性的两个或多个无竞争的 MS，用 V 表示。

定义 6　互斥 MS 是指商品相同或相近的两个或多个具有竞争性的 MS，用 W 表示。

引理 4　设 U_i、V_i、$W_i(i=1,2,\cdots)$ 分别表示一个商区内全能 MS、互补 MS、互斥 MS 的商圈半径，$D(A,B)$ 表示 A、B 两 MS 的圆心距，则合理的商圈布置的充要条件是：

$$\begin{cases} 2U_i \leqslant d(U_i, U_j) \\ 2V_i \leqslant d(V_i, V_j) \\ 2W_i \leqslant d(W_i, W_j) \\ U_i + V_i \leqslant d(U_i, V_i) \\ U_i + W_i \leqslant d(U_i, W_i) \\ V_i + W_i \leqslant d(V_i, W_i) \end{cases}$$

以上的引理是基于 MS 的布局原理得到的，据此引理还可得到以下推论。

推论 1　同性 MS 必为互斥 MS。

大 MS 一般经营商品的品种齐全，所以大 MS 都为全能 MS，为此得到推论 2。

推论 2　大 MS 必为互斥 MS，大、小 MS 必为互斥 MS，小 MS 间既可以是互补 MS，也可以是互斥 MS。

引理 5　商区内 MS 布局的最优方案应满足：所有大 MS 的间距尽可能大，它们的商圈无重合；大 MS 和小 MS 的商圈无重合；小 MS 的商圈可以有一定程度的重合。

引理 6　最优的布局中，各大 MS 的空间距离相等。

证明：现设某商区的总商圈大小为 S，由于大商圈的商圈规划在很大程度上体现了整个商圈的规划水平，所以忽略小 MS 的存在。假定商区内部都是大 MS，设各大 MS 的商圈为 S_i，则有

$$\sum s_i = s$$

由重要不等式得

$$\sqrt[n]{\prod s_i} \leq \frac{\sum s_i}{n}$$

当且仅当 $S_1 = S_2 = \cdots = S_n$ 时等式才成立。由于几何平均值可以表示各 MS 的综合效益,所以当各值相等,也就是各大 MS 的商圈外围相等时,各大 MS 的综合效益最大,此时商区内任何两个大 MS 的圆心距都相等。

15.6 商区布局规划的数学模型

15.6.1 模型的建立

基于以上的理论,我们发现对商区内 MS 的布局也可以建立规划模型来求解。设长方形商区的长为 l,宽为 l',且以长方形的左下角为圆心建立笛卡儿坐标系,并记 MS 的圆心坐标为 (l_i, l'_i),如图 15-3 所示。

现在问题可简述为在如图 15-3 的长方形区域内,有 x_i 个半径为 r 的小圆,有 y_i 个半径为 R 的大圆,现将这些圆放在长方形区域内,使各大圆之间的圆心距近似相等且尽可能大,使小圆与大圆之间无重合。

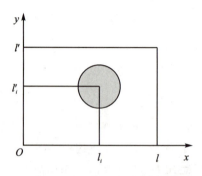

图 15-3 商区布局示意图

定义

$$g = \sqrt{\prod_i \prod_j [(l_i - l_j)^2 + (l'_i - l'_j)^2]} \quad (i \neq j)$$

以 g 最大为目标的好处是,既满足使各大圆之间的圆心距近似相等,也让它们都尽可能地大,所以我们以 g 最大为目标函数建立规划模型[1-2]:

$$\max g$$

$$s.t. \begin{cases} R \leq l_{yi} \leq l - R \\ R \leq l'_{yi} \leq l' - R \\ r \leq l_{xi} \leq l - r \\ r \leq l'_{yi} \leq l' - r \\ \sqrt{(l_{yi} - l_{yj})^2 + (l'_{yi} - l'_{yj})^2} \geq 2R, i \neq j \\ \sqrt{(l_{xi} - l_{yj})^2 + (l'_{xi} - l'_{yj})^2} \geq R + r \end{cases}$$

其中,下标为 x 的表示小圆的圆心坐标,下标为 y 的表示大圆的圆心坐标。

15.6.2 模型的求解

以 A_1 商区为规划对象,并设其长为 200 m,宽为 150 m,由前文可知该商区中大 MS 的个数为 6 个,小 MS 的个数为 45 个,并设大 MS 半径为 25 m,现应用该模型对该商区进行布局规划。

1. 有记忆的模拟退火算法

为了简化问题,首先我们仅考虑大 MS 的布局问题,之后根据小 MS 所经营的商品类型,在与大 MS 相切的外围进行安排，以满足适度的聚集放大效应。

布局问题(PLP)属于一种典型的"肮脏"(dirty)问题，因此很难对它构造出有效的算法，但是我们利用有记忆的模拟退火算法的灵活性可以有效求得大 MS 布局的近似最优解[3]。

在求解过程中，当通过扰动产生的新解有重叠现象时，我们通过加入惩罚项的方法对其进行惩罚。当初始温度为 97 ℃，终了温度为 3 ℃，马尔可夫链长为 60000 时，所求得的近似最优解如图 15-4(a)所示。

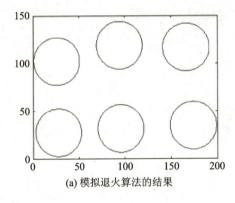

(a) 模拟退火算法的结果

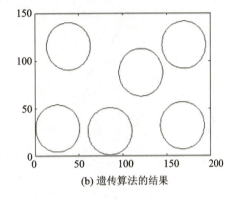

(b) 遗传算法的结果

图 15-4　用模拟退火算法和遗传算法求得的大 MS 布局

模拟退火算法的 MATLAB 程序如 P15-1。

程序编号	P15-1	文件名称	Sams.m	说明	模拟退火求解超市布局

```
% MYFSAPLP SOLVE THE PLP IN THE THIRD PROBLEM BY SA ALGORITHM.
% 首先只考虑 n 为偶数的情况
% 变量初始化
clc
clf
clear;
xmin = 0; xmax = 200; ymin = 0; ymax = 150;
r = 25; n = 6;
fval_every = 1; fval_best = fval_every; fval_pro = fval_every;
lamdao = 1e30; fs_every = 1;
t0 = 98; tf = 3; a = 0.98; t = t0; t_mid = 50;
p = 1;
dfo = 0;
while(t>tf)
    if p == 1
        % 产生新解
        for i = 1:n./2
            x(i.*2-1) = r+2*r*(i-1);
            x(i*2) = r+2*r*(i-1);
            y(2*i-1) = r;
            y(2*i) = 3*r;
        end
        for i = 1:(n-1)
            for j = (i+1):n
                fs_every = fs_every.*sqrt((x(i)-x(j)).^2+(y(i)-y(j)).^2);
            end
```

```matlab
            end
            fs_every = fs_every.^(1./n);
            fval_every = fs_every;
            dfval = fval_pro - fval_every;
              if dfval<0
                 if p~=1
                    x(i) = x0;
                    y(i) = y0;
                    fval_pro = fval_every;
                    fs_pro = fs_every;
                    dfo_pro = dfo;
                 else
                    fval_pro = fval_every;
                    fs_pro = fs_every;
                    dfo_pro = dfo;
                 end
              else
                 rand_jud = rand;
                 if rand_jud>exp(-dfval./t)
                    x(i) = x0;
                    y(i) = y0;
                    fval_pro = fval_every;
                    fs_pro = fs_every;
                    dfo_pro = dfo;
                 else
                    fs_every = fs_pro;
                    fval_every = fval_pro;
                    dfo = dfo_pro;
                 end
               end
            if fval_every>fval_best
               x_best = x;
               y_best = y;
               fval_best = fval_every;
               fs_best = fs_every;
               dfo_bestk = dfo;
            end
            p = p - 1;

         else
            % keyboard
            for k = 1:500.*n
                i = ceil(rand.*n);
                x0 = (xmin + r) + rand*((xmax - r) - (xmin + r));
                y0 = (ymin + r) + rand*((ymax - r) - (ymin + r));
                for j = 1:n
                    if j~=i
                       dis0 = sqrt((x(j) - x(i)).^2 + (y(j) - y(i)).^2);
                       dis1 = sqrt((x(j) - x0).^2 + (y(j) - y0).^2);
                       if dis0 < 2*r
                          dfo = dfo - 1;
                       else
                          dfo = dfo + 1;
                       end
```

```
                    if dis1 < 2 * r
                        dfo = dfo + 1;
                    else
                        dfo = dfo - 1;
                    end
                    fs_every = fs_every./dis0.^(1./n);
                    fs_every = fs_every.*dis1.^(1./n);
                end
            end
            dfo_tmp = dfo./2;
            fval_every = fs_every - dfo_tmp.*lamdao./t;

                dfval = fval_pro - fval_every;
                if dfval<0
                    if p~=1
                        x(i) = x0;
                        y(i) = y0;
                        fval_pro = fval_every;
                        fs_pro = fs_every;
                        dfo_pro = dfo;
                    else
                        fval_pro = fval_every;
                        fs_pro = fs_every;
                        dfo_pro = dfo;
                    end
                else
                    rand_jud = rand;
                    if rand_jud>exp(-dfval./t)
                        x(i) = x0;
                        y(i) = y0;
                        fval_pro = fval_every;
                        fs_pro = fs_every;
                        dfo_pro = dfo;
                    else
                        fs_every = fs_pro;
                        fval_every = fval_pro;
                        dfo = dfo_pro;
                    end
                end
                if fval_every>fval_best
                    x_best = x;
                    y_best = y;
                    fval_best = fval_every;
                    fs_best = fs_every;
                    dfo_bestk = dfo;
                end
            end
        end
    t = t.*a;
end

% 求解结束
x_center = x_best;
```

```matlab
    y_center = y_best;
    disp('圆心坐标分别为:')
    circle_center = [x_center; y_center]';
    disp(circle_center)
    % 绘图
    hold on
    for i = 1 : length(x_center)
        x_plot_tmp = linspace(x_center(i) - r, x_center(i) + r);
        y_plot_tmp_up = ...
            sqrt(r.^2 - (x_plot_tmp - x_center(i)).^2) ...
                + y_center(i);
        y_plot_tmp_down = ...
            - sqrt(r.^2 - (x_plot_tmp - x_center(i)).^2) ...
                + y_center(i);
        plot(x_plot_tmp, y_plot_tmp_up);
        plot(x_plot_tmp, y_plot_tmp_down);
    end
```

2. 遗传算法

大商圈的布局问题同样可以用遗传算法进行求解。为了简化编程的复杂程度,在求解过程中我们调用了 MATLAB 的遗传算法工具箱 GAOT(version 5,需要读者自行下载)进行求解。当最大迭代次数设为 10000 时,所求的近似最优解如图 15-4(b)所示。遗传算法 MAT-LAB 程序如 P15-2。

程序编号	P15-2	文件名称	Gamain.m	说明	遗传算法求解超市布局

```matlab
% GA main
% using toolbox of GAOT version 5
clc
clf
clear
bounds = ones(12,2);
global r
xmin = 0; ymin = 0; xmax = 200; ymax = 150;
r = 25; n = 6;
bounds(:,1) = zeros(12,1) + r;
bounds(1:6,2) = ones(6,1).*xmax - r;
bounds(7:12,2) = ones(6,1).*ymax - r;
[x,endPop] = ga(...
                bounds,'myfGAPLP',[],[],[1e-6 1 1]);
myfplotcircleGA(x,r,xmax,ymax);
% % 以下为辅助函数的程序,放于独立的 m 文件中
function [x,fval] = myfGAPLP(x,options)
% options is required by the format of GAOT ver 5.
fval = 1; dfo = 0;
global r
n = 6; lamdao = 1e30;
for i = 1:(n-1)
    for j = (i+1):n
        rtmp = sqrt((x(i)-x(j)).^2 + (x(n+i)-x(n+j)).^2);
```

```
                fval = fval.* rtmp;
                if rtmp < 2*r
                    dfo = dfo + 1;
                end
            end
        end
    end
    fval = fval - dfo.* lamdao;
    %% 以下为辅助函数的程序，放于独立的m文件中
    function y = myfplotcircleGA(xx,rtmp,xmax,ymax)
    % plot circle
    xtmp = xx(1:6);
    ytmp = xx(7:12);
    numlen = length(xtmp);
    numsize = 200;
    t = linspace(0,2.*pi,numsize);
    xplot = zeros(numsize,1);
    yplot = zeros(numsize,1);
    hold on
    for j = 1:numlen
        for i = 1:numsize
            xplot(i) = xtmp(j) + rtmp*cos(t(i));
            yplot(i) = ytmp(j) + rtmp*sin(t(i));
        end
        plot(xplot,yplot)
    end
    y = [];
    xlim([0 xmax]);
    ylim([0 ymax]);
```

15.7 模型的评价及使用说明

模型的优点：

① 构造了综合效益函数，综合反映了商区 MS 网点的经济效益、潜在效益和就业效益，为规划模型的建立提供了可靠的目标函数。

② 计算机分析与实际情况相结合，给出了数学模型中的参数，并用 MATLAB 和 Lingo 分别对模型进行求解，得到了一致的且符合现实情况的结果。

③ 恰当地运用商圈的概念和雷利法则，对商区内的 MS 布局给出了合理、科学的规划。

模型的缺点：

模型中的参数是由分析得到的，虽然能在很大程度上与现实吻合，但它们的实际数值还有待于进一步的研究。

15.8 技巧点评

本章问题的开发性比较强，建模思路也是多样，但由于决策变量是多个，所以一般都会转化为规划类模型去求解。本章中给出的数学模型就是一个规划模型，其建模思路依然是定目标、抽约束、求解三步曲，问题中目标选定的自主性比较强，各队的差异比较大，但只要有道理，

能客观地反映问题的变化趋势就可以。从本章的建模和求解过程来看,可以得到以下技巧:

① 对于大数据量的建模问题,首先应该确定建模方向和求解思路,根据需要处理、分析、统计数据,将冗杂的数据转化为模型可用的信息。

② 在抽象模型的目标时,尽量多考虑一些指标和影响因素,最后分析各指标的权重,这样就能较准确地描述问题的目标。

③ 在建模比赛中,如果时间允许,可以对问题进行更深入的拓展,这样更能提高建模论文的竞争力。比如本章中,在确定各商区超市的数量后,又对超市的布局规划进行了优化研究,并提出了磁性球装箱实物模型。虽然这些模型可能不能真正地解决问题,但至少体现了建模的思路,展现了参赛者对问题的思考和看法。这些内容无疑会增加论文的分数,从而更容易获胜,尤其在前面内容各队都相当的情况下。

参考文献

[1] 李毕万. 浅谈零售商圈理论及其应用[J]. 商业现代化,1996,318(2).
[2] 张荣奇,等. 商圈分析与网点布局[J]. 中国农业大学学报,2001,44(6).
[3] 康立山,等. 非数值并行算法——模拟退火算法[M]. 北京:科学出版社,1994.

第 16 章

交巡警服务平台的设置与调度问题(CUMCM 2011B)

2011年全国赛的B题是交巡警服务平台的设置与调度,也是一道非常典型的综合性建模赛题,既要处理大量的数据,又涉及经典的最短路算法,所以该题目的建模和求解也非常具有典型性。本章就介绍一篇该题的优秀论文,以便于大家了解该类问题的建模和求解过程。

16.1 问题的提出与分析

"有困难找警察",是家喻户晓的一句流行语。警察肩负着刑事执法、治安管理、交通管理、服务群众四大职能。为了更有效地贯彻实施这些职能,需要在市区的一些交通要道和重要部位设置交巡警服务平台。每个交巡警服务平台的职能和警力配备基本相同。由于警务资源是有限的,如何根据城市的实际情况与需求合理地设置交巡警服务平台、分配各平台的管辖范围、调度警务资源是警务部门面临的实际问题。

下面就某市设置交巡警服务平台的相关情况建立数学模型,并分析研究下面的问题。

问题1 根据该市中心城区A的交通网络和现有的20个交巡警服务平台的设置情况示意图,及相关的数据信息,为各交巡警服务平台分配管辖范围,使其在所管辖的范围内出现突发事件时,尽量能在3 min内有交巡警(警车的时速为60 km/h)到达事发地。

对于重大突发事件,需要调度全区20个交巡警服务平台的警力资源,对进出该区的13条交通要道实现快速全封锁。实际中一个平台的警力最多封锁一个路口,请给出该区交巡警服务平台警力合理的调度方案。

根据现有交巡警服务平台的工作量不均衡和有些地方出警时间过长的实际情况,拟在该区内再增加2~5个平台,请确定需要增加平台的具体个数和位置。

问题2 针对全市(主城六个区:A、B、C、D、E、F)的具体情况,按照设置交巡警服务平台的原则和任务,分析研究该市现有交巡警服务平台设置方案(参见官网原题附件)的合理性。如果有明显不合理,请给出解决方案。

如果该市地点P处发生了重大刑事案件,在案发3 min后接到报警,犯罪嫌疑人已驾车逃跑。为了快速搜捕嫌疑犯,请给出调度全市交巡警服务平台警力资源的最佳围堵方案。

分析:该问题所有的子问题都有关于服务平台的调度,而这种调度都基于最短路径原则,所以可以先利用Floy算法求出各路口之间可行的(连通的)最短距离,然后根据该问题的目标建立相应的规划模型进行求解[1]。

16.2 基本假设

① 假设所有案件都发生在路口处;
② 假设出警时所走路径都是最短路径;
③ 假设警车的速度恒定为 60 km/h;

④ 假设交巡警服务平台时刻做好出警准备，出警准备时间忽略不计；
⑤ 假设犯罪嫌疑人车速与警车车速相等，也为 60 km/h。

16.3 问题1模型的建立与求解

16.3.1 交巡警服务平台管辖范围分配

1. 模型的建立

该问题要求合理分配各交巡警服务平台的管辖范围，使得交巡警可以尽量在 3 min 之内到达案发地。显然，对于该问题，只需要将各路口分配给距其最近的交巡警服务平台就可以了，而用 Floyd 算法就能找出各路口之间的最短距离，就可以划分出各交巡警服务平台的管辖范围。另外，还需要评估交巡警服务平台到各路口的距离及最快出警时间，看看能否在 3 min 内到达。

下面介绍建立该问题的数学模型。该问题的决策变量记为 $x_{ij}(i=1,2,\cdots,20)$，即

$$x_{ij} = \begin{cases} 1, & \text{第 } j \text{ 个路口在第 } i \text{ 个服务平台管辖范围} \\ 0, & \text{第 } j \text{ 个路口不在第 } i \text{ 个服务平台管辖范围} \end{cases}$$

其中，j 为路口的编号。

同时，采用弗洛伊德(Floyd)算法求解第 j 个路口到第 i 个服务平台的最短路程，记为 c_{ij}。这样，我们很容易就能建立该问题的数学模型：

$$f_j = \min_{i=1}^{20} c_{ij} x_{ij} \quad (j=1,\cdots,92)$$

$$\text{s.t.} \sum_{i=1}^{20} x_{ij} = 1 \quad (j=1,\cdots,92)$$

2. 模型的求解

对于该模型的求解，直观上利用 0-1 整数规划就可以求解了，但由于这个问题的特殊性，其实只要对 Floyd 算法得到的结果稍微进行一下处理，为各路口找出距其最近的服务平台就可以了。具体实现的 MATLAB 程序如 P16-1。

程序编号	P16-1	文件名称	ch16_p1_q1.m	说明	优化服务平台管辖范围

```
%% 问题1,交巡警服务平台管辖范围的求解
clc; clear all;
%% 数据准备
% 全市交通网络中路口节点坐标
A = xlsread('2011B_Table.xls','全市交通路口节点数据','A2:C583');
% 全市交通路线
B = xlsread('2011B_Table.xls','全市交通路口的路线','A2:B929');
% A区巡警台设置位置
PS_A = xlsread('2011B_Table.xls','全市交巡警平台','B2:B21');
%% 计算最短距离矩阵
arn = size(A,1);
brn = size(B,1);
% 构建距离矩阵
D = ones(arn);
```

```matlab
D(:,:) = inf;
for i = 1:arn
    D(i,i) = 0;
end
for i = 1:brn
    m = B(i,1);       % 起点标号
    n = B(i,2);       % 终点标号
    d = sqrt((A(m,2) - A(n,2))^2 + (A(m,3) - A(n,3))^2);
    D(m,n) = d;
    D(n,m) = d;
end
[dmin,path] = floyd(D);
%% 划分A区交巡警服务平台管辖范围
PN_A = A(1:92,1);
psn = size(PS_A, 1);
for i = 1:92
    SR(i,1) = i;
    SR(i,2) = 0;
    SR(i,3) = inf;
    SR(i,4) = 0;
    for j = 1:psn
        if SR(i,3)>dmin(i,j)
            SR(i,3) = dmin(i,j);
            SR(i,2) = j;
        end
    end
    if SR(i,3) * 100>3000
        SR(i,4) = 1;
    end
end
%% 输出结果
disp('A区交巡警服务平台管辖范围划分方案为:')
SR
% floyd算法的函数文件(独立的m文件)
function [d,path] = floyd(a)
% floyd   最短路径问题
% a       距离矩阵是指i到j之间的距离,可以是有向的
% d       最短路径的距离
% path    最短路径
[n,lie] = size(a);                    %n为a的行数
d = a;
path = zeros(n,n);
for i = 1:n
    for j = 1:n
        if d(i,j)~= inf
            path(i,j) = j;            %j是i的后续点
        end
    end
end
for k = 1:n
    k
    for i = 1:n
        for j = 1:n
```

```
        if d(i,j)>d(i,k) + d(k,j)
            d(i,j) = d(i,k) + d(k,j);
            path(i,j) = path(i,k);
        end
    end
  end
end
```

运行程序,很快得到求解的结果,对程序输出结果进行整理,以便更清晰地呈现模型的结果,具体模型的结果如表 16-1 所列。

表 16-1 交巡警服务平台的管辖范围划分结果

路口	警台	距离	大于 3 min	路口	警台	距离	大于 3 min
1	1	0	0	29	15	57.00525	1
2	2	0	0	30	7	5.830952	0
3	3	0	0	31	9	20.55716	0
4	4	0	0	32	7	11.40175	0
5	5	0	0	33	8	8.276473	0
6	6	0	0	34	9	5.024938	0
7	7	0	0	35	9	4.242641	0
8	8	0	0	36	16	6.082763	0
9	9	0	0	37	16	11.18178	0
10	10	0	0	38	16	34.05877	1
11	11	0	0	39	2	36.82186	1
12	12	0	0	40	2	19.14419	0
13	13	0	0	41	17	8.5	0
14	14	0	0	42	17	9.848858	0
15	15	0	0	43	2	8	0
16	16	0	0	44	2	9.486833	0
17	17	0	0	45	9	10.95084	0
18	18	0	0	46	8	9.300538	0
19	19	0	0	47	7	12.80625	0
20	20	0	0	48	7	12.90202	0
21	13	27.08314	0	49	5	5	0
22	13	9.055385	0	50	5	8.485281	0
23	13	5	0	51	5	12.29317	0
24	13	23.85372	0	52	5	16.59433	0
25	12	17.88854	0	53	5	11.7082	0
26	11	9	0	54	3	22.70886	0
27	11	16.43303	0	55	3	12.65899	0
28	15	47.51842	1	56	5	20.83697	0

续表 16-1

路口	警台	距离	大于3 min	路口	警台	距离	大于3 min
57	4	18.68154	0	75	1	9.300538	0
58	5	23.01889	0	76	1	12.83607	0
59	5	15.20864	0	77	19	9.848858	0
60	4	17.39244	0	78	1	6.403124	0
61	7	41.90202	1	79	19	4.472136	0
62	4	3.5	0	80	18	8.062258	0
63	4	10.30776	0	81	18	6.708204	0
64	4	19.36315	0	82	18	10.79349	0
65	3	15.23975	0	83	18	5.385165	0
66	3	18.40203	0	84	20	11.75225	0
67	1	16.19417	0	85	20	4.472136	0
68	1	12.07107	0	86	20	3.605551	0
69	1	5	0	87	20	14.65091	0
70	2	8.602325	0	88	20	12.94632	0
71	1	11.40312	0	89	20	9.486833	0
72	2	16.06226	0	90	20	13.02237	0
73	1	10.29611	0	91	20	15.9877	0
74	1	6.264982	0	92	20	36.01269	1

结果显示,有 6 个路口(A28、A29、A38、A39、A61、A92)到最近的服务平台的距离超过了 3000 m,即当此 6 个路口发生案件时,交巡警满足不了在 3 min 内到达事发地的要求,但仍将其分配给了距离最近的服务平台管辖。其余路口都能满足 3 min 内到达的要求。

16.3.2 交巡警的调度

1. 问题的分析与建模

封锁全区时,要求从 A 区的 20 个服务平台中选取 13 个分别封锁 13 条进出 A 区的交通要道。对于该问题,直观上我们有两个目标:第一,总路径最短;第二,选取的 13 个平台到相应封锁点的距离中的最大值尽可能小。为了达到最快全封锁的目的,显然第二个目标更合理。

此问题的决策变量依然可以定义为

$$a_{ij} = \begin{cases} 1, & \text{选取第 } i \text{ 个服务平台封锁第 } j \text{ 个路口} \\ 0, & \text{不选取第 } i \text{ 个服务平台封锁第 } j \text{ 个路口} \end{cases}$$

记第 i 个服务平台到第 j 个路口的最短距离为 s_{ij},则本问题的数学模型可以表示为

$$\min F = \max \left[\sum_{j=1}^{20} (s_{ij} a_{ij}) \right] \quad (i=1,\cdots,13)$$

$$\text{s.t.} \begin{cases} \sum_{i=1}^{13} a_{ij} \leqslant 1 \\ \sum_{j=1}^{20} a_{ij} = 1 \quad (i=1,\cdots,13) \\ a_{ij} \in \{0,1\} \end{cases}$$

2. 模型的求解

该模型属于典型的 0-1 整数规划模型，虽然用 MATLAB 也可以进行求解，但 Lingo 会更方便些。但即使用 Lingo，仍然需要用到 MATLAB 求解的数据。用 Lingo 对本模型进行求解，可得到如表 16-2 所列的结果。

表 16-2 A 区全封锁方案

封锁的路口	选取的服务平台	封锁的路口	选取的服务平台
62	A 4	22	A 12
48	A 5	21	A 13
30	A 6	23	A 14
29	A 7	28	A 15
16	A 8	14	A 16
24	A 10	38	A 19
12	A 11		

16.3.3 最佳新增交巡警服务平台的设置

该小问有两类决策变量：新增交巡警服务平台数和所在的位置。同时又有了两个目标，一个是要求新增交巡警服务平台后，不满足 3 min 出警的路口数最少；另一个是交巡警服务平台的设置应该保证工作量尽量均衡。

如果同时考虑两个目标、两类决策变量，那么问题会变得很复杂。但不难发现，这两类决策变量和两个目标是一一对应的，同时它们之间的关联性较小，也就是说，可以分步骤、分别求解这两类决策变量。

1. 确定新增服务平台数的模型和求解

对于该问题，首先应该确定新增的交巡警服务平台数，为此可以建立如下数学模型：

$$\min F(T) = \alpha G(T) + \beta T$$

$$\text{s.t.} \begin{cases} T \in \{2,3,4,5\} \\ G(T) \text{ 为新增交巡警服务平台数为 } T \text{ 时不满足 3 min 出警的路口数} \end{cases}$$

其中，α 和 β 分别为对应的重要系数。该模型中，由于比较关心不满足出警的路口数，所以不妨设 $\alpha = 2, \beta = 1$。

根据上面的模型求解，我们可知，当确定 T 后，可以通过仿真很快确定对应的 $G(T)$，所以不难求解该模型。利用 MATLAB，在以上的程序基础上进行修改，可以很快得到求解该模型的仿真程序 P16-2。

程序编号	P16-2	文件名	ch16_p2_q1.m	说明	计算最佳新增交巡警服务平台数

```
clc; clear all; close all
%% 数据准备
% 全市交通网络中路口节点坐标
A = xlsread('2011B_Table.xls','全市交通路口节点数据','A2:C583');
% 全市交通路线
B = xlsread('2011B_Table.xls','全市交通路口的路线','A2:B929');
% A 区巡警台设置位置
% PS_A = xlsread('2011B_Table.xls','全市交巡警平台','B2:B21');
```

```matlab
%% 计算最短距离矩阵
arn = size(A,1);
brn = size(B,1);
%构建距离矩阵
D = ones(arn);
D(:) = inf;
for i = 1:arn
    D(i,i) = 0;
end
for i = 1:brn
    m = B(i,1);     %起点标号
    n = B(i,2);     %终点标号
    d = sqrt((A(m,2) - A(n,2))^2 + (A(m,3) - A(n,3))^2);
    D(m,n) = d;
    D(n,m) = d;
end
[dmin,path] = floyd(D);
%% 确定最佳新增交巡警服务平台数
alt_sta = 21:92;
ppsl = 1:20;
min_n = ones(1,5) * 6;
%% 启用双核加速计算(多核计算机才可以采用)
ifMATLABpool('size') == 0
MATLABpool open 2
end
%% 计算各新增交巡警服务平台数与对应的不满足3分钟出警的路口数
for apsn = 2:5
    com_pat = nchoosek(alt_sta,apsn);
    com_num = size(com_pat, 1);
    tmin_un_num = 6;
    for k1 = 1:com_num
        npsl = [ppsl, com_pat(k1,:)];  %更新交巡警服务平台设置方案
        %% 计算还有多少路口不满足3分钟出警
        SR = zeros(92,4);
        for i = 1:92
            i;
            SR(i,1) = i;
            SR(i,2) = 0;
            SR(i,3) = inf;
            SR(i,4) = 0;
            for j = 1:(20 + apsn)
                if SR(i,3)>dmin(i,npsl(j))
                    SR(i,3) = dmin(i,npsl(j));
                    SR(i,2) = npsl(j);
                end
            end
            if SR(i,3) * 100>3000
                SR(i,4) = 1;
            end
        end
        tun_num = sum(SR(:,4));
        if tun_num<tmin_un_num
            tmin_un_num = tun_num;
```

```matlab
                end
                if tmin_un_num == 0
                    break
                end
            end
            min_n(1,apsn) = tmin_un_num;
end
%% 关闭多核计算
if MATLABpool('size') > 0
    MATLABpool close
end
%% 显示结果
apn = [0, 2, 3, 4, 5]';
f_result = [apn, min_n]
figure(1)
bar(apn,min_n)
for i = 1:4
    FT(1,i) = i + 2 * min_n(1,i + 1);
end
opn = find(FT == min(FT));
disp(['最佳新增交巡警服务平台数:' num2str(opn + 1)]);
T = 2:5;
figure(2)
plot(T, FT,'- ko', 'LineWidth', 2);
xlabel('新增交巡警服务平台的数量');
ylabel('目标函数');
title('目标函数与新增交巡警服务平台数的关系图','fontsize',12);
```

运行程序,几分钟后得到如下结果:

```
f_result =
     0     6
     2     2
     3     1
     4     0
     5     0
最佳新增交巡警服务平台数:4
```

同时得到不满足 3 min 出警的路口数与新增交巡警服务平台数的关系图(如图 16-1)和目标函数与决策变量的关系图(如图 16-2),根据这些结果,我们可以得到最佳的新增交巡警服务平台数为 4。

2. 确定新增服务平台位置的模型及其求解

保证各服务平台工作量均衡对充分发挥警力作用意义重大,为此在确定新增服务平台位置时,需要考虑各服务平台存在工作量不均衡的问题。在本问题中,工作量的均衡程度可以由工作量的方差表示,为此建立如下数学模型:

$$\min F(Z) = Z \left| \sum_{j=1}^{N} \left(\sum_{i=1}^{M} w_i X_{ij} - \frac{\sum_{i=1}^{M} w_i}{N} \right)^2 \right.$$

$$\text{s.t.} \begin{cases} Z \in \{C^4_{\{21,\cdots,N\}}\} \\ \sum_{j=1}^{N} X_{ij} = 1 \\ \text{unsatisfied\_3min s\_num} = 0 \\ X_{ij} \in \{0,1\} \\ i = 1,\cdots,M \\ j = 1,\cdots,N \end{cases}$$

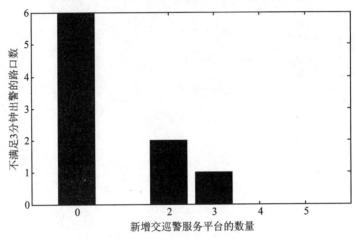

图 16-1　不满足 3 min 出警的路口数与新增交巡警服务平台数的关系图

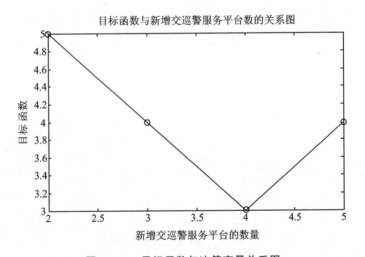

图 16-2　目标函数与决策变量关系图

此处,目标函数的意思是在条件为 Z 的情况下的工作量方差最小,而第一个约束条件表示 Z 为从集合$\{21,\cdots,92\}$中任选 4 个数的组合方式。其他约束条件相对较容易理解。

虽然该模型的表述不是很容易理解,但如果用程序来表达则会更好一些。下面来研究如何求解该模型。根据对该问题的理解,不难确定该模型的求解步骤:

① 从可能的组合方式集合中取一个方式。

② 计算该组合方式下的最佳分配方案,判断是否存在不满足 3 min 出警的路口数,如果

存在,则回到步骤②,否则转下一步。

③ 计算该方式下的分配方案对应的工作均衡度,如果小于当前的最小均衡度,则将此方案保存到最佳方案中。

④ 重复以上步骤,直至遍历所有方案。

根据以上步骤,编写如下的 MATLAB 求解程序(P16-3)。

程序编号	P16-3	文件名称	ch16_p3_q1.m	说明	优化位置

```
clc; clear all; close all
%% 数据准备
% 全市交通网络中路口节点坐标
A = xlsread('2011B_Table.xls', '全市交通路口节点数据', 'A2:C583');
% 全市交通路线
B = xlsread('2011B_Table.xls', '全市交通路口的路线', 'A2:B929');
% 每个路口发案率(次数)
owl = xlsread('2011B_Table.xls', '全市交通路口节点数据', 'E2:E93');
%% 计算最短距离矩阵
arn = size(A,1);
brn = size(B,1);
% 构建距离矩阵
D = ones(arn);
D(:) = inf;
for i = 1:arn
    D(i,i) = 0;
end
for i = 1:brn
    m = B(i,1);     % 起点标号
    n = B(i,2);     % 终点标号
    d = sqrt((A(m,2) - A(n,2))^2 + (A(m,3) - A(n,3))^2);
    D(m,n) = d;
    D(n,m) = d;
end
[dmin,path] = floyd(D);
%% 确定最佳新增服务平台数
alt_sta = 21:92;
ppsl = 1:20;
min_n = ones(1,5) * 6;
%% 启用双核加速计算(多核计算机才可以采用)
if MATLABpool('size') == 0
MATLABpool open 2
end
%% 计算各新增服务平台数与对应的不满足3分钟出警的路口数
    apsn = 4;
    com_pat = nchoosek(alt_sta,apsn);
    com_num = size(com_pat, 1);
    avn = 0;
    bfair_f = inf;
    for k1 = 1:com_num
        npsl = [ppsl, com_pat(k1,:)];  % 更新服务平台设置方案
        % 计算还有多少路口不满足3分钟出警
        SR = zeros(92,4);
```

```matlab
            for i = 1:92
                i;
                SR(i,1) = i;
                SR(i,2) = 0;
                SR(i,3) = inf;
                SR(i,4) = 0;
                for j = 1:(20 + apsn)
                    if SR(i,3)>dmin(i,npsl(j))
                        SR(i,3) = dmin(i,npsl(j));
                        SR(i,2) = npsl(j);
                    end
                end
                if SR(i,3) * 100>3000
                    SR(i,4) = 1;
                end
            end
            tun_num = sum(SR(:,4));
            if tun_num == 0
                avn = avn + 1;
                workload = zeros(1, 24);
                for j = 1:24
                    for u = 1:92
                        if SR(u,2) == npsl(1,j)
                            workload(1,j) = workload(1,j) + owl(u,1);
                        end
                    end
                end
                fair_f = var(workload,1);
                fair_r(avn,:) = [avn, fair_f,  com_pat(k1,:)];
                if fair_f<bfair_f
                    bfair_f = fair_f;
                    ba = com_pat(k1,:);
                    bs = SR;
                end
            end
        end
    end
%% 关闭多核计算
if MATLABpool('size') > 0
    MATLABpool close
end
%% 显示结果
abpn = 0;
for i = 1:avn
    if fair_r(i,2) == bfair_f
        abpn = abpn + 1;
        abps(abpn,:) = [abpn, fair_r(i,2:end)];
    end
end
disp(['所有可行方案数 ' num2str(avn)]);
disp(['最佳方案数 ' num2str(abpn)]);
disp('所有最佳方案:')
abps
disp('最佳方案对应的工作均衡度:')
```

```
bfair_f
plot(fair_r(:,1),fair_r(:,2),'-ko','LineWidth',2);
set(gca,'linewidth',2);
xlabel('可行方案编号');ylabel('工作均衡度');
title('各可行方案的工作均衡度','fontsize',12);
```

运行程序,几分钟后得到如下结果:

```
所有可行方案数 72
最佳方案数 16
所有最佳方案:
abps =
    1.0000    5.3844   28.0000   39.0000   48.0000   87.0000
    2.0000    5.3844   28.0000   39.0000   48.0000   88.0000
    3.0000    5.3844   28.0000   39.0000   48.0000   89.0000
    4.0000    5.3844   28.0000   39.0000   48.0000   91.0000
    5.0000    5.3844   28.0000   40.0000   48.0000   87.0000
    6.0000    5.3844   28.0000   40.0000   48.0000   88.0000
    7.0000    5.3844   28.0000   40.0000   48.0000   89.0000
    8.0000    5.3844   28.0000   40.0000   48.0000   91.0000
    9.0000    5.3844   29.0000   39.0000   48.0000   87.0000
   10.0000    5.3844   29.0000   39.0000   48.0000   88.0000
   11.0000    5.3844   29.0000   39.0000   48.0000   89.0000
   12.0000    5.3844   29.0000   39.0000   48.0000   91.0000
   13.0000    5.3844   29.0000   40.0000   48.0000   87.0000
   14.0000    5.3844   29.0000   40.0000   48.0000   88.0000
   15.0000    5.3844   29.0000   40.0000   48.0000   89.0000
   16.0000    5.3844   29.0000   40.0000   48.0000   91.0000
最佳方案对应的工作均衡度:
bfair_f =
    5.3844
```

从程序结果来看,当增加 4 个服务平台后,有 72 种分配方式,可以完全满足所有路口都能 3 min 出警的要求;当考虑工作均衡后,其中有 16 种分配方案比较合适,能够使得均衡度最好。从程序给出的工作均衡度图(见图 16-3)来看,不同的方案,均衡度有一定的不同,但也存在若干

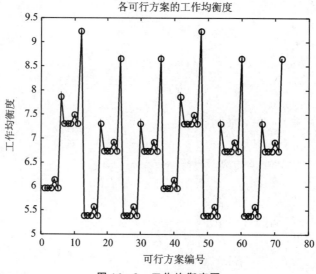

图 16-3 工作均衡度图

方案的均衡度相同的情况。也就是说,该小问的解答不唯一,存在 16 种可行的最佳方案。

16.4 问题 2 模型的建立和求解

1. 全市服务平台的合理性分析问题的模型与求解

通过以上对问题 1 的探讨,本小问可以从以下三个方面展开合理性分析:

① 不满足 3 min 出警的路口数;
② 服务平台的数量是不是最佳;
③ 服务平台的位置设置是不是最佳。

具体实现过程这里不再赘述。

2. 搜捕嫌疑犯实例的模型与求解

该问题的一个简单的思路是,先确定嫌疑犯可能出现的范围(所有可能路口),然后根据以上的模型调动警力封锁路口。

16.5 模型的评价与改进

模型的优点:
① 所建的模型较全面地刻画了问题的目标和约束,为模型的求解提供了基础。
② 模型的求解过程中,对所有可行解进行了遍历,从而确保了解的最佳性。
③ 对耦合度较低的多目标优化问题,采用逐步优化策略,使得建模思路更清晰,求解更有效。

模型的缺点:本问题计算短路的情况是以两点间的距离公式为基础的,与实际的路程有一定的出入。当然,在该问题的数据基础上只能这样计算了。

16.6 技巧点评

本章问题的建模思路相对比较清晰,比较容易上手。但难点都体现在一些细节处,比如目标函数的选取,约束条件的提取。另外,还有一个难点是模型的准确求解。该问题求解的基础是计算网络图的最短路径,所以参赛队如果赛前对类似网络图最短路径能熟练求解,竞赛时就比较有优势,能够较快、较准确地给出最短路径。其他问题就是如何利用已求出的最短路径,进行以模型的目标为导向的各种基本数学运算了。所以赛前学习和训练一些典型模型、典型算法、典型建模问题对提高建模竞赛成绩是非常有帮助的。

本章问题主体模型的方向非常明确,就是目标规划问题。所以建模过程中,仔细阅读题目,了解题目的要求后,就可以按照之前几章介绍的规划问题的解法展开建模,确定决策变量,甄选目标函数,抽象约束条件。下面就是模型的求解,该问题的求解只要熟悉一种最短路径的算法,比如 Floyd 算法,模型的求解还是比较容易的。另外,该问题的子问题虽然较多,但模型的通用性比较强,所以只要求解出一个之后,其他的问题也就迎刃而解了。

参考文献

[1] 姜启源,谢金星,叶俊. 数学模型[M]. 3 版. 北京:高等教育出版社,2003.

第 17 章

葡萄酒的评价问题(CUMCM 2012A)

本章问题是 2012 年的 A 题,是典型的数据建模问题,可以使用多种数据类建模方法。难点是数据项很多,对哪些数据进行建模是关键,这就需要对题目进行细致的分析,找到数据项的关系并形成建模思路,然后对各个子问题逐个建模和求解。

17.1 问题的提出

确定葡萄酒质量一般是通过聘请一批有资质的品酒员进行品评。每个品酒员在对葡萄酒进行品尝后对其分类指标打分,然后求和得到其总分,从而确定葡萄酒的质量。酿酒葡萄的好坏与所酿葡萄酒的质量有直接的关系,葡萄酒和酿酒葡萄检测的理化指标会在一定程度上反映葡萄酒和葡萄的质量。原题目中附件 1 给出了某一年份一些葡萄酒的评价结果,附件 2 和附件 3 分别给出了该年份这些葡萄酒的和酿酒葡萄的成分数据。请尝试建立数学模型讨论下列问题:

问题 1 分析附件 1 中两组品酒员的评价结果有无显著性差异,哪一组结果更可信?

问题 2 根据酿酒葡萄的理化指标和葡萄酒的质量对这些酿酒葡萄进行分级。

问题 3 分析酿酒葡萄与葡萄酒的理化指标之间的联系。

问题 4 分析酿酒葡萄和葡萄酒的理化指标对葡萄酒质量的影响,并论证能否用葡萄和葡萄酒的理化指标来评价葡萄酒的质量?

附件 1:葡萄酒品尝评分表(含 4 个表格,本文中略)

附件 2:葡萄和葡萄酒的理化指标(含 2 个表格,本文中略)

附件 3:葡萄和葡萄酒的芳香物质(含 4 个表格,本文中略)

17.2 问题 1 模型的建立与求解

17.2.1 问题 1 的分析

问题 1 要求我们首先确定两组品酒员的评价结果有无显著性差异,再评判哪组结果更可信。既然是显著性差异,我们很容易就想到用统计学中的显著性检验方法来确定该问题。

显著性检验(test of significance)又叫假设检验,是统计学中一个很重要的内容。显著性检验的方法很多,常用的有 t 检验、F 检验和 χ^2 检验等。尽管这些检验方法的用途及使用条件不同,但其检验的基本原理是相同的。根据本问题的场景,结合这三个检验方法的特点,该问题比较适合用 t 检验方法[1]。

t 检验分为单总体检验和双总体检验。单总体 t 检验是检验一个样本平均数与一个已知的总体平均数的差异是否显著;双总体 t 检验是检验两个样本平均数与其各自所代表的总体的差异是否显著。对于该问题,由于有两个样本,因此可以采用双总体 t 检验。

17.2.2 差异显著性评判

由于 t 检验是比较成熟的方法,所以这里不对 t 检验的理论进行探讨,而是直接应用该方法。

双总体 t 检验的一般步骤如下:
① 提出无效假设与备择假设:
$$H_0: \mu_1 = \mu_2, \quad H_1: \mu_1 \neq \mu_2$$

② 计算 t 值,计算公式为
$$t = \frac{\bar{x}_1 - \bar{x}_2}{S_{\bar{x}_1 - \bar{x}_2}}, \quad \text{自由度 } df = (n_1 - 1) + (n_2 - 1)$$

$$S_{\bar{x}_1 - \bar{x}_2} = \sqrt{\frac{\sum(x_1 - \bar{x}_1)^2 + \sum(x_2 - \bar{x}_2)^2}{(n_1 - 1) + (n_2 - 1)} \times \left(\frac{1}{n_1} + \frac{1}{n_2}\right)}$$

当 $n_1 = n_2 = n$ 时,
$$S_{\bar{x}_1 - \bar{x}_2} = \sqrt{\frac{\sum(x_1 - \bar{x}_1)^2 + \sum(x_2 - \bar{x}_2)^2}{n(n-1)}}$$

其中,$S_{\bar{x}_1 - \bar{x}_2}$ 为均数差异标准误;n_1,n_2 分别为两样本含量;$\bar{x}_1$、$\bar{x}_2$ 分别为两样本平均数。

③ 根据 $df = (n_1 - 1) + (n_2 - 1)$,查临界 t 值:$t_{0.05}$、$t_{0.01}$,将计算所得 t 值的绝对值与其比较,作出统计推断。推断依据如表 17-1 所列。

表 17-1 t 检验推断依据表

t 值	P 值	差异显著程度
$t \geq T(df)0.01$	$P \leq 0.01$	差异非常显著
$t \geq T(df)0.05$	$P \leq 0.05$	差异显著
$t < T(df)0.05$	$P > 0.05$	差异不显著

方法确定后,再来确定研究对象,即对哪个主体利用该方法。在这个问题里面,每个样品既有单项评分又有总分,而从品酒员角度,每个品酒员又有评分。为此,我们针对问题的目标,即评判两组品酒员的评价结果有无显著性差异,来确定最合适的研究对象。

在该问题中,每个样品的品质可以认为是固定的,所以对每个样品,不同组品酒员的总分应用 t 检验最合适,也最能反映两组品酒员的评价结果。

为此,在利用 t 检验之前,需要对原始数据进行一些预处理,主要处理内容如下:
① 数据质量检查与清洗,即查看数据是否有缺失,如果有缺失,则需要进行填充。通过检查数据质量发现,的确存在数据缺失现象,为此对于缺失的值,用同组的平均值进行填充。
② 对各个表中的数据按照样品编号进行重新排列,以便利用程序进行比较。

经过这样的处理,就可以用程序来计算这些样品的 t 检验值了,这样就可以用每组检验值的平均值来表示每组品酒员对红酒和白酒的显著性差异,即

$$T^* = \sum_{i=1}^{N} T_i$$

式中,T^* 为平均 t 检验值;i 为样品号;N 为样品总数;T_i 为两组品酒员对样品 i 的 t 检验值。

由于红酒和白酒品质差异比较大,所以我们分别对红酒和白酒的评价结果进行显著性分

析。对于红酒，$N=27$，对于白酒，$N=8$。

至此就可以用MATLAB编写程序求解该问题了，具体程序如P17-1。

程序编号	P17-1	文件名称	ch17_P1.m	说明	酒样得分 t 检验

```matlab
%% 2012A_question1_T evaluation
%--------------------------------------------------------
%% 数据准备
% 清空环境变量
clear all
clc
% 导入数据
X1 = xlsread('2012A_T1_processed.xls', 'T1_red_grape', 'D3:M272');
X2 = xlsread('2012A_T1_processed.xls', 'T2_red_grape', 'D3:M272');
X3 = xlsread('2012A_T1_processed.xls', 'T1_white_grape', 'D3:M282');
X4 = xlsread('2012A_T1_processed.xls', 'T2_white_grape', 'D3:M282');
%% 红葡萄酒t检验计算过程
[m1,n1] = size(X1);
K1 = 27;
% 计算每个样品的总得分
for i = 1:K1
        for j = 1:n1
            SX1(i,j) = sum(X1(10*i-9:10*i,j));
            SX2(i,j) = sum(X2(10*i-9:10*i,j));
        end
end
% 计算每组样品得分的均值
for i = 1:K1
    Mean1(i) = mean(SX1(i,:));
    Mean2(i) = mean(SX2(i,:));
end
% 计算检验值
for i = 1:K1
    S1(1,i) = (sum((SX1(i,:) - Mean1(i)).^2) + sum((SX2(i,:) - Mean2(i)).^2))/(n1*(n1-1));
    T1(1,i) = (Mean1(i) - Mean2(i))/(sqrt(S1(1,i)));
end
AT_R = abs(T1);
M_AT_R = mean(AT_R);
%% 白葡萄酒t检验计算过程
[m2,n2] = size(X3);
K2 = 28;
% 计算每个样品的总得分
for i = 1:K2
        for j = 1:n2
            SX3(i,j) = sum(X3(10*i-9:10*i,j));
            SX4(i,j) = sum(X4(10*i-9:10*i,j));
        end
end
% 计算每组样品得分的均值
for i = 1:K2
    Mean3(i) = mean(SX3(i,:));
    Mean4(i) = mean(SX4(i,:));
```

```matlab
end
% 计算检验值
for i = 1:K2
    S2(1,i) = (sum((SX3(i,:) - Mean3(i)).^2) + sum((SX4(i,:) - Mean4(i)).^2))/(n2 * (n2 - 1));
    T2(1,i) = (Mean3(i) - Mean4(i))/(sqrt(S2(1,i)));
end
AT_W = abs(T2);
M_AT_W = mean(AT_W);
% % 结果显示与比较
a = 2.102; % T(0.05,2,18) = 2.101
b = 2.878; % T(0.01,2,18) = 2.878
set(gca,'linewidth',2)
% 红酒结果
for i = 1:K1
    Ta1(i) = a;
    Tb1(i) = b;
end
t1 = 1:K1;
subplot(2,1,1);
plot(t1,AT_R,'*k-',t1,Ta1,'r-',t1,Tb1,'-.b','LineWidth', 2)
title('红酒显著性检验结果','fontsize',14)
legend('t检验值', 'T(0.05)值', 'T(0.01)值')
xlabel('样品号'), ylabel('t检验值')

% 白酒结果
for i = 1:K2
    Ta2(i) = a;
    Tb2(i) = b;
end
t2 = 1:K2;
subplot(2,1,2);
plot(t2,AT_W,'*k-',t2,Ta2,'r-',t2,Tb2,'-.b','LineWidth', 2)
title('白酒显著性检验结果','fontsize',14)
legend('t检验值', 'T(0.05)值', 'T(0.01)值')
xlabel('样品号'), ylabel('t检验值')
% 显示平均检验结果
disp(['两组品酒师对红酒的平均显著性t检验值:' num2str(M_AT_R)]);
disp(['两组品酒师对白酒的平均显著性t检验值:' num2str(M_AT_W)]);
% % end
```

运行程序,得到每个样品的 t 检验结果(如图 17-1 所示)和平均 t 检验值:

两组品酒师对红酒的平均显著性t检验值:1.7539
两组品酒师对白酒的平均显著性t检验值:1.1641

查表可知,$T(0.05,2,18)=2.101$,$T(0.01,2,18)=2.878$。按照 t 检验的第三步,可知, $t<T(df)0.05$,所以我们可以得到这样的问题 1 的结论:

① 两组品酒员对红酒和白酒的评价结果差异都不显著;
② 对白酒评价结果的差异小于对红酒的差异。

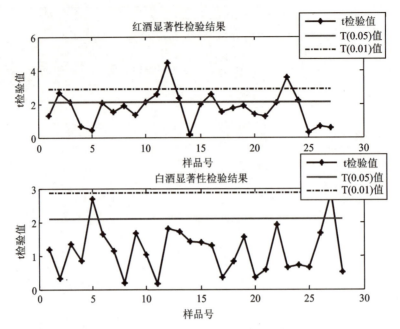

图 17-1 每个样品的 t 检验值与参考值的比较

17.2.3 评价结果稳定性

基于上面的分析可知,两组品酒员对酒样的评判结果差异不显著,即可以认为是来自同一个样本的数据。这样我们就可以用每组品酒员的得分对总体样本的方差表示各组品酒员评价结果的稳定性,即

$$V = \sum_{i=1}^{N}(S_i - u_0)^2$$

式中,V 为样本对总体样本的方差;S_i 为第 i 品酒员的给酒样的总分;u_0 为总体样本均值。

由于在计算 t 检验的过程中,已得到该表达式中所有参数的值,所以可以很快得到每组品酒员对每个样品的方差了。在上面程序的基础上,稍作修改,就可以编写出计算该方差的程序,如 P17-2 所示。

| 程序编号 | P17-2 | 文件名称 | ch17_P2.m | 说明 | 两组品酒员评价 |

```
% % 2012A_question1_T evaluation
%-----------------------------------------
% % 数据准备
% 清空环境变量
clear all
clc
% 导入数据
X1 = xlsread('2012A_T1_processed.xls', 'T1_red_grape', 'D3:M272');
X2 = xlsread('2012A_T1_processed.xls', 'T2_red_grape', 'D3:M272');
% % 计算每组品酒员对每个样品的方差
[m,n] = size(X1);
K = 27;
```

```
% 计算每个样品的总得分
for i = 1:K
    for j = 1:n
        SX1(i,j) = sum(X1(10 * i - 9:10 * i,j));
        SX2(i,j) = sum(X2(10 * i - 9:10 * i,j));
    end
    u0(i) = mean([SX1(i,:), SX2(i,:)]);
end
% 计算方差
for i = 1:K
    SD1(i,:) = (SX1(i,:) - u0(i)).*(SX1(i,:) - u0(i));
    SD2(i,:) = (SX2(i,:) - u0(i)).*(SX2(i,:) - u0(i));
end
%% 结果显示与比较
for i = 1:K
    TSD(1,i) = sum(SD1(i,:));
    TSD(2,i) = sum(SD2(i,:));
end
t = 1:K;
plot(t,TSD(1,:),'*k-',t,TSD(2,:),'or--','LineWidth',2)
legend('一组对白葡萄酒方差','二组对白葡萄酒方差')
xlabel('白葡萄酒样品编号'); ylabel('白葡萄酒样品编号');
TSD1 = sum(TSD(1,:));
TSD2 = sum(TSD(2,:));
disp(['一组对白葡萄酒总方差:' num2str(TSD1)]);
disp(['二组对白葡萄酒总方差:' num2str(TSD2)]);
```

运行该程序,可得到如图 17-2 所示的两组品酒员品白酒样的方差,同时得到总方差:

一组对白葡萄酒总方差:16434.675
二组对白葡萄酒总方差:10524.775

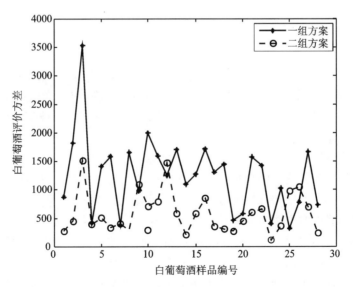

图 17-2 两组品酒员品白葡萄酒数据方差比较

由于方差越小,说明越稳定,故对于红酒来说,第二组品酒员的评价结果更稳定。

同样,将以上程序的输入数据改为红酒的数据,则可以得到如图 17-3 所示两组品酒员品白葡萄酒的方差,同时得到总方差:

```
一组对红葡萄酒总方差:34961.6
二组对红葡萄酒总方差:16522.8
```

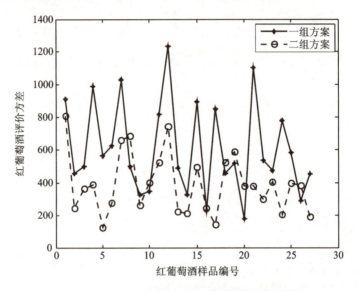

图 17-3 两组品酒员品红葡萄酒数据方差比较

综合两组对两类葡萄酒的评价稳定性,可知第二组对两类酒评价的稳定性都比第一组高。

17.3 问题 2 模型的建立与求解

17.3.1 问题 2 的基本假设和分析

1. 基本假设

① 假设品酒员在完全相同的环境因素下进行品酒,且品酒员均按照同一标准进行品酒。

② 假设酿酒葡萄的编号和葡萄酒的编号是一致的,存在严格的对应关系。这样就可以利用葡萄酒的评分数据对酿酒葡萄进行分级,同时两者的理化指标也能够对应上,便于找出它们在理化指标方面的关系。

2. 问题 2 的分析

问题 2 要求根据酿酒葡萄的理化指标和葡萄酒的质量对这些酿酒葡萄进行分级。但该问题中并没有给出分级的标准和具体的分级数,所以该问题属于数据建模中的聚类问题。这样我们就可以利用一些聚类方法来求解该问题了。在众多聚类方法中,K-means 方法为适应性比较强的方法,所以不妨先用 K-means 方法对所研究的数据进行聚类,然后还可以尝试用层次聚类、模糊聚类等方法,以便于结果的比较和最佳聚类方法的选择。

下面分析该对谁聚类,也就是说,确定聚类的研究对象。问题中已明确规定根据酿酒葡萄的理化指标和葡萄酒的质量来实现对酿酒葡萄的分级。对葡萄酒的理化指标数据分析发现,理化指标比较多,用哪些指标进行分级,效果很难评判。但用葡萄酒质量数据来进行分级,既有直观的现实意义,操作性也比较可行,因此可以先根据葡萄酒的质量来进行酿酒葡萄的分级。由第一问可知,虽然第二组品酒员的数据更稳定,但两组品酒员的结果并没有显著差异,所以,应该以两组品酒员的平均值作为酒样的质量数据。

确定根据葡萄酒的质量对酿酒葡萄进行分级后,就可以研究如何利用酿酒葡萄的理化指标来分级。这里面,理化指标的差异就是数值上的差异,而求解这类问题的一个典型的方法就是 PCA 方法,所以可以用 PCA 方法来实现对理化指标的降维,然后同样可以用上述的聚类方法来实现聚类。

17.3.2 葡萄酒质量分级

目前的聚类算法都属于半监督算法,还需要指定每次聚类过程中类别的数量,所以对于该问题,需要先确定最佳类别的数量。可以先用轮廓值对 K-means 算法得到的聚类结果进行评价,这样就可以据此确定最佳的类别数。

此处,对于聚类的执行选择由 K-means 算法来实现,是因为该算法的适应范围最广。K-means 算法的一般步骤如下:

① 从 n 个数据对象中任意选择 k 个对象作为初始聚类中心。

② 根据每个聚类对象的均值(中心对象),计算每个对象与这些中心对象的距离,并根据最小距离重新对相应对象进行划分。

③ 重新计算每个(有变化)聚类的均值(中心对象),直到聚类中心不再变化。这种划分使得下式最小:

$$E = \sum_{j=1}^{k} \sum_{x_i \in \omega_j} \| x_i - m_j \|^2$$

其中,m_j 为各类的中心,x_i 第 i 样本点的位置。

④ 循环步骤②~③直到每个聚类不再发生变化为止。

接下来是明确要聚类的对象。这里可以对理化指标进行聚类,也可以对葡萄酒的质量(评分)进行聚类,很显然,对后者聚类更容易操作,且还可以以两组品酒员评分的均值作为葡萄酒的质量。首先,以红葡萄酒的质量评分为研究对象来确定最佳的类别。当确定最佳分类数后就可以使用常用的集中聚类方法对该问题进行聚类了。然后比较各种算法,看哪种算法对该问题更合适,同时还可以比较各算法对该问题是否具有很好的一致性。根据这一思路,编写了 MATLAB 程序 P17-3。

运行程序的前两节,就可以得到该问题的平均轮廓值与类别数的关系图(见图 17-4)和类别为 2~5 时的每类的轮廓值分布图(见图 17-5)。

对于聚类问题,我们一方面希望聚类的数量比较适中,同时又希望每个样品的轮廓值尽量高。对这个只有不到 30 个样品的样本问题,比较合适的类别数是 2~5 个,而通过图 17-4 可以发现,类别为 2 或者 4 时平均轮廓值比较高,但如果只分 2 类,分级效果不明显。由图 17-5 可以看出,分 2 类时,轮廓值较小的样品相对较多,而分为 4 类时,轮廓值的分布效果更好些。

所以综合以上分析,对于这个问题,最佳的类别数选为 4 比较合适。用同样的方法,对白葡萄酒的数据进行分析,可以得到一致的结论。需要注意的是,聚类方法都有一定的随机性,所以每次执行的程序会有一些差异,但总体趋势是一致的。

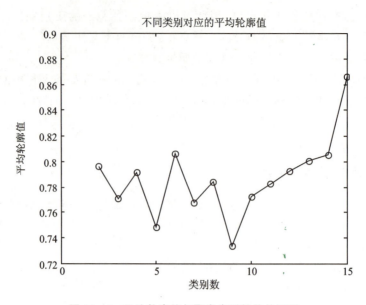

图 17-4 平均轮廓值与聚类类别数的关系图

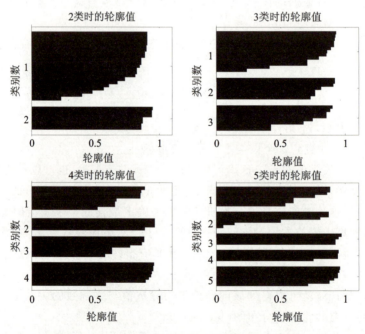

图 17-5 类别为 2~5 时的每类的轮廓值分布图

程序编号	P17-3	文件名称	ch17_P3.m	说明	酒样分类 K-means 方法

```
%%用聚类法确定葡萄酒分级
clc,clear all,close all
%%需要聚类的数据
%红葡萄酒质量评分
A = [79.95    75      80.45   78.15   76.25   71.95   75.85   71.85   76.65   ...
     77.05   71.85   67.84   69.9    74.55   75.4    70.65   79.55   74.9    ...
     74.3    77.2    77.8    75.2    76.65   74.7    78.3    77.8    70.9    80.45];
```

```matlab
% 白葡萄酒质量评分
%{
A = [79.95    75     80.45   78.15   76.25   71.95   75.85   71.85   76.6...
     77.05   71.85   67.85   69.9    74.55   75.4    70.65   79.55   74.9...
     74.3    77.2    77.8    75.2    76.65   74.7    78.3    77.8    70.9];
%}
%% 用K-means聚类法确定最佳的聚类数
X = A';
numC = 15;
for i = 1:numC
    kidx = K-means(X,i);
    silh = silhouette(X,kidx);              % 计算轮廓值
    silh_m(i) = mean(silh);                 % 计算平均轮廓值
end
figure
plot(1:numC,silh_m,'o-')
xlabel('类别数')
ylabel('平均轮廓值')
title('不同类别对应的平均轮廓值')

% 绘制2至5类时的轮廓值分布图
figure
for i = 2:5
    kidx = K-means(X,i);
    subplot(2,2,i-1);
    [~,h] = silhouette(X,kidx);
    title([num2str(i),'类时的轮廓值'])
    snapnow
    xlabel('轮廓值');
    ylabel('类别数');
end
%% K-means聚类过程,并将结果显示出来
[idx,ctr] = K-means(A',4);                  % 用K-means法聚类
% 提取同一类别的样品号
c1 = find(idx == 1); c2 = find(idx == 2);
c3 = find(idx == 3); c4 = find(idx == 4);
figure
F1 = plot(find(idx == 1), A(idx == 1),'r--*',...
          find(idx == 2), A(idx == 2),'b:o',...
          find(idx == 3), A(idx == 3),'k:o',...
          find(idx == 4), A(idx == 4),'g:d');
set(gca,'linewidth',2);
set(F1,'linewidth',2,'MarkerSize',8);
xlabel('编号','fontsize',12);
ylabel('得分','fontsize',12);
title('白葡萄酒质量评分--K-means聚类结果')
disp('聚类结果:');
disp(['第1类:',',中心点:',num2str(ctr(1)),' ','该类样品编号:',num2str(c1')]);
disp(['第2类:',',中心点:',num2str(ctr(2)),' ','该类样品编号:',num2str(c2')]);
disp(['第3类:',',中心点:',num2str(ctr(3)),' ','该类样品编号:',num2str(c3')]);
disp(['第4类:',',中心点:',num2str(ctr(4)),' ','该类样品编号:',num2str(c4')]);

%% 层次聚类
X = A';
Y = pdist(X);        % 计算样品间的欧式距离
```

```
Z = linkage(Y,'average');    % 利用类平均法创建系统聚类树
cn = size(X);
clabel = 1:cn;
clabel = clabel';
figure
F2 = dendrogram(Z);    % 绘制聚类树形图
set(F2,'linewidth',2);
ylabel('标准距离');
%% Fuzzy C-means 聚类
X = A';
[center,U] = fcm(X,4);
Cid1 = find(U(1,:) == max(U));
Cid2 = find(U(2,:) == max(U));
Cid3 = find(U(3,:) == max(U));
Cid4 = find(U(4,:) == max(U));
figure
F3 = plot(Cid1, A(Cid1),'r--*',...
     Cid2, A(Cid2),'b:o',...
     Cid3, A(Cid3),'k:o',...
     Cid4, A(Cid4),'g:d');
set(gca,'linewidth',2);
set(F3,'linewidth',2,'MarkerSize',8);
xlabel('编号');
ylabel('得分');
title('Fuzzy C-means 聚类聚类结果')
%% 2012 年全国赛 A 题第二问求解示例程序
```

将类别数设为 4，执行程序的其他几节，就可以分别得到 K-means、层次聚类和模糊 C-means 方法的聚类结果了，分别如图 17-6、图 17-7、图 17-8 所示。从这三幅图来看，三种方法的结果基本是一致的，所以说这三种方法对该问题的聚类效果是一致的。所以不妨以 K-means 方法得到的结果作为本问题的分级依据。

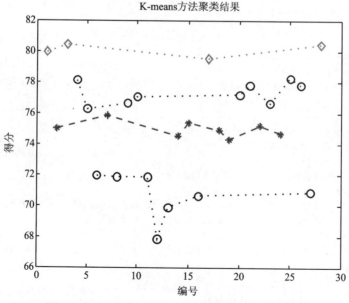

图 17-6　红葡萄酒 K-means 方法聚类结果分布图

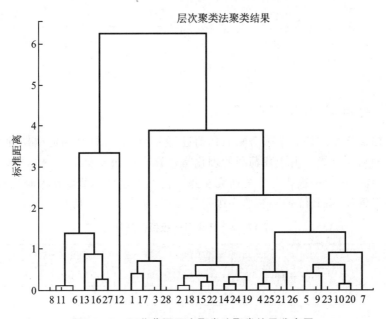

图 17-7 红葡萄酒层次聚类法聚类结果分布图

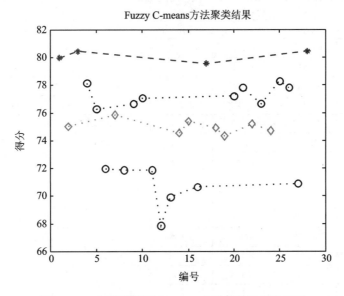

图 17-8 红葡萄模糊 C-means 方法聚类结果分布图

运行程序 P17-3,在 MATLAB 的命令窗口区就有 K-means 方法的聚类结果,这样就可以得到红葡萄的分级结果:

红葡萄酒聚类结果:
第 1 类:中心点:79.0563　　该类样品编号:1　3　4　17　21　25　26　28
第 2 类:中心点:75.6692　　该类样品编号:2　5　7　9　10　14　15　18　19　20　22　23　24
第 3 类:中心点:67.85　　　 该类样品编号:12
第 4 类:中心点:71.1833　　该类样品编号:6　8　11　13　16　27

对于白葡萄酒,可采用同样的方法。利用程序 P17-3,可以很快得到白葡萄酒的分级结果。白葡萄酒的分类图与红葡萄酒基本一致,所以这里就不再列出,只给出具体的分级结果:

聚类结果：
第1类:中心点:78.4722　该类样品编号:1　3　4　10　17　20　21　25　26
第2类:中心点:75.4045　该类样品编号:2　5　7　9　14　15　18　19　22　23　24
第3类:中心点:67.85　　该类样品编号:12
第4类:中心点:71.1833　该类样品编号:6　8　11　13　16　27

17.3.3　葡萄酒理化指标分级

以上是根据葡萄酒的评分结果对酿酒葡萄进行分级,下面研究如何根据葡萄酒的理化指标实现对酿酒葡萄的分级。由于葡萄酒的理化指标存在一级指标和二级指标,为了保持指标级别的一致性,统一选择一级指标作为研究对象。仍然先以红葡萄酒作为研究对象,对原题附件2的数据进行整理,得到红葡萄酒的一级指标数据,如表17-2所列。

表17-2　红葡萄一级指标数据

红葡萄酒品种编号	花色苷/$(mg \cdot L^{-1})$	单宁/$(mmol \cdot L^{-1})$	总酚/$(mmol \cdot L^{-1})$	酒总黄酮/$(mmol \cdot L^{-1})$	白藜芦醇/$(mg \cdot L^{-1})$	DPPH/$1/IV50(\mu L)$	色泽/D65		
							L	a	b
酒样品1	973.878	11.03	9.983	8.02	2.4382	0.358	2.480	16.100	3.880
酒样品2	517.581	11.078	9.56	13.3	3.6484	0.46	14.260	45.770	24.060
酒样品3	398.77	13.259	8.549	7.368	5.2456	0.396	16.390	48.040	27.560
酒样品4	183.519	6.477	5.982	4.306	2.9337	0.177	42.300	59.530	26.750
酒样品5	280.19	5.849	6.034	3.644	4.9969	0.207	34.460	60.160	24.050
酒样品6	117.026	7.354	5.858	4.445	4.4311	0.211	56.950	54.430	23.570
酒样品7	90.825	4.014	3.858	2.765	1.8205	0.112	59.000	48.820	32.070
酒样品8	918.688	12.028	10.137	7.748	1.0158	0.346	8.600	38.860	14.680
酒样品9	387.765	12.933	11.313	9.905	3.8599	0.386	14.170	46.090	24.190
酒样品10	138.714	5.567	4.343	3.145	3.2459	0.136	57.090	58.060	8.000
酒样品11	11.838	4.588	4.023	2.103	0.3816	0.105	88.790	12.140	19.540
酒样品12	84.079	6.458	4.817	2.986	2.1628	0.141	53.680	50.450	30.590
酒样品13	200.08	6.385	4.93	3.957	1.3388	0.166	41.590	58.730	19.600
酒样品14	251.57	6.073	5.013	3.068	2.1659	0.163	24.220	56.170	35.300
酒样品15	122.592	3.985	4.064	1.836	0.8886	0.068	52.950	57.870	19.090
酒样品16	171.502	4.832	4.044	2.668	1.1620	0.117	50.470	59.450	18.200
酒样品17	234.42	9.17	6.168	4.912	1.6504	0.31	41.210	56.030	25.120
酒样品18	71.902	4.447	4.353	3.531	1.7396	0.138	58.180	54.720	22.550
酒样品19	198.614	5.981	5.157	3.875	9.0269	0.167	47.700	64.930	20.670
酒样品20	74.377	5.864	4.858	4.044	0.9641	0.158	78.480	26.390	15.870
酒样品21	313.784	10.09	8.941	4.44	8.7937	0.358	21.500	52.800	35.210
酒样品22	251.017	7.105	6.199	5.827	4.4666	0.231	40.550	54.050	26.200
酒样品23	413.94	10.888	12.529	12.144	12.6821	0.566	14.600	46.860	25.070
酒样品24	270.108	5.747	5.394	3.731	6.8689	0.165	42.840	59.060	17.680
酒样品25	158.569	5.406	4.425	3.022	2.5789	0.165	50.240	63.780	11.530
酒样品26	151.481	3.615	3.889	2.154	2.7369	0.076	33.500	62.050	29.180
酒样品27	138.455	5.961	4.734	3.284	4.7758	0.151	63.140	48.730	15.980

从表 17-2 可以看出，红葡萄酒的一级理化指标依然有 9 个，根据这 9 个指标进行聚类，难度较大。为此，可以先用 PCA（主成分分析）方法对指标进行降维，然后再利用 K-means 方法对降维结果进行聚类。

PCA 方法的基本步骤如下：
① 对原始数据进行标准化处理。
② 计算样本相关系数矩阵。
③ 计算相关系数矩阵 **R** 的特征值（$\lambda_1, \lambda_2, \cdots, \lambda_p$）和相应的特征向量。
④ 选择重要的主成分，并写出主成分的表达式。
⑤ 计算主成分得分。
⑥ 依据主成分得分数据，进一步对问题进行后续的分析和建模。

而 K-means 方法，前面已经进行了介绍，所以根据 PCA 方法和 K-means 方法的步骤，可以用 MATLAB 编写实现这一数据降维和聚类的程序。

程序编号	P17-4	文件名称	ch17_P4.m	说明	酒样数据降维和聚类

```matlab
%% 根据红葡萄酒的质量评分进行 K-means 聚类
clear all,clc
%% 用 PCA 和 K-means 方法实现对葡萄酒的理化指标进行聚类
%--------------------------------------------------------
%% 数据导入及处理
clc
clear all
A = xlsread('2012A_Table2.xls','葡萄酒指标汇总','B3:J29');
% 数据标准化处理
a = size(A,1);
b = size(A,2);
for i = 1:b
    SA(:,i) = (A(:,i) - mean(A(:,i)))/std(A(:,i));
end
%% 计算相关系数矩阵的特征值和特征向量
CM = corrcoef(SA);            % 计算相关系数矩阵(correlation matrix)
[V, D] = eig(CM);             % 计算特征值和特征向量
for j = 1:b
    DS(j,1) = D(b+1-j, b+1-j);  % 对特征值按降序进行排序
end
for i = 1:b
    DS(i,2) = DS(i,1)/sum(DS(:,1));         % 贡献率
    DS(i,3) = sum(DS(1:i,1))/sum(DS(:,1));  % 累积贡献率
end
%% 选择主成分及对应的特征向量
T = 0.8;     % 主成分信息保留率
for K = 1:b
    if DS(K,3) >= T
        Com_num = K;
        break;
    end
end
% 提取主成分对应的特征向量
for j = 1:Com_num
```

```matlab
        PV(:,j) = V(:,b+1-j);
    end
%% 计算各评价对象的主成分得分
new_score = SA * PV;
for i = 1:a
    total_score(i,1) = sum(new_score(i,:));
    total_score(i,2) = i;
end
result_report = [new_score, total_score]; %将各主成分得分与总分放在同一个矩阵中
result_report = sortrows(result_report,(K+2)); %按总分降序排序
%% K-means 聚类及结果报告
A = result_report(:,(K+1));
[idx,ctr] = K-means(A,4);
[m,n] = size(A);
t1 = ones(1,n)*30;
set(gca,'linewidth',2);
c1 = find(idx == 1); c2 = find(idx == 2); c3 = find(idx == 3); c4 = find(idx == 4);
plot(t1,A,'--bo',c1,A(idx == 1),'r*',c2,A(idx == 2),'bs',c3,A(idx == 3),'k+',c4,A(idx == 4),'ro')
xlabel('红葡萄酒样品编号','fontsize',12);
ylabel('主成分得分','fontsize',12);
disp('主成分得分(最后1列为样本编号,倒数第2列为总分,前面为各主成分得分)')
result_report
disp('分类结果:');
disp(['第 1 类:',' 中心点:',num2str(ctr(1)),' ','该类样品编号:', num2str(c1')]);
disp(['第 2 类:',' 中心点:',num2str(ctr(2)),' ','该类样品编号:', num2str(c2')]);
disp(['第 3 类:',' 中心点:',num2str(ctr(3)),' ','该类样品编号:', num2str(c3')]);
disp(['第 4 类:',' 中心点:',num2str(ctr(4)),' ','该类样品编号:', num2str(c4')]);
```

运行该程序,可以得到 PCA 对数据的降维结果及红葡萄酒理化指标的聚类结果:

主成分得分(最后 1 列为样本编号,倒数第 2 列为总分,前面为各主成分得分)

result_report =

-4.0321	3.6196	0.8374	0.4249	1.0000
-3.8866	0.0578	-0.4445	-4.2733	2.0000
-2.8865	-0.6357	-0.5275	-4.0498	3.0000
0.6710	-0.7083	-0.0146	-0.0519	4.0000
0.3150	-0.8298	0.5800	0.0652	5.0000
0.6448	-0.4866	-0.2724	-0.1142	6.0000
2.2083	-0.4435	-1.0665	0.6984	7.0000
-3.6148	2.0198	0.7447	-0.8503	8.0000
-3.5577	-0.1010	-0.5354	-4.1941	9.0000
1.6422	0.8049	1.3847	3.8318	10.0000
2.6053	2.4583	-2.2842	2.7793	11.0000
1.4885	-0.4968	-0.9500	0.0417	12.0000
1.0034	0.1632	0.5555	1.7221	13.0000
0.7095	-1.1133	-0.4716	-0.8754	14.0000
2.4298	0.3334	0.5700	3.3332	15.0000
1.9190	0.3081	0.7169	2.9441	16.0000
-0.2961	-0.2239	-0.2811	-0.8011	17.0000
1.9458	-0.0004	-0.1128	1.8327	18.0000
0.6641	-1.4232	1.0296	0.2706	19.0000

```
    1.6656    2.0066   -1.2740    2.3982   20.0000
   -1.9686   -2.0953   -0.7128   -4.7766   21.0000
   -0.1253   -0.6373   -0.1735   -0.9361   22.0000
   -4.9984   -1.7587   -0.3557   -7.1128   23.0000
    0.5801   -0.5316    1.0771    1.1255   24.0000
    1.5238    0.3538    1.4223    3.2999   25.0000
    1.9771   -1.0201    0.3179    1.2748   26.0000
    1.3729    0.3801    0.2403    1.9933   27.0000
分类结果：
第1类：中心点：-7.1128    该类样品编号：23
第2类：中心点：-4.3235    该类样品编号：2  3  9  21
第3类：中心点：0.020932   该类样品编号：1  4  5  6  7  8  12  14  17  19  22  24  26
第4类：中心点：2.6816     该类样品编号：10  11  13  15  16  18  20  25  27
```

红葡萄酒的聚类结果如图17-9所示。

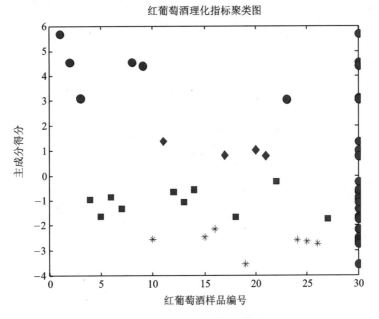

图17-9　红葡萄酒理化指标聚类图

对于白葡萄酒的聚类，在程序P17-4中，只需要用白葡萄酒的理化数据替换红葡萄酒的数据，就可以很快得到数据降维结果及白葡萄酒理化指标的聚类结果：

```
主成分得分（最后1列为样本编号，倒数第2列为总分，前面为各主成分得分）
result_report =
   -1.0078   -1.5238    0.3069   -2.2247    1.0000
   -1.3171   -0.4082    0.7825   -0.9428    2.0000
    0.9786   -0.7470    0.0711    0.3027    3.0000
    0.0033    1.0321    0.5413    1.5767    4.0000
   -0.7366    1.5868   -0.4443    0.4059    5.0000
   -1.1979   -1.0547    0.6770   -1.5755    6.0000
    0.1520   -1.8792    0.3809   -1.3463    7.0000
   -1.9902   -0.9654   -0.6034   -3.5589    8.0000
   -0.7670    0.7528    0.5590    0.5448    9.0000
```

0.3584	-1.4631	0.8933	-0.2114	10.0000
-0.6706	-1.1491	0.9959	-0.8239	11.0000
1.2819	-0.4038	-0.5451	0.3329	12.0000
-0.5460	-1.7265	-0.8445	-3.1170	13.0000
-0.8892	-0.9457	-2.6348	-4.4696	14.0000
1.1256	-1.0193	-0.0870	0.0193	15.0000
-1.0415	0.3172	-0.5432	-1.2676	16.0000
0.5959	0.0465	0.1913	0.8337	17.0000
-0.4434	-2.1127	-0.0984	-2.6545	18.0000
-0.3502	0.1266	1.2144	0.9908	19.0000
0.1814	-0.6215	-0.4147	-0.8549	20.0000
-1.2512	-0.4540	0.2822	-1.4230	21.0000
-1.1170	1.3433	-2.8513	-2.6250	22.0000
-1.3093	2.1536	0.9555	1.7998	23.0000
6.0598	0.3470	-0.5674	5.8394	24.0000
-0.0688	0.7387	1.1712	1.8412	25.0000
-1.0940	4.6858	-0.9618	2.6300	26.0000
4.6440	0.4950	-0.1727	4.9663	27.0000
0.4168	2.8486	1.7461	5.0115	28.0000

分类结果：
第1类：中心点：1.1259　该类样品编号：3　4　5　9　12　17　19　23　25　26
第2类：中心点：5.2724　该类样品编号：24　27　28
第3类：中心点：-0.93623　该类样品编号：2　6　7　10　11　15　16　20　21
第4类：中心点：-3.1083　该类样品编号：1　8　13　14　18　22

白葡萄酒的聚类结果如图17-10所示。

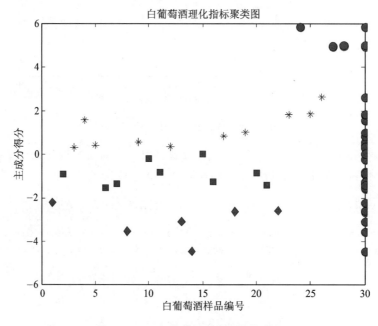

图17-10　白葡萄酒理化指标聚类图

17.3.4 两种分级结果的分析

对前面两种分级方法的结果进行分析，不难发现，它们结果的一致性较差。也就是说，评分高的葡萄酒，它们的理化指标得分却不一定高，两者之间没有明显的关系。那么哪种分级方式更合理呢？

葡萄酒评分的分级，是依据品酒员对酒的感觉而进行的分级；而葡萄酒的理化指标，则是根据数值的高低进行的分级。两者的评价角度是不一样的，所以得到的结果也不一样。这个道理就像是一道菜的咸度，我们评价菜的咸度并不是越高越好，也不是越小越好，而是有个最佳值。如果依据咸度高低对菜进行分级，其结果就是：咸的菜和不咸的菜。但这不能确定是好吃的菜（咸度正好的菜）。

所以说两者分级结果不一致，也是合情合理的。但考虑对酒的分级目的和实际应用价值，我们认为根据评分对酿酒葡萄进行分级更合理，更有实际应用价值。

17.4 问题3模型分析

问题3是要分析酿酒葡萄与葡萄酒的理化指标之间的联系，由于两者的理化指标比较多，是多对多的关系，所以给该问题增加了难度。对于这类问题，一般都可以利用拟合、回归、求相关系数这类方法方法来求解。在用方法之前，需要先确定研究的主体，也就是对哪些指标、哪些数据用这些方法。这个问题可以从下面几个角度去展开：

① 只研究酿酒葡萄和葡萄酒共有的指标，比如总酚、花色苷，这样，问题就变得非常简单了。接下来，就可以用拟合、回归方法给出两者之间的共有指标的关系了。

② 先用 PCA 或方差分析，分别找出酿酒葡萄和葡萄酒的几个主要指标，然后再研究几个主要指标之间的关系。

③ 求出指标之间的相关系数，筛选相关性比较强的指标，再拟合、回归它们之间的关系。

17.5 问题4模型分析

问题4是分析酿酒葡萄和葡萄酒的理化指标对葡萄酒质量的影响，并论证能否用葡萄和葡萄酒的理化指标来评价葡萄酒的质量。该问题是对前三个问题的总结，综合以上的分类和指标的关系分析，就可以确定葡萄酒质量是否与酿酒葡萄和葡萄酒的理化指标高度相关。如果是，就可以给出，而且最好给出葡萄酒质量与这些理化指标的具体关系；如果不是，则要给出具体的依据，比如相关系数太小等。

17.6 论文点评

葡萄酒的评价问题是典型的数据建模问题。这类建模问题的特点是数据多，可用的方法多，从建模的角度，其难度往往不大。这类问题的求解关键是选对方法、选对数据、用对方法。

本篇论文中，用到了 t 检验、K-means、PCA 等方法，这些方法都是很常见的数学方法，使用难度较低。尽管这些方法很常见，依然出现很多队用错的情况，主要是用错了地方。所以平时在学习这些基础建模方法的时候，要特别注意这些方法的使用场景和前提，这样才能灵活运用且不出错。

通过对这篇论文的解析,我们可以总结出这类数据建模问题的求解经验:

① 明确问题,分析问题,了解与本问题相关的数据信息,并确定求解问题的大致方法(或几种可能的方法);

② 分析数据内容,根据求解问题的方向和数据的现实意义等因素,确定研究对象,明确对哪些数据运用方法;

③ 正确、高效地利用数学工具(如 MATLAB),实现对问题的求解,并以容易理解的方式直观地将求解结果表现出来。

参考文献

[1] Soman K P,等. 数据建模基础教程[M]. 范明,等译. 北京:机械工业出版社,2009.

第 18 章
出租车补贴方案优化问题(CUMCM 2015B)

本章问题是 2015 年的 B 题,是综合性比较强的题目,融合了数据分析、优化、机理建模、评价等多建模方法;而且也比较开放,不仅数据比较开放,建模思路也比较开放。获得该年度甲组"MATLAB 创新奖"的团队所用的主要建模方法是一种机理建模方法,用仿真方法对打车过程中的乘客和出租车的微观过程进行抽象和建模,从而给出了比较理想的建模和求解思路。

18.1 问题描述

1. 背景资料与条件

出租车是市民出行的重要交通工具之一,"打车难"是人们关注的一个社会热点问题。随着"互联网+"时代的到来,有多家公司依托移动互联网建立了打车软件服务平台,实现了乘客与出租车司机之间的信息互通,同时推出了多种出租车的补贴方案。

2. 需要解决的问题

问题 1 试建立合理的指标,并分析不同时空出租车资源的"供求匹配"程度。

问题 2 分析各公司的出租车补贴方案是否对"缓解打车难"有帮助。

问题 3 如果要创建一个新的打车软件服务平台,你们将设计什么样的补贴方案?并论证其合理性。

18.2 问题分析

1. 问题 1 的分析

问题 1 要求建立合理的指标以分析不同时空出租车资源的"供求匹配"程度,可以选取里程利用率和供求比率两个指标。

里程利用率这一指标,可以从供给角度和需求角度分别测量出租车的载客里程,使二者相等,从而得到里程利用率的理想值 K^*。而供求比率这一指标,可依据供求关系将区域分为三个部分(供大于求部分、供等于求部分和供小于求部分),再利用供给比率的相关定义,求得供求比率的理想值 η^*。

将两个指标抽象为二维空间的坐标,将里程利用率 K 和供求比率 η 转化为点 $Q(K, \eta)$,通过归一化处理后,计算实际点与平衡点间的距离。距离越大,供求匹配度越低;距离越小,供求匹配度越高;距离为零,此时达到平衡点,供求完全匹配。

本章内容是根据 2015 年获得甲组"MATLAB 创新奖"的论文整理的,获奖高校为西安电子科技大学,获奖人包括张鹏程、刘辽、陈映宇,指导老师为张胜利。

2. 问题 2 的分析

问题 2 要求分析各公司的出租车补贴方案是否对"缓解打车难"有帮助,可以首先描绘出滴滴和快的两个公司在不同时间补贴方案的图。以滴滴打车为例,计算出公司对乘客的补贴金额 m_1 和对司机的补贴金额 m_2,通过意愿半径 R 和软件使用人数比例 λ 这两个指标,分别对未使用补贴方案及使用补贴方案两种情况进行对比分析,可以得出这两种情况下的人均车辆占有率($\bar{a}_1,\bar{a}_2$),令 $w=(\bar{a}_2-\bar{a}_1)\sqrt{\bar{a}_1}\times 100\%$,求出使用补贴方案后对于补贴方案前的车辆占有率的相对提高量,以此来判断补贴方案对于打车难的缓解程度。

3. 问题 3 的分析

问题 3 要求设计补贴方案并论证其合理性,可以从乘客和司机两个方面实施补贴方案。乘客方面,可以采用积分奖励、红包抽取等激励补贴政策;司机方面,可以将地区划分为 9 个部分(九方格),利用每辆车的车单数与所获补贴之间的比例关系列出等式,从时间和空间两个角度对模型进行求解,从而得出结果,并验证合理性。

18.3 模型假设与符号说明

模型假设与符号说明:
① 假设司机和等车乘客按二维正态分布存在于一个城市中。
② 假设使用打车软件打车的情况可以估计所有的打车情况。
③ 假设乘客和出租车司机会因补贴政策的驱使而倾向于使用打车软件。
本章主要使用的数学符号及含义如表 18-1 所列。

表 18-1 主要数学符号及含义

符号	说明	符号	说明
l	载客里程	R	意愿半径
N	出租车总保有量	λ	打车软件使用人数比例
n	人口总量	m	补贴金额
σ	人均日出行次数	$\bar{a}$	人均出租车拥有量
d	平均出行距离	w	缓解率
K	里程利用率	μ	车单数
η	供求比率		

18.4 问题 1 模型的建立与求解

18.4.1 指标的确立

"供求匹配"分为三种情况:供大于求、供小于求、供求相等。为了分析不同时空出租车资源的供求匹配程度,我们确立了里程利用率和供求比率两个指标。

1. 里程利用率 K

里程利用率 K 是指载客里程(单位为 km)与行驶里程(单位为 km)之比,公式表示如下:

$$K = \frac{载客里程}{行驶里程} \times 100\% \qquad (18-1)$$

这一指标反映了车辆载客效率,若该指标高,说明车辆行驶中载客比例高,空驶率比较低,对于打车的乘客来说可供租用的车辆不多,供求关系比例紧张,但经营者赢利多。若该指标低,则说明车辆载客效率低,车辆空驶率高,可供租用的车辆多,但经营者赢利下降。

2. 供求比率 η

供求比率 η 被视为衡量供需平衡程度的重要指标,公式表示如下:

$$\eta = \frac{一定时间内某市场可供额总和(S)}{相应的需求额总和(D)} \times 100\% \qquad (18-2)$$

当 $\eta > 1$ 时,供大于求,此时的供求比率可称为供过于求程度;
当 $\eta < 1$ 时,供小于求,此时的供求比率可称为供小于求程度;
当 $\eta = 1$ 时,供求平衡,此时的供求比率可称为供求平衡程度。

18.4.2 里程利用率理想值的确定

下面以出租车的总载客里程 l 为该模型的衡量标准,对里程利用率 K 的理想值进行求解。

(1) 从供给角度测量出租车总载客里程 l_s

设某地区的出租车总保有量为 N(单位为 10^4 辆);出租车每日主要时间段的平均运营时间为 T(单位为 h);出租车的平均行驶速率为 $\bar{v}$(单位为 km/h);出租车总载客里程为 l_s(单位为 10^4 km);α 为出租车的出车率,取 90%;β 为出租车运营主要时间段对应的出行量占一天出行量的百分比。则根据公式(18-1)可得

$$K = \frac{l_s \beta}{T \bar{v} N \alpha} \times 100\% \qquad (18-3)$$

由式(18-3)可得某地区出租车平均每日可以供给的总载客里程为

$$l_s = \frac{K T N \bar{v} \alpha}{\beta} \qquad (18-4)$$

(2) 从需求角度测量出租车总载客里程 l_d

假设:

n——某地区人口总量,单位为 10^4 人;

σ——人均日出行次数;

p——该地区人们使用出租车出行在所有出行方式中所占比例;

d——该地区人们每次出行的平均出行距离,单位为 km;

Q——出租车承担该地区人们的出行周转量,单位为 10^4 人·km;

l_d——出租车总载客里程,单位为 10^4 km。

则出行周转量为

$$Q = n\sigma p d \qquad (18-5)$$

假设 s 为该地区平均每天的出租车载客总人数,则某地区人们所需求的出租车总载客里程为

$$l_d = \frac{Q}{s} = \frac{n\sigma p d}{s} \qquad (18-6)$$

（3）求解里程利用率的理想值

若供求平衡，即供给量与需求量相等，则里程利用率达到理想值。假设令出租车载客里程的需求量等于供给量，即式(18-4)与式(18-6)相等：

$$\frac{n\sigma p d}{s} = \frac{KTN\bar{v}\alpha}{\beta} \tag{18-7}$$

可以求出

$$K^* = \frac{n\sigma p d \beta}{TNs\bar{v}\alpha} \tag{18-8}$$

式(18-8)即为里程利用率的理想值，在 K 取该值时供求平衡。

18.4.3 供求比率理想值的确定

假设使用软件打车的情况可以用来估计总体的打车情况，为了求解供需比率，我们利用苍穹软件（滴滴、快的智能出行平台）对不同时间、不同地点的可供出租车数和顾客需求出租车数进行数据采集。

将某区域划分为 n 个四边形区域，由于苍穹软件可以显示每个地点的打车订单数，因此我们可以采集出每个四边形区域的订单数，即每个区域顾客需求的出租车数，记为 D_i($i=1,2,3,\cdots,n$)。接下来以每个人为圆心，以出租车司机为接单愿意行驶的最大距离为半径画圆，我们将此半径称为意愿半径。如果某出租车落在圆中，则说明此出租车会接单，据此可以统计出每个人可以打到的出租车数，进而统计出每个矩形区域内出租车的供给量，设为 S_i($i=1,2,3,\cdots,n$)，具体情况如图18-1所示。

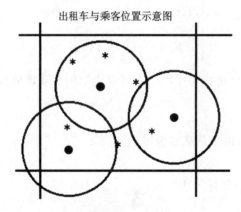

* 表示出租车的位置
● 表示订单位置

图 18-1 出租车与乘客位置示意图

由式(18-2)可得

$$\eta = \frac{S}{D} = \frac{\sum_{i=1}^{n} S_i}{\sum_{i=1}^{n} D_i} \tag{18-9}$$

我们依据供求关系将 n 个四边形区域分为三个部分，每个部分都由若干个四边形区域组成，三个部分分别为：

- 供大于求部分，设出租车供给量为 S_I，需求量为 D_I；
- 供等于求部分，设出租车供给量为 S_{II}，需求量为 D_{II}；
- 供小于求部分，设出租车供给量为 S_{III}，需求量为 D_{III}。

由式(18-9)得

$$\eta = \frac{S_I + S_{II} + S_{III}}{D} = \frac{S_I}{D} + \frac{S_{II}}{D} + \frac{S_{III}}{D} = \frac{D_I}{D} \cdot \frac{S_I}{D_I} + \frac{D_{II}}{D} \cdot \frac{S_{II}}{D_{II}} + \frac{D_{III}}{D} \cdot \frac{S_{III}}{D_{III}} \quad (18-10)$$

因为

$$\eta_i = \frac{S_i}{D_i} \quad (18-11)$$

因此式(18-10)可以写作：

$$\eta = \frac{D_I}{D} \cdot \eta_I + \frac{D_{II}}{D} \cdot \eta_{II} + \frac{D_{III}}{D} \cdot \eta_{III} \quad (18-12)$$

由上文可得

$$\begin{cases} \eta_I > 1 \\ \eta_{II} = 1 \\ \eta_{III} < 1 \end{cases} \quad (18-13)$$

通过分析我们可以判断，式(18-12)并不能准确衡量供求平衡与不平衡的综合程度。由式(18-12)可以看出总供求比率实际上是 η_I，η_{II}，η_{III} 的加权算术平均，权数是需求结构。但是由于 η_I，η_{III} 在判断供求平衡程度时是取向反值的，η_I 越大，表示供求越不平衡；而 η_{III} 越大，表示供求越平衡，因此这两者的加权结果是会相互抵消的，用在这里显然不合适。

通过查阅相关资料，我们推导得到了供求比例理想值的正确求法：

$$\eta = \frac{D_I}{D} \cdot \eta_I + \frac{D_{II}}{D} \cdot \eta_{II} + \frac{D_{III}}{D} \cdot \frac{1}{\eta_{III}} \quad (18-14)$$

由式(18-14)可得，η 最终的值为一个大于1的数，η 的理想值 $\eta^* = 1$。

18.4.4　供求匹配模型的建立

我们将里程利用率和供求比率两个指标抽象为二维空间上的点 $Q(K, \eta)$。通过前两问，结合相关数据，可以求出里程利用率的理想值 K^* 和供求比率的理想值 η^*，则平衡点的坐标为 $Q(K^*, \eta^*)$。在此平衡点上，供求达到平衡，若偏离该点，供求不平衡。结合实际调查与计算机模拟，可得出不同时空实际情况下的里程利用率 K_r 和 η_r，其对应在二维空间的坐标为 $Q(K_r, \eta_r)$。

将实际情况下的坐标进行归一化处理：

$$Q'\left(\frac{K_r - K^*}{K^*}, \frac{\eta_r - \eta^*}{\eta^*}\right) \quad (18-15)$$

求点 Q' 到原点的距离，我们将其定义为综合不平衡度，公式如下：

$$r_{OQ'} = \sqrt{\left(\frac{K_r - K^*}{K^*}\right)^2 + \left(\frac{\eta_r - \eta^*}{\eta^*}\right)^2} \quad (18-16)$$

供求不平衡度是判断"供求匹配"程度的标准：若 $r_{OQ'} = 0$，则 $K_r = K^*$，$\eta_r = \eta^*$，达到了一个平衡点，供求完全匹配，供等于求；若 $r_{OQ'} > 0$，则供求不匹配。而且 $r_{OQ'}$ 的值越大，匹配程度越差；$r_{OQ'}$ 的值越小，匹配程度越好，越接近供求平衡。

18.4.5 模型求解方法

截至 2014 年,西安市的人口为 862.75 万,取 $n=862.75$;查阅相关资料得知西安市 2015 年出租车保有量约为 15250 辆,取 $N=15250$;根据 2008 年西安市居民出行调查总报告,取人均日出行次数 $\sigma=2.18$,出租车平均载客数 $s=1.76$,居民乘坐出租车日出行里程 $d=6.5$ km,出租车每日主要运营时间 $T=15$ h,出租车平均行驶速度 $\bar{v}=24$ km/h,主要运营时间段出车占全天出车比例 $\beta=0.85$,排除保养维修等问题的出租车出车率 $\alpha=0.9$。

代入以上各数据可解得 $K^*=66.79\%$,由前所述 $\eta^*=1$。得到了两个指标的理想值之后,我们以西安市为例,应用此模型对出租车的实际供求匹配程度进行评价。

由于难以找到全面的数据,我们以已有的西安市居民出行情况调查数据、滴滴快的智能打车平台上的出租车分布数据、西安市的地图数据等为基础,对现实进行适度简化和抽象,使用 MATLAB 软件对城市的出租车行驶(即载客状况)进行动态仿真模拟(程序如 P18-1),以得到具体的计算各指标需要的数据。

程序编号	P18-1	文件名称	P1_taxi.m	说明	出租车仿真主程序

```
%%出租车补贴方案仿真程序
clc, clear, close all
%%数据结构设计
% passengers:
% [出发点横坐标,出发点纵坐标,目的地横坐标,目的地纵坐标,出行里程]
% 即[xs,ys,xd,yd,l]
% taxis
% [出租车位置横坐标,出租车位置纵坐标,出租车被占用里程]
% 即[x_taxi,y_taxi,lo]
r_valid = 2/10;                 %出租车有效覆盖半径
xmax = 111 * cos(pi * 34/180) * 1.4;
ymax = 0.7 * 111;
xmax = xmax/10;
ymax = ymax/10;
psnger_total = 80;
taxi_total = 152;
%先生成 5000 个出发点
for i = 1:psnger_total
    passengers(i,:) = gen_passenger();
end
for i = 1:taxi_total
    taxis(i,:) = gen_taxi();
end
figure
scatter(taxis(:,1) * 10,taxis(:,2) * 10)
xlabel('x(km)')
ylabel('y(km)')
all_B = [];
all_K = [];
for i = 1:200
    %%首先更新出租车状态
    lc = taxis(:,3) - 0.01;       %出租车被占用里程
    lc(lc < 0) = 0;
```

```matlab
        taxis(:,3) = lc;
        %空车随机一个方向前进0.01
        valid_lines = find( lc == 0 );
        all_K = [all_K,1 - length(valid_lines)/taxi_total];
        for m = 1:length(valid_lines)
            k = valid_lines(m);
            while(1)
                degree = 2 * pi * rand();              %出行方向
                new_x = taxis(k,1) + 0.01 .* cos(degree);
                new_y = taxis(k,2) + 0.01 .* sin(degree);
                if(new_x >= 0 && new_x <= xmax && new_y >= 0 && new_y <= ymax)
                    taxis(k,1:2) = [new_x,new_y];
                    break
                end
            end
        end
        %%乘客加入系统
        add_passengers_total = 4;%round(normrnd(10,3));
        add_passengers = zeros(add_passengers_total,5);
        for n = 1:add_passengers_total
            add_passengers(n,:) = gen_passenger();
        end
        passengers = [passengers;add_passengers];
        %%计算各乘客视野内出租车的数目
        for j = 1:length(passengers)
            p = passengers(j,:);
            if isnan(p(1))
                continue
            end
            temp_taxis = taxis;
            %被占用的出租车不参与打车
            invalid_lines = find(temp_taxis(:,3)>0);
            temp_taxis(invalid_lines,:) = nan;
            %%然后是乘客乘车
            r = sqrt((temp_taxis(:,1) - p(1)).^2 + (temp_taxis(:,2) - p(2)).^2);
            taxi_num = find(r<r_valid);            %视野范围内的车辆
            if isempty(taxi_num)                   %视野内没有车,下一位乘客
                continue;
            else
                %随机选一辆乘坐
                index = round(rand() * (length(taxi_num) - 1)) + 1;
                taxi_num = taxi_num(index);
                taxis(taxi_num,3) = p(5) + sqrt((taxis(taxi_num,1) - p(1))^2 + ...
                                  (taxis(taxi_num,2) - p(2))^2);%此乘客p乘坐的
                                                                %出租车被占用
                taxis(taxi_num,1) = p(3);taxis(taxi_num,2) = p(4);  %将其更新到目的地
                passengers(j,:) = nan;              %更新乘客状态,上车的乘客变为nan,移出系统
            end
        end
        all_B = [all_B,calcu_b(passengers,taxis)];
end
%%结果可视化
figure
hold on
```

```
scatter(taxis(:,1)*10,taxis(:,2)*10,'g*')
legend('初始位置','一段时间后位置')
%20次演化后才得到平时状态,故只保留20次之后的数据
pos = (20:length(all_B));
figure
plot((pos-20)/4.5,all_B(pos));
xlabel('时间(分钟)')
ylabel('数目不平衡度')
figure
plot((pos-20)/4.5,all_K(pos));
xlabel('时间(分钟)')
ylabel('里程利用率')
figure
res = sqrt(((all_K-0.66)./0.66).^2 + (all_B-1).^2);
plot((pos-20)/4.5,res(pos));
xlabel('时间(分钟)')
ylabel('供需不平衡度')
```

程序编号	P18-1-1	文件名称	calcu_b.m	说明	计算供求比率

```
function [ B ] = calcu_b( passengers,taxis )
%UNTITLED2 Summary of this function goes here
%   Detailed explanation goes here
invalid_lines = find(isnan(passengers(:,1)));
passengers(invalid_lines,:) = [];
%划分网格
area_d = zeros(9,14);                    %需
[h,w] = size(passengers);
for i = 1:h
    y = floor(passengers(i,1)) + 1;
    x = floor(passengers(i,2)) + 1;
    area_d(x,y) = area_d(x,y) + 1;
end
area_s = zeros(9,14);                    %供
[h,w] = size(taxis);
for i = 1:h
    y = floor(taxis(i,1)) + 1;
    x = floor(taxis(i,2)) + 1;
    area_s(x,y) = area_s(x,y) + 1;
end
%供需相等
s1 = sum(area_s(area_s == area_d));
d1 = sum(area_d(area_s == area_d));
%供大于求
s2 = sum(area_s(area_s > area_d));
d2 = sum(area_d(area_s > area_d));
%供小于求
s3 = sum(area_s(area_s < area_d));
d3 = sum(area_d(area_s < area_d));
d = d1 + d2 + d3;
if d3 == s3
    B = s1/d + s2/d;
    return
```

```
    end
B = s1/d + s2/d + d3/d*d3/s3;
end
```

程序编号	P18-1-2	文件名称	gen_passenger.m	说明	计算乘客位置参数

```matlab
function [ ret ] = gen_passenger()
%计算乘客位置参数
% xmax = 111*cos(pi*34/180)*1.4 = 129
% ymax = 0.7*111 = 78
xmax = 111*cos(pi*34/180)*1.4/10;
ymax = 0.7*111/10;
ux = xmax/2;uy = ymax/2;
sigmax = xmax/2/3;sigmay = ymax/2/3;
    th = 6.5/(((pi/2)^0.5);
    while(1)
        xs = normrnd(ux,sigmax);        %出发点横坐标
        ys = normrnd(uy,sigmay);        %出发点纵坐标
        if xs<0 || xs>xmax || ys<0 || ys>ymax
            continue
        end
        d_go = sqrt(-2*th2*log(1-rand()))/10;   %出行距离
        degree = 2*pi*rand();                    %出行角度
        xd = xs + d_go.*cos(degree);
        yd = ys + d_go.*sin(degree);
        if(xd>=0 && xd<=xmax && yd>=0 && yd<=ymax)
            ret = [xs,ys,xd,yd,d_go];
            break
        end
    end
end
```

程序编号	P18-1-3	文件名称	gen_taxi.m	说明	计算出租车位置参数

```matlab
function [ ret ] = gen_taxi( input_args )
%计算出租车位置参数
%   Detailed explanation goes here
    xmax = 111*cos(pi*34/180)*1.4/10;
    ymax = 0.7*111/10;
    ux = xmax/2;uy = ymax/2;
    sigmax = xmax/2/3;sigmay = ymax/2/3;
    while(1)
        x = normrnd(ux,sigmax);         %出发点横坐标
        y = normrnd(uy,sigmay);         %出发点纵坐标
        if x>=0 && x<=xmax && y>=0 && y<=ymax
            break
        end
    end
    ret = [x,y,0];
end
```

18.4.6 模型求解结果与分析

1. 时间角度

将全天的时间分为高峰时段和常规时段两部分，通过模拟得到两个时间段的供求比率和里程利用率，得到高峰时段和常规时段的各指标，如表 18-2 所列。

表 18-2 不同时间段的各指标

时段	数目不平衡度	里程利用率	综合不平衡度
高峰时段	3.3983	0.7597	2.4103
常规时段	3.0350	0.3110	2.1056

各指标随时间变化情况如图 18-2 所示。

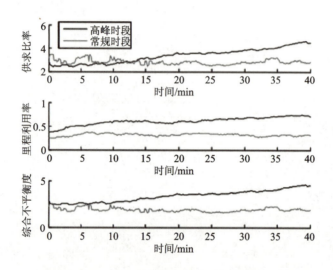

图 18-2 各指标随时间的变化情况

可以发现，在高峰时段的里程利用率显著高于平衡值 66.79%，这表明乘客数目较多，出租车载客率较高，出现了供不应求的情况。而常规时段的里程利用率显著低于平衡值，说明出现了供过于求的情况，此时居民出行人数较少，出租车大部分是在不载客的情况下空驶。同时，在高峰时段出行人数不断增多的情况下，综合不平衡度呈现不断增大的状态，表示仅当出行人数开始减少时，交通拥堵得以缓解，供需匹配才可以达到较佳的状态。

2. 空间角度

从空间角度来看，我们将西安市划分为市区和郊区两部分(市区定义为二环线以内地区，其余地区为郊区)，在高峰时段，对两区域内的各指标分别进行评价，得到结果如表 18-3 所列。

表 18-3 不同空间下的各指标

区域	数目不平衡度	里程利用率	综合不平衡度
市区	4.2129	0.7456	3.2238
郊区	3.1095	0.4423	2.1493

对不同空间下的各指标变化进行数值仿真,得到的结果如图18-3所示。不难发现,在数量不平衡度方面,郊区低于市区,这证明仅就乘客数量和出租车数量而言,郊区更为平衡;市区里程利用率显著高于平衡值,处于供不应求的状况,而郊区的里程利用率仅略低于平衡值。综合起来看,相较于市区,郊区的供需匹配度更佳。

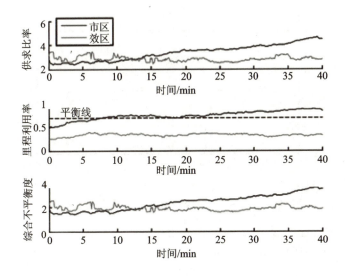

图18-3 各指标在不同空间下的变化情况

在高峰时段里程利用率显著高于平衡值66.79%,出现了供不应求的情况。而常规时段的里程利用率显著低于平衡值,出现了供过于求的情况。同时,在高峰时段出行人数不断增多的情况下,综合不平衡度呈现不断增大的状态,表示仅当出行人数开始减少时,供求匹配才可以达到较佳的状态。在数目不平衡度方面,郊区低于市区,但郊区的里程利用率略低于平衡值。综合分析,郊区的供求匹配度优于市区。

18.5 问题2模型的建立与求解

18.5.1 模型准备

1. 绘出补贴金额图像

通过查阅打车软件公司的相关资料,我们得到了滴滴打车和快的打车在不同时间段的补贴方案。以时间t为横坐标,补贴金额m为纵坐标,用MATLAB绘出不同时间两家公司的补贴金额折线图,如图18-4所示。

以滴滴打车公司为例,由图18-4可以求出滴滴打车对乘客的平均补贴金额为10.6元,对司机的平均补贴金额为10.8925元。

2. 确定软件使用人数比例λ

以滴滴打车公司为例进行分析。查阅资料可知,使用滴滴打车软件的乘客占所有出租车乘客的比例为63.06%,使用滴滴打车软件的司机占所有出租车司机的比例为76.8%。实际上乘客比例和司机比例是随着补贴方案的改变呈波动变化的,若补贴金额高,则使用软件的人数多,比例大;若补贴金额低,则使用软件的人数少,比例小;若补贴金额为0,则使用打车软件

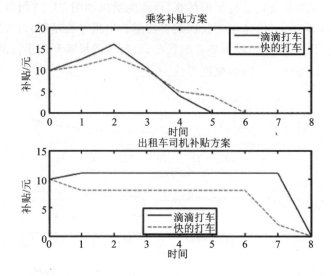

图 18-4 出租车司机与乘客补贴方案的仿真结果

的人数接近于 0；若补贴金额无穷大，则比例的增长率趋近于 0。

为了形象地描述二者的关系，我们利用指数函数的定义对二者关系进行描述。对于滴滴打车公司而言，假设使用打车软件的乘客占所有出租车乘客的比例为 $\lambda_1(i=1,2,3,\cdots)$，补贴金额为 m_1，司机平均补贴金额为 $\overline{m_1}$；假设使用打车软件的司机占所有出租车司机的比例为 $\lambda_2(i=1,2,3,\cdots)$，补贴金额为 m_2，司机平均补贴金额为 $\overline{m_2}$，那么我们可以认定，任一补贴金额所对应的比例为

$$\lambda = 100\% - e^{-am} \tag{18-17}$$

对于乘客而言，补贴金额为 $\overline{m_1}$ 时，$\lambda_1 = 63.06\%$，将这两个量代入式(18-17)，求出的 α_1 值为 0.09395。同理，对于司机而言，补贴金额为 $\overline{m_2}$ 时，$\lambda_2 = 76.8\%$，代入式(18-17)，可求出 $\alpha_2 = 0.13413$。绘出补贴金额与软件使用人数比例的关系，如图 18-5 所示。

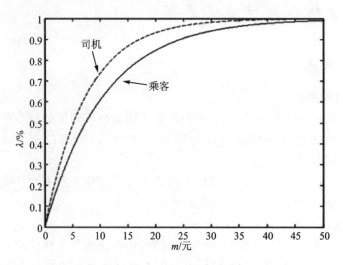

图 18-5 补贴金额与软件使用人数比例的关系图

3. 确立意愿半径 R

在第一问中我们已对意愿半径进行了简单介绍,即司机为接单愿意行驶的最大距离。在现实生活中,若乘客所在地点太远,司机可能会放弃此单,因此司机愿意行驶的路程是有上限的,我们将此上限称为意愿半径,单位为 km。以人为圆心,以此距离为半径画圆,则落在圆面积范围内的出租车为乘客能够打到的车。

假定司机的补贴金额 m_2 与意愿半径 R 呈线性关系,意愿半径的基础半径 R_0(没有补贴金额时司机愿意行驶的最大距离)为 0.2 km,以汽车行驶燃油消耗的钱来判断线性关系的斜率,通过查阅资料,得出出租车平均每千米的耗油量为 0.1 L,油价为 5.85 元/L,即平均每千米的耗费金额为 0.585 元。如果以司机补贴金额 m_2 为横坐标,以意愿半径 R 为纵坐标,则图像的斜率为 1/0.585,即 1.709,得出意愿半径的表达式为:

$$R = 0.2 + 1.709\, m_2 \tag{18-18}$$

18.5.2 缓解程度判断模型的建立

缓解程度判断模型的流程图如图 18-6 所示,下面根据流程图作如下分析。

将城市抽象为二维图,建立 x 轴、y 轴。假设图形服从二维正态分布:城市中心概率最大,以圆形向外扩散,越往边缘概率越小。这与城市的人流及出租车分布实际情况相吻合,市中心人口密度最大,出租车数量最多;城市边缘人口最稀疏,出租车数量最少。我们以二维正态分布为基础在城市中随机产生乘客和出租车,分别对未使用打车软件及使用打车软件两种情况进行分析对比,判断补贴方案是否对缓解打车难有帮助。

(1) 未使用打车软件

我们在二维正态分布图上随机模拟产生乘客和出租车。以每个乘客为圆心,以基础半径 R_0 为半径画圆,得到圆内的出租车数,即乘客可以打到的车数。统计出该区域内某时刻所有乘客数 z_1 和每个圆内的出租车数相加的总数 n_1,令

$$a_1 = \frac{n_1}{z_1} \tag{18-19}$$

我们将其定义为人均周围出租车数量,即平均每个人可以打到的出租车数。对此情况进行多次模拟,将得到的所有 a_1 求平均值 $\bar{a}_1$,作为未使用打车软件的乘客可以打到的车数。

(2) 使用打车软件

该区域内所有乘客数为 z,所有出租车数为 n,则根据该次乘客、司机各自的补贴(m_1,m_2)算出所有乘客中使用打车软件的人数为 $z\lambda_1$,不使用打车软件的人数为 $z(1-\lambda_1)$;所有司机中使用打车软件的人数为 $z\lambda_2$,不使用打车软件的人数为 $z(1-\lambda_2)$。此时对这四类人群各自按二维正态分布在同一个图中生成散点。

因为打车难问题是针对乘客,因此我们从乘客角度出发,分以下两种情况考虑:

① 乘客不使用打车软件(流程图上"无软件乘客")。此时无论司机是否使用打车软件,双方都不能享受到补贴方案,则与(1)中的算法相同,以每个乘客为圆心,以基础半径 R_0 为半径画圆,得 z'_1,n'_1。

② 乘客使用打车软件(流程图上"有软件乘客")。这时又分为两种情况:

(a) 司机不使用打车软件(流程图上"无软件司机")。这种情况下人均出租车拥有量的算法与①中一致,得 z''_2,n''_2。

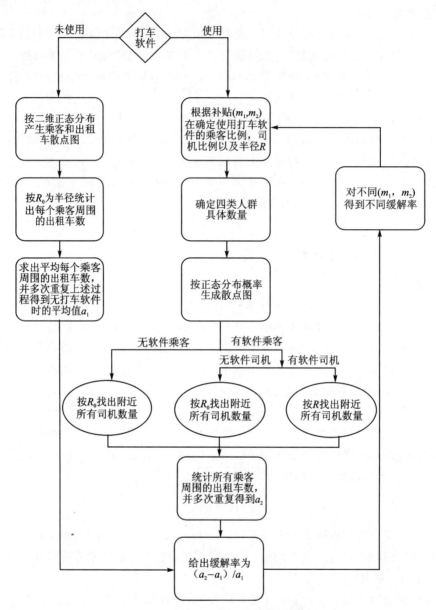

图 18-6 缓解程度判断模型流程图

(b) 司机使用打车软件(流程图上"有软件司机")。这种情况下意愿半径不再为基础半径 R_0,由于补贴方案的刺激,使得司机的意愿半径增大,通过式(18-18)可计算出某时刻的 R。以该区域中的每个人为圆心,R 为半径,画出若干个圆,统计出所有圆中包含的出租车数 z_2''' 和所有的乘客数 n_2'''。

综上,求出使用补贴方案情况下的人均出租车拥有率:

$$a_2 = \frac{z_2' + z_2'' + z_2'''}{n_2' + n_2'' + n_2'''} \tag{18-20}$$

对此情况进行多次模拟,得到多组 a_2,对其取均值得到 $\bar{a}_2$。

(3) 缓解率 w

我们将缓解率定义为

$$w = \frac{\bar{a}_2 - \bar{a}_1}{\bar{a}_1} \times 100\% \qquad (18-21)$$

式(18-21)用来表示使用补贴方案后与使用前相比的打车难的缓解程度。对各个公司每个时刻的补贴方案(m_1, m_2)进行多次模拟，求出不同时间的 $\bar{a}_1$、$\bar{a}_2$，从而利用式(18-21)求出不同时刻的 w。所有时段各自都有一个缓解率，各个时段组合起来就是一个公司对于时间的缓解率折线 $w-t$。

18.5.3 模型求解及结果分析

用 MATLAB 模拟出不同时刻的缓解率，如图 18-7 所示。

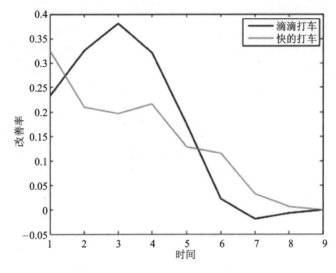

图 18-7 不同时刻的缓解率

通过观察模型的求解结果，我们有以下几点分析：

① 打车软件推广前后比较：由图 18-7 可以看出，两个公司的缓解率大致分布范围在 -0.02～0.37，说明滴滴打车和快的打车两个公司的补贴对乘客打车难的问题是有一定缓解的，但这个缓解效果并不是很大。我们明显看到滴滴打车的缓解率在后半段显著下降，甚至缓解率出现了负值，这说明在后半段滴滴打车的补贴不仅没有缓解乘客打车难的问题，甚至加重了问题的严重性。

据新闻数据显示，滴滴、快的两个公司对补贴的投入总金额甚至达到了 19 亿，可谓是一个烧钱的补贴。事实上，两个公司进行补贴的根本目的并不完全是要缓解打车难问题，主要还是因为两个公司为了抢占客户量，只是这样的竞争战顺带对打车难问题有了一定的缓解。

综上，两个公司的补贴方案确实是对打车难问题有一定缓解，但是缓解程度并不理想。

② 两公司之间分析：从公司的角度，滴滴打车在前半段的缓解率是要优于快的打车的，究其原因，应该是滴滴打车在前半段的补贴投入高于快的打车。而后半段滴滴打车不如快的打车，主要是因为滴滴打车在后半段补贴投入突然大幅下降造成的，这种大幅下降甚至造成了缓解率出现轻微程度的负值，是极其不利的。

③ 综合上面分析，可以看出，两个打车公司的补贴方案带来了一定程度的缓解。单从缓解打车难问题看，这种补贴方案缺乏一定的针对性。针对这个问题，我们给出了第三问的分区

域动态实时补贴模型。

18.6 问题3模型的建立与求解

针对此问题,首先对补贴方案进行定性分析:

① 缓解打车难不只是要调度出租车来满足乘客的需求,从乘客角度出发,打车软件服务平台也应考虑给予乘客一定的拼车优惠,特别是在上下班交通流量高峰期。由于车流量比较大,就需要尽量发挥已载有乘客的出租车的剩余载客资源,让高峰阶段的每辆出租车尽量载满乘客,提高载客率。拼车政策可以用积分的形式给车上原有乘客实施奖励,不仅对原有乘客起到激励作用,还可以给后来乘客免费乘车的机会,能够很大程度上调动人们拼车的积极性。

② 在一些节假日即将到来时,打车软件服务平台可以提前预测流量高峰地点,例如一些景区等,针对人流量高峰地点以外的其他地区,我们可以使打车软件给予乘客乘车补贴,通过经济干预来平衡人流密度。

接下来,我们针对补贴方案,建立相关模型进行定量分析。

18.6.1 分区域动态实时补贴模型的建立

某地区可被划分为若干个区域,以便由总体到局部分别进行分析。为简单起见,我们将其划分为9个区域,抽象为九宫格的形式。

假设某一区域内某时刻出租车总数为 n,该区域内所有的车单数为 μ,c 为某时刻每辆车对应的单数,则

$$c = \frac{\mu}{n} \tag{18-22}$$

设 $c_i (i=1,2,\cdots,9)$ 为各区域每辆车对应的单数,$\mu_i (i=1,2,\cdots,9)$ 为各区域的车单数,k 为每接一单司机获得的补贴,$\bar{k}$ 为9个区域内每单司机获得的平均补贴,$k_i (i=1,2,\cdots,9)$ 为每个区域每单司机获得的补贴。某时刻每辆车对应的单数越多,则获得的补贴越多,二者的比值是一定的,据此列出方程组:

$$\begin{cases} \dfrac{k_1}{c_1} = \dfrac{k_2}{c_2} = \cdots = \dfrac{k_9}{c_9} \\ \mu_1 k_1 + \mu_2 k_2 + \cdots + \mu_9 k_9 = \mu \bar{k} \end{cases} \tag{18-23}$$

对方程组进行求解,得到

$$k_1 = \frac{\mu c_1 \bar{k}}{\sum_{i=1}^{9} \mu_i c_i} \tag{18-24}$$

$$k_2 = \frac{\mu c_2 \bar{k}}{\sum_{i=1}^{9} \mu_i c_i} \tag{18-25}$$

以此类推,得出

$$k_i = \frac{\mu c_i \bar{k}}{\sum_{i=1}^{9} \mu_i c_i} \tag{18-26}$$

由式(18-26)可以看出,通过数据采集,可以求出各区域每辆车对应的单数 c_i,各区域的车单数 μ_i,以及该地区所有区域的总单数 μ。只需求得 9 个区域内每单司机获得的平均补贴 $\bar{k}_i$,就可得出每个区域平均每单的补贴。

我们将时间划分为高峰时段和常规时段两部分,将西安市划分为 9 个区域。高峰时段为 8:30~9:30,17:30~19:30,共 3 小时,常规时段为剩下的 21 个小时。设高峰时段每单补贴给司机的金额为 $k_高$,常规时段每单补贴给司机的金额为 $k_平$。我们假定 $k_高=2k_平$,即高峰时段平均每单的补贴是常规时段平均每单补贴的 2 倍,同时假定公司对于每辆车每单的平均补贴金额为 2 元,据此可列出以下等式:

$$\begin{cases} \dfrac{3}{24}k_高+\dfrac{21}{24}k_平=2 \\ k_高=2k_平 \end{cases} \qquad (18-27)$$

对式(18-27)进行求解,得到

$$\begin{cases} k_高=3.56\ 元 \\ k_平=1.78\ 元 \end{cases} \qquad (18-28)$$

将高峰时段和常规时段的补贴方案代入式(18-27),可以得到不同时段每个区域的补偿方案。不停地切换时间,可以得到不同时间、不同地点的补偿方案。

18.6.2 模型求解及结果分析

对西安市进行网格划分,结合"滴滴快递智能出行平台"2015 年 9 月 11 日(周五)13:00~20:00 的数据,进行当天的动态补偿方案的制定。

当天某时刻出租车和车单分布如图 18-8 所示。

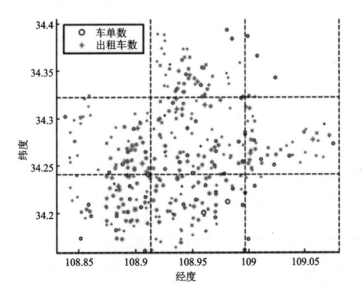

图 18-8　9 月 11 日某时刻西安市出租车和乘客数据分布

当天的出租车数和车单数如表 18-4 和表 18-5 所列。

表 18-4　9 月 11 日西安市出租车数

	常规时段出租车数				高峰时段出租车数		
13:00	0	1864	47	17:00	24	1209	61
	1135	4842	834		644	1271	578
	1709	2901	47		1157	1101	0
14:00	46	1669	22	18:00	29	1121	17
	1127	3705	949		511	931	550
	1391	2751	48		770	917	67
15:00	50	1335	96	19:00	25	1003	119
	1530	2263	1197		675	1116	390
	1038	1133	44		842	1037	24
16:00	37	856	42	20:00	45	800	124
	1066	1320	721		778	1853	509
	1167	1225	30		820	988	0

表 18-5　9 月 11 日西安市车单数

	常规时段车单数				高峰时段车单数		
13:00	2	38	7	17:00	14	39	19
	42	64	46		99	216	31
	44	80	2		156	254	22
14:00	13	22	13	18:00	4	52	28
	21	84	46		58	173	71
	61	104	18		297	302	11
15:00	19	32	89	19:00	2	52	24
	36	125	37		71	178	50
	110	203	22		167	155	21
16:00	20	29	32	20:00	2	25	20
	72	117	48		41	76	26
	117	134	20		97	125	22

由以上数据可以计算出当天的动态补贴方案，如表 18-6 所列。

表 18-6　动态补偿方案

	常规时段补贴/元				高峰时段补贴/元		
13:00	8.22	1.13	8.22	17:00	10.94	0.60	5.84
	2.04	0.73	3.05		2.88	3.19	1.01
	1.42	1.52	2.35		2.53	4.33	10.94

续表 18-6

	常规时段补贴/元				高峰时段补贴/元		
14:00	6.51	0.30	13.61	18:00	1.56	0.53	18.67
	0.43	0.52	1.12		1.29	2.11	1.46
	1.01	0.87	8.64		4.37	3.73	1.86
15:00	2.87	0.18	7.01	19:00	1.65	1.07	4.15
	0.18	0.42	0.23		2.16	3.28	2.64
	0.80	1.35	3.78		4.08	3.07	18.00
16:00	6.01	0.38	8.47	20:00	1.65	1.16	6.00
	0.75	0.99	0.74		1.96	1.53	1.90
	1.11	1.22	7.41		4.40	4.71	6.00

可以看到 13:00 处的第一网格以及 17:00 处的第一网格等乘客多而车少的地方得到了较高的补偿,我们认为这样的补偿可以促进出租车的合理流动,增大乘客和出租车之间的供需匹配程度。下面对补偿政策的效用进行验证,以第一问中的仿真模拟为基础,将出租车移动的方式由随机游走改为有较大的概率向 c 值较低的地方行驶,得到几个指标值如图 18-9 所示。

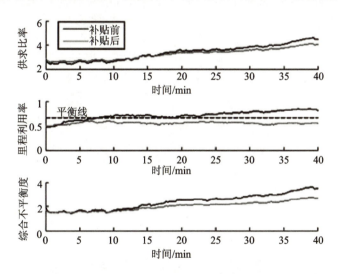

图 18-9 补贴前后指标变化趋势图

可以发现,通过对以上动态补贴方案的论证,供需匹配程度得到了较好的改善,证明我们提出的分区域动态实时补贴方案是合理的。

18.7 模型的评价、改进及推广

1. 模型的优点

① 该模型以人为圆心,以司机愿意行驶的最大距离为半径画圆,通过观察圆覆盖的出租车数来衡量供需程度,该指标比较新颖且合理,不同于传统的空驶率、万人拥有量等指标。

② 运用模拟的方式进行数据采集,得到了具体数据结果,有较强说服力,较好地解决了数据缺乏的问题。

③在第三问中,我们提出了分区域动态实时补贴模型,使补贴随着不同情况呈现动态变化,相较于原有的盲目全面补贴更有针对性。

2. 模型的缺点

由于真实数据难以搜集全面,数据缺乏的问题使得我们无法对模型进行强有力的支撑与验证,只能通过程序的模拟间接处理。

3. 模型的改进

该模型没有对打车软件公司的成本给予过多考虑,可以进一步考虑在设计补偿方案的时候加入打车软件公司成本等限制因素。

4. 模型的推广

通过对出租车的资源配置进行分析与评价,我们可以将其推广至载人摩托车、人力车等资源配置问题,并加以改进,具有很强的现实意义。

参考文献

[1] 苏为华.浅谈测量市场商品供需平衡程度的统计指标[J].商业经济与管理,1993(2).

[2] 李冬新,栾洁.滴滴打车的营销策略与发展对策研究[J].青岛科技大学学报(社会科学版),2015,31(1).

第 19 章

开放小区对道路通行影响的问题（CUMCM 2016）

开放小区对道路通行影响的问题也是一个比较典型的综合问题，这也是反映未来建模问题的一个趋势。该题目也涉及到数据分析、评价、机理分析、仿真等多种建模方法。2016年获得甲组"MATLAB创新奖"的团队所用的主要建模方法也是一种机理建模方法，值得借鉴。

交通是城市的命脉，开放小区会对周边道路车辆通行产生多方面的影响。为了帮助交通管理部门和城市规划部门做出科学决策，需要针对不同类型的小区分情况评估小区开放带来的正、负效应。针对开放小区对周边道路通行影响的问题，以元胞自动机、相关性分析、优化理论和控制变量法为理论基础建立了完整的数学模型。

针对问题1，由分析可知小区开放从两个方面对周边道路的车辆通行产生影响：一方面，小区开放后内部道路分担了周边道路的部分车流量，减少了有信号灯的交叉路口的平均延误时间；另一方面，进出小区的车辆增多，导致小区进出口车辆分流、合流效应增加，延长了后方车辆的排队时间。因此，周边道路的交叉口所产生的平均延误时间的总和可以有效衡量车辆通行的情况。为此选取小区开放前后周边道路上平均延误时间之差（下文称前后延时差）来衡量小区开放对周边道路车辆通行的影响。

针对问题2，将车看作元胞，根据车辆所在位置制定元胞运动规则，构造基于元胞自动机的车辆通行模型。根据车辆所在位置，可分为4个子模型：车辆进入研究区域模型、一般道路模型、有信号灯的交叉路口模型以及无信号灯的交叉路口模型。在两个交叉路口模型中，根据路况信息的完全程度，制定了两种元胞路径选择规则：当路况信息不完全时，车辆等概率随机选择道路；当路况信息较为完全时，车辆利用优化路径选择函数来选择最优道路。用计算机模拟车辆通行模型以获得小区开放前后周边道路的实时车流量，从而可得前后延时差。

针对问题3，用道路节点数来量化小区内部道路类型，用小区内部道路的可替代道路长度来量化周边道路类型，用车辆进入道路的概率来量化周边道路的车流量，采用控制变量法，结合相关性分析，得出了不同情况下小区开放对周边道路车辆通行的影响。先考虑简化后的模型，即不考虑出入口的分流、合流效应，前后延时差只受有信号灯的交叉路口延时缩短的影响，因此前后延时差始终为正。进行三组控制变量实验，得到结论：控制其他因素不变，前后延时差与小区内部道路长度呈负相关关系；与小区内部道路节点数呈负相关关系；与周边道路车流量呈先正后负的相关关系，可以求得使前后延时差最大的最优车流量。再者考虑完整的模型，即考虑小区出入口的分流、合流效应，前后延时差受到有信号灯的交叉路口延时缩短和小区出入口排队时间延长的共同作用，着重考虑前后延时差为负值的情况；控制其他因素不变，前后延时差为负值的比率与小区内部道路长度无显著相关关系；与周边道路车流量在0.01的显著性水平下呈现正相关关系。在信息较为完全的条件下，应用问题2中的优化路径选择函数，出

本章内容是根据2016年获得甲组"MATLAB创新奖"的论文整理的，获奖高校为中国人民大学，获奖人包括王毅然、昀红、张伟，指导老师为高金伍。

入口存在分流、合流效应的小区也可以实现前后延时差非负的情况。

针对问题4，城市规划部门在开放已建成小区的时候，应重点考虑开放内部交通复杂度低、内部道路长度短、周边道路车流量大的小区；在新建小区时也应考虑这些因素。交通管理部门应重点加大实时路况信息的传播，缓解由于信息不完全而带来的资源浪费和效用损失，使得车辆驾驶员可以根据路况信息选择最优路径，从而使得小区开放对周边道路通行的正效应最大。

19.1　问题重述

交通状况恶化成为城市中日益凸显的问题，因此，建设开放型小区并逐步开放已建成的住宅小区被提上议程。利用小区内部道路来疏散周边道路的交通是否真的可以改善周边道路的车辆通行状况？一方面，承担"毛细血管"功能的小区内部道路分担了部分车流，车辆可选择的道路增多，客观上可以提高周边道路的通行能力；另一方面，小区开放后进出小区的车辆增多，因此会增加小区出入口处的交通复杂度，增加主路车辆的排队时间，从而影响周边道路的通行速度。所以，研究开放小区对周边道路通行的影响不能一概而论，应从小区面积、地理位置、内外部道路状况出发，分类型、有针对地进行建模分析，从而为科学决策提供合情合理的定量依据。

为了更好地研究不同情况下开放小区对周边道路通行的影响，依次提出了以下问题：

问题 1　选取合适的评价指标体系来评价小区开放如何影响周边道路通行。

问题 2　为研究小区开放如何影响周边道路通行，建立关于车辆通行的数学模型。

问题 3　小区开放后对周边道路的影响与许多变量有关，例如小区的结构、周边道路的结构和车流量。选取或构建不同类型的小区，应用建立的模型来定量比较各种条件下小区开放对周边道路通行的影响。

问题 4　根据以上研究结果，从交通通行的角度出发，就小区开放的问题向交通管理部门和城市规划部门提出合理化的建议。

19.2　问题分析

1. 问题 1 的分析

问题1要求选取恰当的评价指标体系来评价小区开放对周边道路车辆通行的影响。这里应该首先明确，小区开放从哪些方面影响了周边道路车辆通行？其次，这些影响因素所缓解或加重的共同的交通现象是什么？还有，如何选取指标量化这一现象，从而得到恰当的评价指标体系？

2. 问题 2 的分析

问题2要求建立关于车辆通行的数学模型，来研究小区开放对周边道路通行的影响。通过问题1的分析，我们知道研究小区开放对周边道路通行的影响，就是研究通行能力的增大和通行速度的降低对道路通行的影响哪一个更大。因此需要构建小区周边道路上的车辆通行模型，来模拟车辆在道路上的路径选择。根据道路类型的不同，将模型分解为多个子模型。利用路径选择函数得到整个研究范围内的车辆通行情况，从而得到评价指标体系中的参数，进而得到小区开放前后评价指标的变化，这样就可以直观地表现出小区开放对周边道路通行的影响。

3. 问题 3 的分析

问题 3 提出了不同条件下小区开放对周边道路的影响可能不同,因此需要考虑小区的结构、周边道路的结构和车流量等因素。首先应该明确,哪些变量可以用来量化这些因素,并且会对评价指标体系产生影响。其次,进行控制变量实验,保证其他因素一定的条件下,改变某一个因素,观察小区开放前后评价指标的变化情况。最后,利用控制变量实验中收集的数据进行相关性分析,从统计学的角度,给出更加科学、合理、有说服力的结论。

4. 问题 4 的分析

问题 4 要求根据研究结果,从交通通行的视角,对城市规划和交通管理部门提出合理的建议。这一问题包含两部分的建议:一部分是对城市规划部门的建议,包括在建设新的开放型小区时应着重考虑哪些有利的小区结构和道路类型;另一部分是对交通管理部门的建议,包括如何确定是否要开放某个已建成的小区来缓解交通,以及如何通过加强交通信息的管理来实现交通通行的最优化。

19.3 模型假设与符号说明

19.3.1 假设内容

① 小区周边道路均为双车道,即同方向只有一条机动车道。
② 小区周边道路在机动车道和非机动车道之间设有分隔带。
③ 研究的车辆只包含四轮以上的机动车,且均考虑为标准车辆。
④ 小区周边道路坡度为 0。
⑤ 受小区开放影响的道路只包括与小区出入口处车流存在分流、合流现象的道路及小区内部道路的替代道路。
⑥ 若在小区出入口处设有交通信号灯,则允许车辆左转进出小区;否则,小区出入口处不允许机动车左转。
⑦ 不考虑路面公交车及停车位的影响。
⑧ 不考虑交通事故的影响及大范围违法穿行的情况。
⑨ 车辆进入小区周边道路的概率分布满足平稳性。
⑩ 假设小区开放前进出小区的车辆很少,因此不考虑小区开放前出入口处的因车辆分流、合流现象产生的延误时间。

19.3.2 假设可行性

① 在四车道或六车道的条件下,当道路上存在无信号灯交叉口的时候,车辆更倾向于靠内侧道路行驶,且内侧车道受交叉口分流、合流的影响比较小。因此,为简便计算,可以将模型简化为只考虑双车道的情况。
② 在交通较为拥堵的路段,才值得讨论是否有必要开放小区来疏散交通。若该区域交通通畅,那么在短时间内没有必要耗费财力、物力,承担安全风险来开放小区。因此本章将研究的对象定位于已经或有明显趋势出现交通拥堵的路段。在这种路段中,如果在小区出入口处不设信号灯且允许车辆左转进出小区,则会造成来向和对向两条道路的延误,对道路通行影响较大,极易造成拥堵。因此,假设只有在小区出入口处设有交通信号灯的前提下才允许车辆左

转进入小区,是合理的。

19.3.3 符号说明

本章主要使用的基本数学符号及含义如表19-1所列。

表19-1 基本数学符号及含义说明

符号	含义	单位
ΔDT	小区开放前后周边道路平均延误时间之差	h
YDT	有信号灯的交叉路口平均延误时间	h
NDT	无信号灯的交叉路口平均延误时间	h
n	有信号灯的交叉路口的个数	—
m	无信号灯的交叉路口的个数	—
T	信号灯的周期	h
t_g	有效绿灯时间	h
x	道路饱和率	—
R	道路实时交通量	pcu/h
C	道路设计通行能力	pcu/h
f_{Rpb}	行人自行车修正系数	—
f_R	右转修正系数	—
r	主路右转车的比例	—
E_R	右转车转换系数	—
L_1	车身长度	km
α	转弯角度	rad
μ	横向力系数	—
h	标准饱和车头时距	km
v	畅通时车流的平均速度	km/h
Δt	单位时间间隔	—
s	以单位时间内的位移衡量的周边道路长度	—
s_0	每个单位时间间隔内车辆的位移	—
δ	车辆进入道路的概率	—
$\bar{t}$	畅通情况下车辆直行通过计算截面的平均耗时	h
s_c	小区内部道路长度	km
num	小区内部道路节点个数	—

19.4 模型的建立与求解

19.4.1 问题1模型的建立与求解

1. 问题分析

构建一般意义上的小区交通平面图如图19-1所示,受小区开放影响的周边道路定义为与穿行小区的车流存在合流和分流现象的道路①和②,以及小区内道路的替代道路③和④。

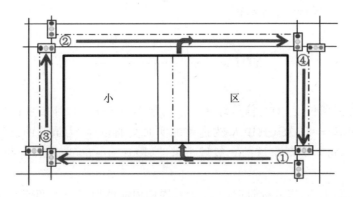

图 19-1 小区影响范围交通平面图

由问题的分析可知,小区开放从两方面对周边道路通行产生了反向的影响:一方面,小区开放后,内部道路可以分担周边道路的车流量,减少周边道路的通行压力,路网密度增大,从而提高了周边道路的通行能力;另一方面,小区开放后,由于进出小区的车辆不再仅限于小区的住户或其亲友,借路车辆的大幅增加必然会增加小区出入口处的交通复杂度,从而增加了主路上的车辆排队时间,降低了周边道路的通行速度。车流量和通行速度的共同点在于它们都直接影响了道路的拥堵程度,因此应选取合适的评价指标体系来量化小区开放前后周边道路的拥堵情况的变化,以此反映小区开放对周边道路通行的影响。

目前,较为普遍的衡量道路拥堵情况的指标是由北京交通发展研究中心提出的"交通拥堵指数",它对应了拥堵时比畅通时多消耗的出行时间。经过分析可知,排除交通事故的影响,多消耗的出行时间主要来源于因车流量多、行驶速度慢造成的交叉路口延误时间的增长。考虑小区开放对延误时间的影响:一方面,由于小区进出口车流速度降低,导致后方车辆排队时间延长,从而造成小区出入口的延误时间增长;另一方面,周边道路车流量的减少一定程度上缩短了车流方向有信号灯交叉路口的延误时间。

2. 指标选取

通过以上的分析可知,小区开放前后周边道路交叉路口的平均延误时间之差(下文简称前后延时差),可以有效评价小区开放对周边道路通行的影响。定义前后延时差 ΔDT 如下:

$$\Delta DT = \sum_{i=1}^{n} YDT_i^b - \left(\sum_{i=1}^{n} YDT_i^a + \sum_{j=1}^{m} NDT_j \right) \tag{19-1}$$

式中,n 为受影响周边道路有信号灯的交叉路口数量;m 为小区出入口数量;YDT_i^b 为小区开放前周边道路上第 i 个有信号灯的交叉路口处的平均延误时间;YDT_i^a 为小区开放后周边道路上第 i 个有信号灯的交叉路口处的平均延误时间;NDT_j 为小区第 j 个无信号灯交叉路口的平均延误时间。例如,若小区类型如图 19-1 所示,则 $n=4, m=2$。

这里只考虑靠近小区出入口一侧的车道情况,因为由基本假设第 6 条:"若在小区出入口处设有交通信号灯,则允许车辆左转进出小区;否则,小区出入口处不允许机动车左转",所以在远离小区出入口的道路上不存在合流、分流效应,因此没有 NDT。为了进一步简化问题,只研究靠近小区出入口一侧的车道情况。

下面对式(19-1)中的变量 YDT 和 NDT 进行计算。

(1) 有信号灯的交叉路口处的平均延误时间 YDT

由参考文献可知,YDT 计算公式为

$$YDT = \frac{0.5T\left(1 - \frac{t_g}{T}\right)}{1 - \left[\min(1,x) \cdot \frac{t_g}{T}\right]} \qquad (19-2)$$

式中,T 为信号灯周期长度,即为信号灯在红、黄、绿之间变化一次所需要的时间;t_g 为有效绿灯时间;x 为饱和率,$x = R/C$(其中 R 为道路的实时交通量;C 为道路的设计通行能力)。由于本题目研究的是同向一条车道的一般城市道路,限速 $v = 50$ km/h,由参考文献[2]可知,$C = 1350$ pcu/h。

由参考文献[3]可知,有效绿灯时间 t_g 为一周期内能够用于以饱和流率通行的时间,计算公式为

$$t_g = 实际绿灯时间 + 实际黄灯时间 + 绿初损失时间 + 黄末损失时间 \qquad (19-3)$$

因为在绿灯信号开始的最初几秒,由于车辆处于启动和加速的阶段,越过停车线的车流率比饱和率低,由此造成的损失时间称为绿初损失时间。相应的,在绿灯结束后的黄灯期间内,由于严禁闯红灯的规定,停车线内的部分车辆开始采取制动措施,因此越过停车线的车流率由于饱和率逐渐降下来,由此带来的损失时间称为黄末损失时间。

(2) 小区入口平均延误时间

小区出入口示意图如图 19-2 所示,可知在主路右转进入小区的交通模式下,主路右转车辆减速或停车等待进入小区,容易在转弯节点(小区入口)处形成局部交通瓶颈,从而引起主路路段通行能力的降低。

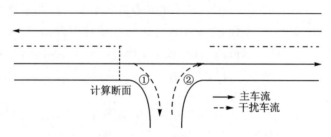

图 19-2 小区出入口示意图

由参考文献[4]可知,在干扰车流①的影响下,主流向通行能力 C_1 的计算公式为

$$C_1 = x(f_{Rpb} + f_R)$$

式中,f_{Rpb} 为行人自行车修正系数,由基本假设可知机动车和非机动车之间有分隔带,则由参考文献[5]知 $f_{Rpb} = 0.8$。f_R 为右转修正系数,计算公式如下:

$$f_R = \frac{100}{100 + r(E_R - 1)}$$

$$E_R = \frac{L_c + \alpha r}{h\sqrt{127r\mu}}$$

其中,r 为主路右转车的比例;E_R 为右转车转换系数;L_c 为车身长度,默认值为 0.005 km;α 为转弯角度,默认值为 40°;μ 为横向力系数,一般取 0.18;h 为标准饱和车头时距,默认值为 0.0025 km。

在此基础上,我们提出了小区入口平均延误时间 NDT 的概念,计算公式如下:

$$\text{NDT} = \sum_{i=1}^{1/\bar{t}} i \cdot \left(\frac{1}{C_1} - \bar{t} \right) \tag{19-4}$$

式中,$\bar{t}$ 为畅通情况下车辆直行通过计算段面的平均耗时,$\bar{t} = L_c/v$,v 是畅通时的车速,默认为城市道路的限定速度 50 km/h。$1/C_1$ 为在分流效应的影响下,一辆车通过计算断面的耗时。$1/C_1 - \bar{t}$ 为分流效应下一辆车在小区入口的延误时间,再乘以所有车各自在道路上的顺序之和 $\sum_{i=1}^{1/\bar{t}} i$,可得平均延误时间。

19.4.2 问题 2 模型的建立与求解

1. 问题分析

为研究受小区开放影响的周边道路上车辆通行的情况,将车辆看作元胞,利用元胞自动机建立车辆通行模型。根据车辆的位置可建立 4 种模型:车辆进入研究区域模型、一般道路模型、有信号灯的交叉路口模型以及无信号灯的交叉路口模型。通过这些模型的结合,可模拟小区内部及周边道路的车辆通行情况,从而可计算得到各条道路上的实时交通量 R,进而可根据式(19-2)和式(19-4)求得两种交叉路口的平均延误时间,代入式(19-1)中求得周边道路的前后延时差 ΔDT。

2. 模型的建立

由参考文献[6]可知,元胞自动机是一种状态离散的理想的动力学系统模型,元胞的状态在时间和空间上都是有限的。元胞自动机的基本单位是能够记忆自身状态的元胞,它的状态由自身状态和邻近元胞的状态决定。

由于我们研究的道路是同向单车道,所以可将传统的二维元胞自动机简化。根据题意,将车辆看作元胞,构建元胞自动机模型的规则如下:

① 元胞位于二维网格之中。根据假设的默认数据,车辆车头距平均为 5 m,故 500 m 长的道路相当于 100 个网格,因为车道为同向单车道,所以二维网格长 100 个网格、宽 1 个网格。

② 元胞的状态考虑前方。

③ 元胞前进规则:当前面一个网格没有车时,元胞前进,否则选择不前进。

④ 元胞更新规则:
- 利用圆盘赌法确定是否应增加新元胞,即当 MATLAB 生成的随机数小于一秒钟内有车出现的概率时,增加新元胞。
- 当元胞到二维网格边界(即交叉路口)时,将其从二维网格上剔除。

此外,我们定义如下几个在该模型中会用到的概念。

车辆的状态:包含了车辆所在的道路及所在道路上的位移等信息。

车辆的预状态:在区域内没有其他车辆或者道路完全通畅、车辆之间移动互不干扰的情况下,车辆在下一刻理应到达的状态。

(1) 车辆进入研究区域的模型

在本模型中,我们以单位时间里车辆出现的不同概率来模拟不同的车流量。设每个单位时间内,车辆以概率 δ 进入研究区域,同时,设置新进入的车辆为初始状态,即该车处于入口路的末端位置(面临着交叉路口的选择)。

(2) 一般道路上的车辆通行模型

该模型针对的是不在交叉路口的车辆的状态转移模型,参见图 19-3。

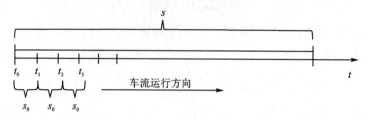

图 19-3 一般道路上车辆运行示意图

计算机模拟步骤如下:

设周边道路长度为 s,每个单位时间间隔 Δt 内,车辆位移为 s_0,如图 19-3 所示。

① 置车辆的预状态为所在道路不变,位移加 1。
② 检查该车辆的预状态是否与其他车辆的状态冲突。若冲突,转至步骤③;否则,转至步骤④。
③ 置车辆状态不变,结束。
④ 置车辆状态为车辆的预状态,结束。

(3) 无信号灯的交叉路口车辆通行模型

无信号灯的交叉路口,包括小区内的交叉路口和小区的出入口。

其中,小区入口处的交叉路口示意图如图 19-4 所示,出口方向道路有 2 条:右转进入小区的道路①和继续直行的道路②,相当于是否进入小区的 0-1 模型。小区出口处的交叉路口示意图如图 19-5 所示。

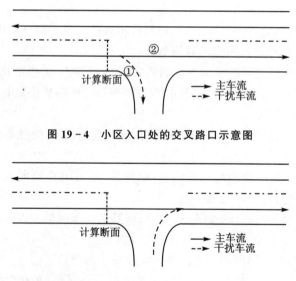

图 19-4 小区入口处的交叉路口示意图

图 19-5 小区出口处的交叉路口示意图

在这些情况下,假设去往不同路上的车互不干扰。在信息不完全的情况下,在驶入道路之前,车辆驾驶员无法判断哪一条道路更加通畅,因此随机选择一条道路进入。因此,定义路径选择方案为"等概率随机选择前方路径方案",具体内容如下:

设该车当前所在的道路为 A,则路径选择过程如下:

① 得到道路 A 所能通过的道路集合 Q;

② 从道路集合 Q 中,按等概率的方式任意选出一条路作为选中的道路。
③ 置车辆的预状态为所选的道路,位移置 1。
④ 检查该车辆的预状态是否与其他车辆的状态冲突。若冲突,转至步骤⑤;否则,转至步骤⑥。
⑤ 置车辆状态不变,结束。
⑥ 置车辆状态为车辆的预状态,结束。

同时,值得特别提出的是,在该模型下,模拟出口为一条道路,那么在出口处同一时刻只能有一辆车到达出口路的开始点,若有多辆车到达出口处的交叉路口,则会有车需要等待。即该模型本身已经模拟实现了出口处的合流排队情形,无须再单独计算该部分的排队延时。

(4) 有信号灯的交叉路口处的车辆通行模型

定义 $L(t)$ 为交通信号灯状态:

$$L(t) = \begin{cases} 0, & 红灯 \\ 1, & 绿灯 \end{cases}$$

当车辆处于有信号灯的交叉路口时,状态转移模型如下:
① 判断交通信号灯的状态,若 $L(t)=1$ 成立,则执行步骤②;否则,执行步骤③。
② 执行等概率随机选择前方路径方案。
③ 保持车辆状态不变,结束。

3. 模型的改进

考虑到现代科技的发展在一定程度上缓解了信息不完全带来的效用损失,比如北京交通发展研究中心官网每 15 min 发布一次实时的全市交通路段拥挤状况,并且小区开放后可在小区出入口附近设立监测点,实时发布小区内部车辆数目及"交通拥堵指数",以便于想借路小区的车辆驾驶员合理地选择路径。因此,有必要对路径选择函数加以改进。

定义新的路径选择规则:在从道路集合 Q 中选择道路时,不再以等概率随机选择,而是根据比重选择,其中道路 j 的比重函数 weight_j 定义如下:

$$\mathrm{weight}_j = \begin{cases} k_1 l + k_2 R, & 当该路的入口没有被其他车辆占据时 \\ k_1 l + k_2 R + \mathrm{MyV}, & 当该路的入口被其他车辆占据时 \end{cases}$$

其中, k_1 和 k_2 是比重函数的设计参数,在本实验中均取 1; MyV 是一个修正因子,其值足够大,大于所有道路中 $k_1 l + k_2 R$ 的最大值; l 是该路的逻辑距离,即车辆通过该路需要多少单位的时间,与路的实际长度、允许最高限速、宽度等有关。在选择道路时,应选择道路集合 Q 中比重函数值最小的那条路。

19.4.3 问题 3 模型的建立与求解

不同条件下小区开放对周边道路通行的影响不同,因此需要考虑小区的道路结构以及周边道路的结构和车流量等因素。在计算机模拟过程中,用表 19-2 中的变量来量化这些因素。

表 19-2 影响因素及量化变量对应表

因素	变量
小区周边道路结构	小区内道路的长度 s_c(即周边可替代路的长度)
小区内部道路结构	小区内道路节点个数 num
小区周边道路车流量 R	车辆进入该研究区域的概率 δ

首先,考虑简化的小区模型,即不存在分流、合流效应。在此基础上考虑带有分流、合流的小区,即存在分流、合流效应,对该小区内道路的长度 s_c 和小区周边道路车流量 R 进行控制变量实验。

1. 不存在分流、合流效应的小区

(1) 基本模型

考虑如图 19-6 小区类型,受小区开放影响的道路有①和②两条,因为小区出入口位于十字路口某一出口方向,因此小区出入口处不存在合流与分流的现象,车流只受信号灯的控制,前后延时差 ΔDT 只与有信号灯的交叉路口的平均延误时间 YDT 有关。

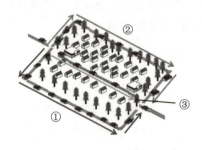

图 19-6　不存在分流、合流效应的小区示意图

假设小区内部路长 $s_c=100s_0$,$t_g/T=0.25$,$T=20$,小区周边道路车流量 $R=0.5$。

用 MATLAB 实现问题 2 的车辆通行模型,仿真用的主程序如 P19-1。

程序编号	P19-1	文件名称	P1_taxi.m	说明	出租车仿真主程序

```
%% 小区开放对道路通行的影响
%% 参数设置
clc;
clear;
Tmax = 200;              % 考虑时间的上限
carnum = 0;              % carnum 是当前通过的车辆总数
fieldCarNum = 0;         % fieldCarNum 是进入小区的车辆数
beta = 5;                % 1-alpha/10 为出现车的概率,体现车流量
fieldCapure = 800;       % 小区内道路的承载量
fieldDistance = 80;      % 小区内道路的逻辑长度
fRpb = 0.8;              % 行人自行车修正系数
R = 0.5;                 % 主路进入小区的比例
L1 = 0.005;              % 车身长度,km
h = 0.0025;              % 标准饱和车头时距
alpha = 2 * pi / 3;      % 转弯角度
mu = 0.18;               % 横向力系数
v = 50;                  % 车辆速度
t_avg = L1 / v;          % 畅通情况下车辆直行通过计算截面的平均耗时
ER = (L1 + alpha * R)/(h * sqrt(127 * R * mu));
                         % 右转车转换系数
fR = 100/(100 + R * (ER - 1));
                         % 右转修正系数
theta = 0;               % 车辆入口延时的影响因子
delay = zeros(Tmax,1);   % 记录入口延时
T = 20;                  % 路灯周期
```

```matlab
Tg = 5;                                    % 绿灯时间
Car = cell(carnum,1);                      % Car 是所有车辆的集合
Car0 = cell(carnum,1);                     % Car 是所有车辆的集合
car = struct('road',0,'distance',0,'state',0);  % road 是当前车所在的道路,distance 表示在这
                                           % 条路上的位置,state 表示是否在区域里,1 在
                                           % 里面,0 在外面
t = 0;                                     % 当前时间
Dt = cell(t,1);                            % 每个时刻的平均延误
Dt0 = cell(t,1);                           % 每个时刻的平均延误
Light = 0;                                 % Light 表示当前灯是红灯 0 还是绿灯 1

roadnum = 4;                               % roadnum 是所有的道路数目
Outroad = [];                              % 与出口相连的路
Outroad(1) = 4;
Inroad = [2,3,];                           % 与入口相连的路
FieldRoad = [];                            % 小区内的路
FieldRoad(1) = 3;

Troad = zeros(roadnum,1);                  % 每条路上的绿灯周期
Tgroad = zeros(roadnum,1);                 % 每条路上的绿灯时间
RoadMap = zeros(roadnum,roadnum);          % 路的可达性矩阵
RoadMap0 = zeros(roadnum,roadnum);         % 路的可达性矩阵
Roadcapture = zeros(roadnum,1);            % Roadcapture 为路的设计承载量
Roadcarnum = zeros(roadnum,1);             % Roadcarnum 为路当前有的车数量
Roadcarnum0 = zeros(roadnum,1);            % Roadcarnum 为路当前有的车数量
Roaddistance = zeros(roadnum,1);           % Roaddistance 为路的距离
Roaddt = zeros(roadnum,1);                 % Roaddt 为每条路上的平均延迟时间

Roadcapture = [1000,1000,1000,1];
Roadcapture(FieldRoad) = fieldCapure;
Roadcapture = Roadcapture';
Roaddistance = [100,100,100,1];
Roaddistance(FieldRoad) = fieldDistance;

Troad(:) = 20;
Tgroad(:) = 5;

RoadMap = [0,0,0,0;
           1,0,0,0;
           1,0,0,0;
           0,1,1,0];                       %% 小区内部交通可达性矩阵
RoadMap0 = [0,0,0,0;
            1,0,0,0;
            0,0,0,0;
            0,1,0,0];

myres = zeros(500,4);
Flag = [0,1,0,0]';
mainflow = 3600 * (1 - beta / 10);         % 主路的车流量
%% 仿真过程
for t = 1:Tmax
    %% 判断当前是否有车到来,0 表示没有,1 表示有
    Dt{t} = 0;
    Dt0{t} = 0;
    ra = rand();
    if ra >= beta / 10
        ra = 1;
```

```matlab
        else
            ra = 0;
        end
        %% 增加车的数量,更新车的情况
        if ra == 1
            carnum = carnum + 1;
            car.road = 1;
            car.distance = Roaddistance(1);
            car.state = 1;
            Car{carnum} = car;
            Car0{carnum} = car;
            Roadcarnum(1) = Roadcarnum(1) + 1;
            Roadcarnum0(1) = Roadcarnum0(1) + 1;
        end
        %% 判断当前红绿灯情况
        Light = mod(t,T);
        if Light <= Tg
            Light = 1;
        else
            Light = 0;
        end
        for cari = 1:carnum
            if(Car0{cari}.state == 1)
                %% 不考虑小区开放时
                if Light == 1    %% 绿灯时
                    [nextroad,nextdistance,nextstate] = nextdir(cari,RoadMap0,Car0,Roaddistance,Outroad,Roadcarnum0);  %% 函数 nextdir 返回 cari 这辆车下一次所在的路上的距离
                else    %% 红灯时
                    [nextroad,nextdistance,nextstate] = nextdir_red(cari,RoadMap0,Car0,Roaddistance,Outroad,Roadcarnum0);
                end
                Roadcarnum0(Car0{cari}.road) = Roadcarnum0(Car0{cari}.road) - 1;
                Car0{cari}.road = nextroad;
                Car0{cari}.distance = nextdistance;
                Car0{cari}.state = nextstate;
                if nextstate == 1
                    Roadcarnum0(nextroad) = Roadcarnum0(nextroad) + 1;  %% 当前这条路上的车的数量
                end
            end
            %% 考虑小区开放时
            %disp(strcat('car', num2str(cari)));
            if(Car{cari}.state == 1)
                if Light == 1    %% 绿灯时
                    [nextroad,nextdistance,nextstate] = nextdir(cari,RoadMap,Car,Roaddistance,Outroad,Roadcarnum);  % 函数 nextdir 返回 cari 这辆车下一次所在的路上的距离
                else  %% 红灯时
                    [nextroad,nextdistance,nextstate] = nextdir_red(cari,RoadMap,Car,Roaddistance,Outroad,Roadcarnum);
                end
                myres(t, 1) = nextroad;
                myres(t, 2) = nextdistance;
                myres(t, 3) = nextstate;
                myres(t, 4) = cari;
```

```matlab
                Roadcarnum(Car{cari}.road) = Roadcarnum(Car{cari}.road) - 1;
                Car{cari}.road = nextroad;
                Car{cari}.distance = nextdistance;
                Car{cari}.state = nextstate;
                if nextstate == 1
                    Roadcarnum(nextroad) = Roadcarnum(nextroad) + 1;%当前这条路上的车的数量
                end
            end
        end
        if( ra == 1 && ismember(nextroad, FieldRoad) )
            fieldCarNum = fieldCarNum + 1;
            theta = theta + 1;
        else
            if(theta >= 0.3)
                theta = theta - 0.3;
            else
                theta = 0;
            end
        end
        if(carnum > 0)
            R = R * 0.5 + 0.5 * fieldCarNum / carnum;
            ER = (L1 + alpha * R)/(h * sqrt(127 * R * mu));     %右转车转换系数
            fR = 100/(100 + R * (ER - 1));                       %右转修正系数
            x = ( mainflow) / Roadcapture(1);                    %道路饱和度
            C1 = x * (fRpb + fR);                                %主流向通行能力
            NDT = (1/C1 - t_avg) * (1/t_avg + 1) * t_avg / 2;    %信号交叉路口平均延误
            Dt{t} = theta * NDT;
            delay(t) = Dt{t};
        end
        %%计算每条路的平均延误时间
        dt = ((0.5 * Troad).*(1 - Tgroad./Troad))./(1 - min(1, Roadcarnum.*(720./Roaddistance')./Roadcapture).*(Tgroad./Troad)).*Flag;
        Dt{t} = Dt{t} + sum(dt);

        dt0 = ((0.5 * Troad).*(1 - Tgroad./Troad))./(1 - min(1, Roadcarnum0.*(720./Roaddistance')./Roadcapture).*(Tgroad./Troad)).*Flag;
        Dt0{t} = Dt0{t} + sum(dt0);
end
%%画图
matDt = cell2mat(Dt);
matDt0 = cell2mat(Dt0);
plot([1:Tmax],matDt,'-','markersize',5);
hold on;
plot([1:Tmax],matDt0,'-','markersize',5);
legend('小区开放','小区未开放')
grid on;
dtDelta = cell2mat(Dt0) - cell2mat(Dt);
save(strcat(num2str(alpha), 'dtDelta_7.mat'), 'dtDelta');
save(strcat(num2str(alpha), 'Dt_7.mat'), 'Dt');
save(strcat(num2str(alpha), 'Dt0_7.mat'), 'Dt0');
```

| 程序编号 | P19-1-1 | 文件名称 | chooseRoad.m | 说明 | 交叉路口的路径选择函数 |

```matlab
function [nextroad] = chooseRoad(cari,currentRoad,RoadMap,Car,Roaddistance,RoadCarNum)
% % function [nextroad] = chooseRoad(cari,currentRoad,RoadMap,Car,Roaddistance,RoadCarNum)
% Input arguments:
%              cari:1 x 1 int     车的序号
%              currentRoad:1 x 1 int 为当前所在的路的标号
%              RoadMap: n x n array 为路的可达性矩阵
%              Car: n x 1 cell 为当前各辆车的状态
%              Roaddistance: n x 1 int 为每条路的长度
%              RoadCarNum: n x 1 int 为当前每条路上有多少车
% Output arguments:
%              nextroad: 1 x 1 int 为选择的下一条路的标号
% %
k1 = 1;                     % 两个参数
k2 = 1;
nextroad = 0;
min = intmax();
roadNum = length(RoadMap);
% disp(strcat('currentroadNum', num2str(currentRoad)));
myNeighbor = zeros(roadNum);
myNeighborNum = 0;
for i = 1 : roadNum
    if(RoadMap(i,currentRoad) == 0) % 道路不通的情况
        continue;
    end
    myNeighborNum = myNeighborNum + 1;
    myNeighbor(myNeighborNum) = i;
    % disp(strcat('roadNum', num2str(i)));

    % 根据最优选择
    myvalue = 0;
    for j = 1 : (cari - 1)
        if(Car{j}.state == 1 && Car{j}.road == i && Car{j}.distance == 1)
            % 判断走这条路是否需要等
            myvalue = intmax() - 100000;
            break;
        end
    end
    % 计算每条路的指标
    myvalue = myvalue + k1 * Roaddistance(i) + k2 * RoadCarNum(i);
    if(myvalue < min)
        min = myvalue;
        nextroad = i;
    end

    % disp(i);
    % disp(myvalue);

end
% 随即选择
% nextroad = myNeighbor(ceil(rand() * (myNeighborNum - 1)) + 1);
```

| 程序编号 | P19-1-2 | 文件名称 | nextdir.m | 说明 | 车辆在绿灯时的状态转移函数 |

```matlab
function [nextroad,nextdistance,nextstate] = nextdir(cari,RoadMap,Car,Roaddistance,Outroad,RoadCarNum)
% 函数 nextdir 返回 cari 这辆车这一秒之后的状态
% Input arguments:
%           cari:1 x 1 int 为车的序号
%           RoadMap:n x n array 为路的可达性矩阵
%           Car:n x 1 cell 为当前各辆车的状态
%           Roaddistance:n x 1 int 为每条路的长度
%           Outroad:k x 1 array 为所有可能出去的路 k 是出口数目
%           RoadCarNum:n x 1 int 为当前每条路上有多少车
% Output arguments:
%           nextroad:1 x 1 int 为 1s 后所在的路
%           nextstate:1 x 1 int dual value(0,1)为 1s 后,该车是否还在区域内
%           nextdistance:1 x 1 int 为 1s 后在路上距路入口的逻辑距离
%%
    car = Car{cari};                    % 当前正在考虑的车
    nextroad = car.road;
    nextdistance = car.distance;
    if car.distance >= Roaddistance(Car{cari}.road) && ismember(car.road,Outroad);
        nextstate = 0;
        return;
    else
        nextstate = 1;
    end
    nextdistance = nextdistance + 1;
    if(Roaddistance(nextroad) < nextdistance)
        nextroad = chooseRoad(cari,nextroad,RoadMap,Car,Roaddistance,RoadCarNum);
%%% 交叉路口选择路的方向
        nextdistance = 1;
    end
    for i = 1 : (cari - 1)
        if(Car{i}.state == 1 && Car{i}.road == nextroad && Car{i}.distance == nextdistance)
            % 车辆不能走
            nextroad = car.road;
            nextdistance = car.distance;
        end
    end
end
```

| 程序编号 | P19-1-3 | 文件名称 | nextdir_red.m | 说明 | 车辆在红灯时的状态转移函数 |

```matlab
function [nextroad,nextdistance,nextstate] = nextdir_red(cari,RoadMap,Car,Roaddistance,Outroad,RoadCarNum)
%% 函数 nextdir 返回 cari 这辆车这一秒之后的状态
% Input arguments:
%           cari:1 x 1 int 为车的序号
%           RoadMap:n x n array 为路的可达性矩阵
%           Car:n x 1 cell 为当前各辆车的状态
%           Roaddistance:n x 1 int 为每条路的长度
%           Outroad:k x 1 int 为所有可能出去的路 k 是出口数
%           RoadCarNum:n x 1 int 为当前每条路上有多少车
```

```
% Output arguments:
%                   nextroad: 1 x 1 int 为 1s 后所在的路
%                   nextdistance:1 x 1 int 为 1s 后在路上距路入口的逻辑距离
%                   nextstate: 1 x 1 int dual value(0,1)为 1s 后,该车是否还在区域内
% %
    car = Car{cari};                    % 当前正在考虑的车
    nextstate = 1;
    nextroad = car.road;
    nextdistance = car.distance;
    if car.distance >= Roaddistance(Car{cari}.road) && ismember(car.road,Outroad);
        return;
    end
    nextdistance = nextdistance + 1;
    if(Roaddistance(nextroad) < nextdistance)
        nextroad = chooseRoad(cari,nextroad,RoadMap,Car,Roaddistance,RoadCarNum);
        % % % 交叉路口选择路的方向
        nextdistance = 1;
    end
    for i = 1 : (cari - 1)
        if(Car{i}.state == 1 && Car{i}.road == nextroad && Car{i}.distance == nextdistance)
            % 车辆不能走
            nextroad = car.road;
            nextdistance = car.distance;
        end
    end
```

图 19-7 所示为类型 1 小区开放对平均延时的影响。

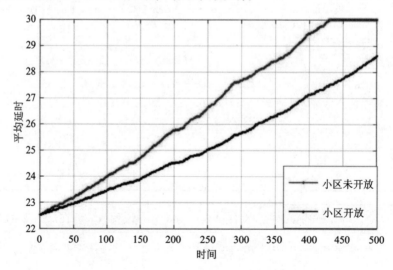

图 19-7 类型 1 小区开放对平均延时的影响

由图 19-7 可知,小区开放后明显降低了平均延误时间。这是由于该小区周边道路只受到有信号灯的交叉路口的延误时间 YDT 的影响,当小区开放后,小区内部道路③分担了周边道路的一部分车流量,降低了周边道路的通行压力,因此有效地提高了通行能力。另一方面,由于小区出入口不存在分流和合流现象,小区开放不会降低道路的通行速度,因此,该类小区开放后有利于周边道路的通行。

(2) 控制变量实验

当小区内部的道路结构和周边道路结构变化时,小区开放对周边道路通行的影响不同。为研究这一问题,分别对小区内部道路长度 s_c、小区周边道路车流量 R 和小区内部道路节点个数 num 进行控制变量实验。

1) 小区内部道路长度 s_c 对平均延时的影响

保持其他变量不变,当小区内部道路距离 s_c 发生变化时,得到平均延时的数值变化如图 19-8 所示。

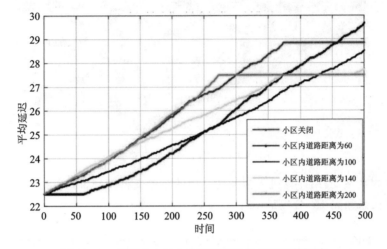

图 19-8　类型 1 小区内道路距离对平均延时的影响

由图 19-8 可知,当其他变量一定时,平均延迟时间与小区内道路距离呈正相关关系。小区内部道路距离越短,则开放小区后对周边道路通行的正效应越大。

2) 小区内部道路节点数 num 对平均延时的影响

考虑小区内部有两条道路的情况:若两条道路之间有一条道路将二者连通,如图 19-9 所示,则可认为小区内部道路节点数 num=2;若两条道路之间有两条道路将二者连通,如图 19-10 所示,则可认为小区内部道路节点数 num=4。

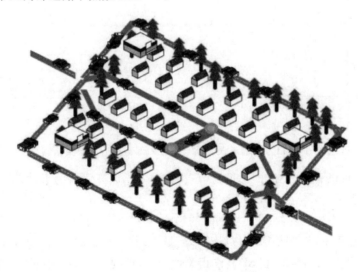

图 19-9　两节点小区示意图

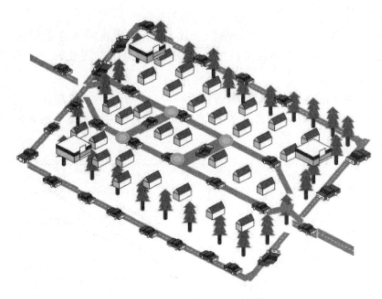

图 19-10　四节点小区示意图

保证其他因素不变,用计算机模拟问题 2 中的车辆通行模型,得到平均延误时间与小区内部道路节点数关系如图 19-11 所示。

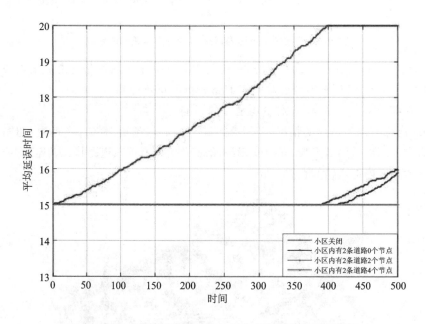

图 19-11　平均延误时间与小区内部道路节点数关系图

由图 19-11 可以看出,小区内部道路节点数越多,小区开放后的平均延误时间越长,即前后延时差 ΔDT 越小。

3) 小区周边道路车流量 R 对平均延时的影响

保持其他变量不变,改变小区周边道路车流量 R,得到前后延时差 ΔDT 数值的变化。对周边道路车流量 R 和前后延时差 ΔDT 作相关性分析,得到的结果如表 19-3 所列。

表 19-3　类型 1 小区周边道路车流量与平均延误时间差值相关性分析表

相关分析内容		周边道路车流量	平均延误时间
周边道路车流量	Pearson 相关性	1	0.988*
	显著性(双侧)	—	0.000
	N	8	8
平均延误时间	Pearson 相关性	0.988*	1
	显著性(双侧)	0.000	—
	N	8	8

* 表示在 0.01 水平(双侧)上显著相关。

由表 19-3 中数值可知,周边道路车流量 R 和平均延误时间差值 δ 的相关系数为 0.988, p 值小于 0.01,即在 0.01 的水平上呈现出显著的正相关关系。

为更直观地反映二者的关系,绘出不同 R 值下的平均延迟时间随研究时间 t 的变化如图 19-12 所示。

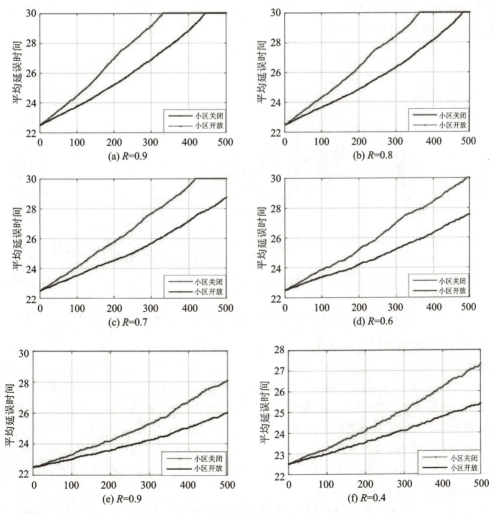

图 19-12　类型 1 小区周边道路车流量对平均延时的影响(二维图)

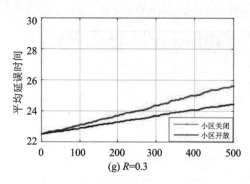 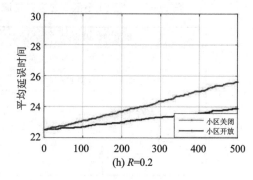

图 19-12 类型 1 小区周边道路车流量对平均延时的影响(二维图)(续)

由图 19-12 可知,保持其他变量不变,小区周边道路车流量 R 变化时,小区开放前后平均延迟时间的差值并非随之单调变化,即存在一个最优的周边道路车流量 R,使得小区开放对周边道路通行的正效应最大。为观察这一最优值,以周边道路车流量 R 为 x 轴,以时间 t 为 y 轴,以前后延时差 ΔDT 为 z 轴建立空间直角坐标系,绘出如图 19-13 所示的三维关系图。从图中可以看出,前后延时差 ΔDT 一直为正。前后延时差 ΔDT 随着车流量 R 的变化呈现出一个先增后减的趋势,即可以求出当 ΔDT 最大时的周边道路车流量。

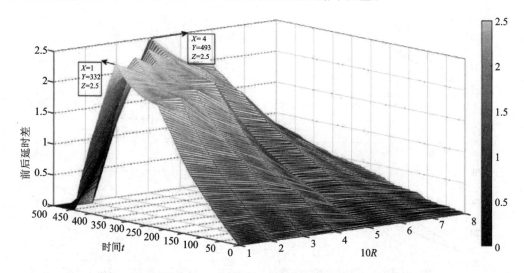

图 19-13 类型 1 小区周边道路车流量对平均延时的影响(三维图)

2. 存在分流、合流效应的小区

(1) 基本模型

考虑小区类型,受小区开放影响的周边道路有①和②两条(如图 19-14 所示),小区出入口处存在合流与分流的现象。造成平均延误的因素有以下三点:A 点的车辆分流导致的后方车辆车流排队时间增加;B 点的信号灯导致的延误;C 点的车辆合流导致的后方车辆车流排队时间增加。

假设小区内部路长 $s_c = 80 s_0$, $t_g / T = 0.25$, $T = 20$,小区周边道路车流量 $R = 0.35$,车辆由主路进入小区的比例为 0.5。用 MATLAB 实现问题 2 的车辆通行模型,得到小区开放前后的平均延误时间之差,如图 19-15 所示。

由图 19-15 可知,小区开放后对平均延误时间的影响有正效应也有负效应,且波动很大。在观察时间初期,开放前后平均延时差值多为负值,即小区开放对周边道路通行产生了不利影

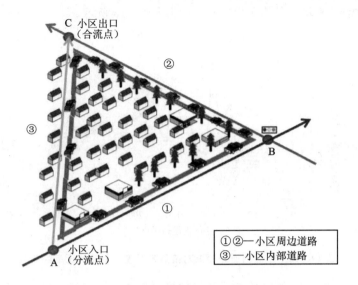

图 19-14 存在分流、合流效应的小区示意图

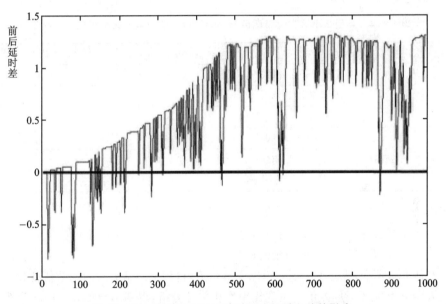

图 19-15 类型 2 小区开放对平均延时之差的影响

响,这是由于观察初期路上车辆较少,小区开放的分流作用对 B 点的信号灯延迟改善程度有限,但在小区入口(A 点)由于后方车辆排队进入,产生了较大的延迟时间。在观察时间中后期,虽然平均延时的差值波动仍很大,但大多数为正值,由于在个别的时间段里,进入小区的车辆过饱和,导致在 A 点和 C 点的排队时间延长,因此在某个时间段中会有负值出现。因此,在这种类型的小区模型中,是否开放小区,应该考虑小区内外部道路的具体结构。

(2) 控制变量实验

当小区内部的道路结构和周边道路结构变化时,小区开放对周边道路通行的影响不同。为研究这一问题,分别对小区内部道路总距离 s 和小区周边道路车流量 R 进行控制变量实验。

1) 小区内部道路距离 s_c 对平均延时的影响

保持其他变量不变,当小区内部道路的距离 s_c 发生变化时,在每一个 s_c 的条件下,计算在研究时间内开放前后平均误差为负值的比率,如图19-16所示。

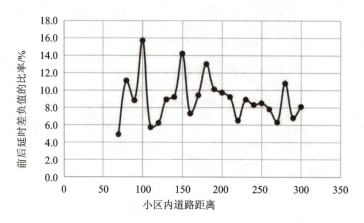

图19-16 小区内道路距离对前后延时差为负值的比率的关系

从图19-16可以看出,纵轴标量受随机性影响较大,难以看出相关关系。进行相关性检验,得到结果如表19-4所列。

表19-4 类型2小区内道路距离与平均延误差值为负的比率相关性分析表

相关分析内容		小区内道路距离	平均延误差值为负的比率
小区内道路距离	Pearson 相关性	1	−0.156
	显著性(双侧)	—	0.466
	N	24	24
平均延误差值为负的比率	Pearson 相关性	−0.156	1
	显著性(双侧)	0.466	—
	N	24	24

可以看到,p值为0.466(>0.1),即在90%的置信水平下,小区内道路距离和开放前平均延误之差为负值的比率二者之间不存在显著相关关系。

2) 小区周边道路车流量对平均延时的影响

保持其他变量不变,改变小区周边道路车流量R,得到平均延迟时间的数值变化。对周边道路车流量R和平均延误时间差值为负的比率作相关性分析,得到结果如表19-5所列。由表中数值可知,相关系数为0.914,p值小于0.01,在0.01的水平下呈现出显著的正相关关系。

表19-5 类型2小区内道路车流量与平均延误差值为负的比率相关性分析表

相关分析内容		小区内道路距离	平均延误差值为负的比率
小区内道路距离	Pearson 相关性	1	0.914*
	显著性(双侧)	—	0.000
	N	12	12
平均延误差值为负的比率	Pearson 相关性	0.914*	1
	显著性(双侧)	0.000	—
	N	12	12

* 表示在0.01水平(双侧)上显著相关。

3. 基于优化的路径选择函数分析存在分流、合流效应的小区

关于路径选择函数,对存在分流、合流效应的小区进行分析。假设小区内部道路距离 $s_c = 80s_0$,$t_g/T = 0.25$,$T = 20$,小区周边道路车流量 $R = 0.35$,车辆由主路进入小区的比例为 0.5。得到小区开放对平均延时之差的影响如图 19-17 所示。

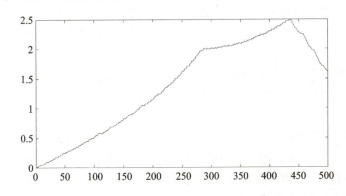

图 19-17 类型 2 小区开放对平均延时之差的影响(基于优化路径)

由图 19-17 可知,在优化路径选择函数的条件下,开放前与开放后的平均延时差值均为正值,即小区开放后有效降低了平均延时,从而对周边道路的通行有正效应。由参考文献[1]可知,道路使用者进行往返于出发地和目的地之间的道路选择时,使用者只考虑自身最优而未考虑其他道路使用者,这一理论与经济学中的理性人假设类似。这意味着,在信息不完全得到有效缓解的情况下,开放小区有利于周边道路的通行。因此,交通管理部门利用现代科技缓解信息不完全的现状,使道路使用者可以有效选择最快到达目的地的道路。

19.4.4 问题 4

1. 对城市规划部门的建议

由上述问题的分析可知,城市规划部门在开放已建成小区的时候,应重点考虑开放内部交通复杂度低、内部道路长度短、周边道路车流量大的小区,以减小前后延时差,使得小区开放对周边道路的车辆通行产生有利的影响;同样,在新建小区时也应考虑这些因素。

2. 对交通管理部门的建议

交通管理部门应重点加大实时路况信息的传播,缓解由于信息不完全而带来的资源浪费和效用损失,使车辆驾驶员可以根据路况信息选择最优路径,从而使得小区开放对周边道路通行的正效应最大。

19.5 模型评价与改进

模型评价:

① 该模型较为全面地考虑了现实情况,根据车辆所在道路类型,将车辆通行模型抽象为若干子模型,确保了思维的科学性和逻辑的严密性。

② 在分析不同小区类型的时候,考虑了较为全面的影响因素,并找到了合适的量化指标,保证了模型的完整性和适用性。

③ 在模型求解时,充分利用了 MATLAB 等数学软件,比较好地解决了问题,并且得到了

较理想的结果。

模型改进：

① 该模型假设机动车和非机动车存在明显的分隔线，即非机动车不会干涉机动车的行驶。在实际情况中，存在机动车和非机动车混行的道路，因此，可以将自行车影响系数根据实际情况加以修改，使得我们的模型更能反映真实情况。

② 该模型假设道路坡度为0，在之后的工作中可以将周边道路的坡度纳入考虑当中，使得模型更具普适性。

③ 该模型只考虑了同向单车道的情况，可以考虑将同向多车道的情况纳入模型中，多车道将有助于减缓车辆拥堵的情况，更加客观地反映出真实的情况，这将使得模型更具泛化能力。

④ 该模型假设车辆到来满足平稳性，而实际生活中车流量到来明显存在时间趋势，例如早晚上下班高峰车流量明显要多于其他时刻。因此，可以变化车辆到来的方式，使其更加贴合现实情况，也能更好地反映出小区开放对周边道路车辆通行的影响，有助于相关部门制定关于小区开放时刻及时间长度的政策。

⑤ 在评价道路通行情况的指标中，我们只挑选了其中的一部分。在模型的进一步完善中，可以扩充评价的指标，使其更加全面、客观地反映出小区开放的影响。

参考文献

[1] 李向朋. 城市交通拥堵对策——封闭型小区交通开放研究[D]. 长沙：长沙理工大学，2014.

[2] 中华人民共和国住房和城乡建设部. 城市道路工程设计规范：CJJ 37—2012[S]. 北京：中国建筑工业出版社，2012.

[3] 魏威. 信号控制交叉口有效绿灯时间计算方法研究[J]. 山西建筑，2015,41(4):125-126.

[4] 杨晓光，赵靖，郁晓菲. 考虑进出交通影响的路段通行能力计算方法[J]. 中国公路学报，2009,22(5):83-88.

[5] 张亚平. 道路通行能力理论[D]. 哈尔滨：哈尔滨工业大学，2007.

[6] 孙增辉. 车道被占用对城市道路通行能力的影响[Z]. 北京：全国大学生数学建模竞赛组委会，2013.

第四篇　赛后重研究篇

本篇主要针对数学建模竞赛的赛后重研究部分，MATLAB 可以做的工作。MATLAB 的 Simulink 具有系统仿真功能，将数学模型移植到 Simulink 仿真平台上，不仅可以仿真出模型的实际运行情况，还有助于发现模型的不足，从而不断提升模型。待仿真系统达到产品级别后，还可以利用 MATLAB 代码生成和嵌入式产品开发技术将数学模型转成产品。本篇主要介绍 MATLAB 的模型转产品实现流程和技术实现。

第 20 章 MATLAB 基于模型的产品开发流程

近年来,全国大学生数学建模组委会为了鼓励将赛题做深入的研究和应用推广,设置了数学建模赛题后续研究项目,并且给予一定的资金支持。提交的研究报告内容分为两部分:第一部分是对相应赛题现有解决方案不足的分析;第二部分是新的解决方案,以及新方案的优长之处。MATLAB 的功能不仅限于模型的建立和求解,其 Simulink 相关的工具箱可以将模型转化成产品,在模型转化成产品的过程中可以强化模型的提升和改进,并可生成模型的应用产品原型。这对于提升模型的应用,得到更实用的模型和解决方案是非常实用的技术途径。本章主要介绍 MATLAB 的将模型转化成产品的技术。

20.1 Simulink 简介

Simulink 是 MATLAB 软件中另外一个重要组成部分,用于依据控制论和系统论对系统进行建模。这里的系统一般是动态的,具有随时间变化的输入、输出和状态。我们可以通过系统框图描述系统的数学模型,通常是一组数学方程。Simulink 就是一个运用系统框图进行数学建模的工作环境,它同时支持系统的仿真、自动代码生成以及持续的测试和验证。

在 MATLAB 命令窗口键入 simulink(如图 20-1 所示),或者单击菜单栏 HOME 上的 Simulink 按钮,都可以弹出 Simulink 起始界面。在 Simulink 起始界面中选择 Blank Model,就能够打开 Simulink 编辑器,创建一个新的 Simulink 图形化模型。

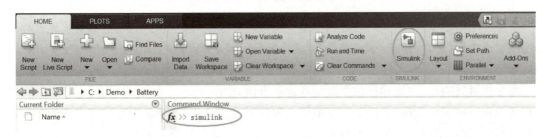

图 20-1 在 MATLAB 中打开 Simulink 编辑器

Simulink 提供了大量自带的或者可自定义的模块库,其求解器支持各种连续或离散时间的动态系统仿真。Simulink 可以与 MATLAB 无缝集成,不仅能够将 MATLAB 算法融合到模型中,还能将仿真结果导出至 MATLAB 做进一步分析。

Simulink 常用于各种机械、热力、电子、电气、流体等自动控制系统的建模,其特点是既可以描述实际物理对象,也可以描述各类控制算法。此外,Simulink 也被用于信号与通信系统的建模。

20.2 Simulink 建模实例

20.2.1 Simulink 建模方法

图 20-2 是一个角度位置控制装置,左侧的电机通过中间的轴带动右侧负载旋转。根据系统的动力学关系,已知各部件的转动惯量、弹性系数、阻尼系数,就能够推导出输入特定转矩时电机和负载的角度位置公式:

$$J_1\ddot{x}_1 = -b_1\dot{x}_1 - k(x_1 - x_2) - b_{12}(\dot{x}_1 - \dot{x}_2) + T$$
$$J_2\ddot{x}_2 = -b_2\dot{x}_2 + k(x_1 - x_2) + b_{12}(\dot{x}_1 - \dot{x}_2)$$

学过自动控制原理的同学都知道如何根据公式绘制对应的系统框图。可以在 Simulink 中建立一致的系统框图模型,并进行系统的动态响应仿真。

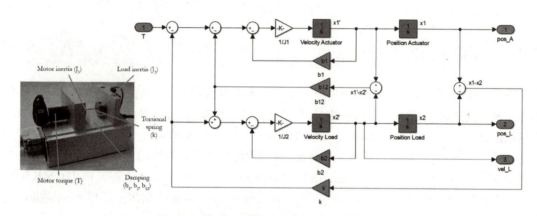

图 20-2 角度位置控制装置的 Simulink 模型

对刚才的角度位置控制装置,我们采用了所谓首要原则的建模方法,这意味着首先推导出系统的数学方程,然后再建立 Simulink 模型。这是一个典型的白盒模型,所有的数学方程都和物理公式对应。

与之相对,还有一种被称作数据驱动的建模方法,如图 20-3 所示。当我们不了解系统的原理而只有一些实验数据的时候,可以采用这种建模方法。比如,要从电化学反应开始分析电池的机理,这就显得过于复杂。不妨换一种方法,通过实验测试锂电池各恒定放电电流下电压随时间的变化曲线,然后建立任意放电电流时锂电池的电压变化规律的数学模型,用于估计电池的剩余使用时间(这也是 2016 年全国大学生数学建模比赛的试题之一)。这里我们直接用已知的放电实验数据进行数学上的拟合,而忽略电池的具体原理,得到一个黑盒模型。

我们可以在对系统内部没有任何了解的情况下建立纯粹的黑盒模型,就像之前讨论的很多 MATLAB 建模案例。有些时候,我们则会对系统有一定的先验知识,也可以用 Simulink 表达对系统的先验知识,建立介于白盒与黑盒之间的模型,不妨称之为灰盒模型。

20.2.2 锂电池建模的实现

回到锂电池建模的问题。已知锂电池有以下特征:提供电动势输出,具有一定的直流阻抗和交流阻抗。那么,就可以用下面的等效电路描述锂电池(如图 20-4 所示),包括电源电动势

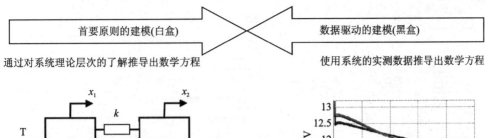

图20-3 首要原则与数据驱动建模方法

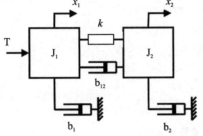

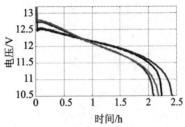

E_m，内阻 R_0 和一个 RC 网络（由 R_1，C_1 组成）。

假定锂电池某时刻的放电电流为 I，两端电压为 U，其中 RC 网络两端电压为 U_1。根据电路原理，有以下数学公式：

$$u(t) = E_m + R_0 \cdot i(t) + u_1(t)$$
$$i(t) = C_1 \cdot \dot{u}_1(t) + u_1(t)/R_1$$

可以使用拉普拉斯变换方法获得系统的传递函数方程：

$$U(s) = E_m + R_0 \cdot I(s) + U_1(s)$$
$$I(s) = C_1 s \cdot U_1(s) + U_1(s)/R_1$$

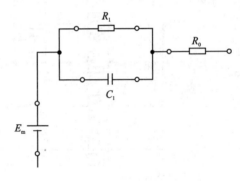

图20-4 锂电池的等效电路

或者

$$U(s) = E_m + R_0 \cdot I(s) + R_1 \cdot I(s)/(R_1 C_1 s + 1)$$

我们不知道电路元件的参数，需要借助实验数据来进行估计。根据经验，锂电池的放电特性受到剩余电量、环境温度的影响最大，同时在使用一段时间后也会产生衰退，导致电池性能变化。在这里，我们仅考虑不同剩余电量时电路元件的参数变化规律，实验也都是建立在恒温、新出厂电池的前提下。

引入一个变量 SOC，表示电池的剩余电量比例，取值范围为 0～1。把锂电池等效电路的各个电路元件参数写成以下函数：

$$R_0, R_1, C_1, E_m = f(SOC)$$

在 Simulink 中，可以通过一维查表的方式来表达这组函数关系（如图20-5所示）。Simulink 中的模块参数可以直接引用在 MATLAB 工作空间中定义的变量，例如查表模块的表格数组。最终建立锂电池等效电路 Simulink 模型，如图20-6所示。

我们将等效电路作为整个电池 Simulink 模型的一个子系统，并采用电流积分法计算电池的剩余电量比例 SOC，然后使用 Simulink 提供的模型参数估计工具。从 Analysis 菜单中找到 Parameter Estimation 工具并打开，如图20-7所示。

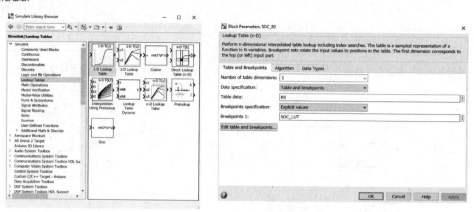

图 20-5 使用一维查表模块

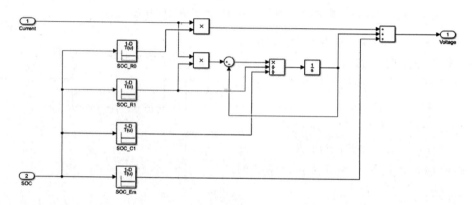

图 20-6 锂电池等效电路 Simulink 模型

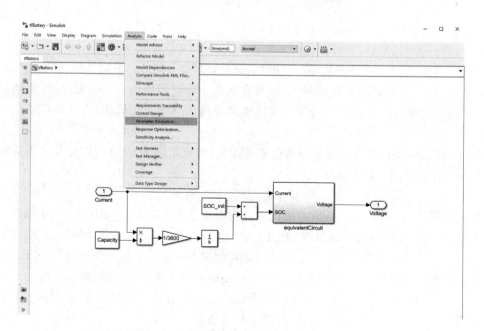

图 20-7 打开 Parameter Estimation 工具

在 Parameter Estimation 窗口中，可以单击 Open Session 按钮打开之前保存的会话（如

图 20-8 所示),或单击 Save Session 按钮保存当前的会话。

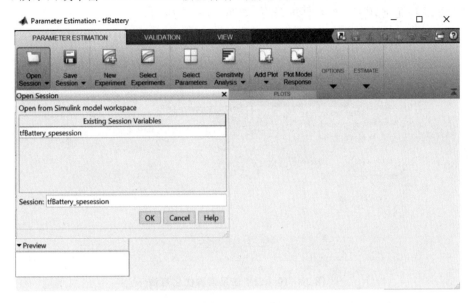

图 20-8　从模型工作空间打开 Parameter Estimation 会话

在窗口左侧 Parameters 一栏填入待估计的参数,这些电路参数都通过 SOC 查表给定,均为与 SOC 索引相同维度的数组。Experiments 一栏填入实验数据,就是右侧电池的放电电流与输出电压随时间的变化曲线(如图 20-9 所示)。

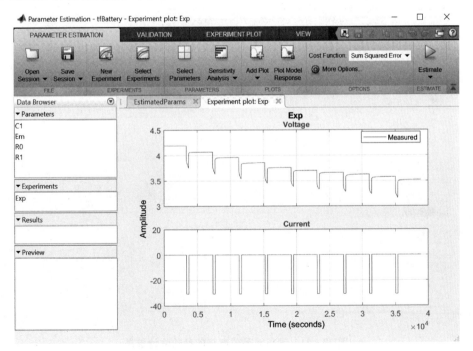

图 20-9　Parameter Estimation 窗口界面

在参数估计过程中,MATLAB 会调用优化算法,不断修改模型参数并运行模型获得新的仿真结果,进行一系列迭代。这些优化算法均来自 MATLAB 当中的优化和全局优化工具(即

Optimization 和 Global Optimization 工具箱),单击窗口工具栏 OPTIONS 中的 More Options 按钮可以对优化算法进行具体的设置(如图 20-10 所示)。

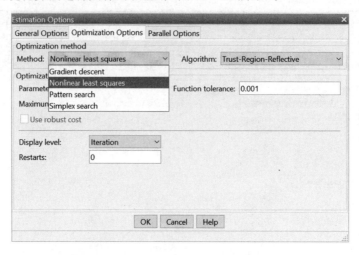

图 20-10 设置使用何种优化算法

单击 Estimate 按钮,对模型进行参数估计。优化算法收敛后,Simulink 模型的仿真输出变得与实验数据非常接近(如图 20-11 所示)。在窗口左侧的 Results 一栏,可以看到参数估计的结果。此外,使用 VALIDATION 选项,可以添加新的实验数据,仅用于参数估计结果的验证。使用 EXPERIMENT PLOT 选项,可以对窗口右侧实验数据的绘图进行设置。

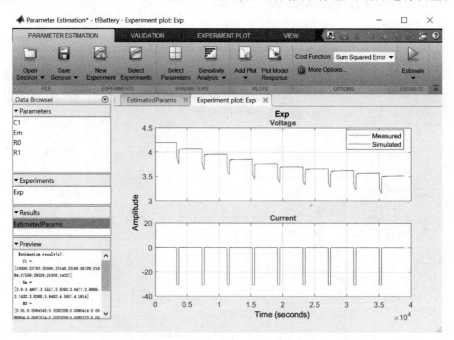

图 20-11 锂电池等效电路的参数估计结果

回顾我们建立锂电池数学模型的过程,其中包括三个典型的步骤:收集数据,创建模型,模型调参。我们用含待定参数的系统模型描述物理对象,并通过实际数据确定这些参数。这是一种普遍的物理系统建模思路。相比纯粹的黑盒模型,这种模型具有更大的适用范围,比如上面的锂电池模型,我们仅考虑了不同电池剩余电量的情况,如果要表现环境温度影响,并不用改变电路的结构,只需要将电路参数改为按 SOC 和环境温度二维查表,就可以建立新的模型。

20.3　在 Simulink 中使用 MATLAB 数据和算法

我们已经知道可以在 Simulink 中直接使用 MATLAB 工作空间中的数据作为模块的参数,同样,也可以用 MATLAB 工作空间的数据作为模型的输入信号。单击 Simulink 工具栏上的 Configuration 按钮,在 Data Import/Export 一栏,可以将工作空间中的多个列向量设置为输入信号,其中第一列为仿真时间,第二列开始依次对应模型的各个输入信号,如图 20-12 所示。

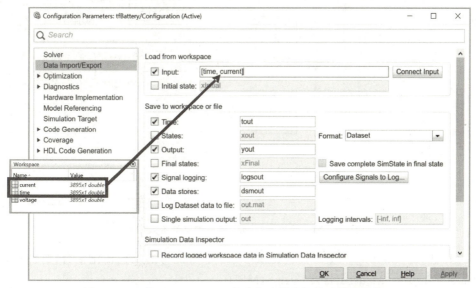

图 20-12　使用 MATLAB 工作空间中的数据作为模型的输入

通过 MATLAB Function 模块,可以编写一个 MATLAB 函数,作为 Simulink 模型的一部分,并可以用于仿真(如图 20-13 所示)。这个功能非常有用,很多时候文本化的 MATLAB 语言更便于描述算法,可以将其与图形化的 Simulink 语言有机结合。

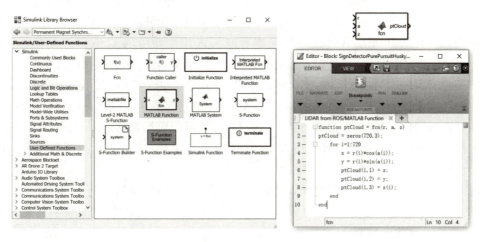

图 20-13　通过模块描述算法

20.4　基于模型设计的思想

对于工程中的系统建模问题，Simulink 中还提供了 Simscape 物理建模工具，包括大量附带的电子、电气、机械、流体、传动元件库，比如上述的锂电池等效电路模型（如图 20-14 所示），我们就可以使用 Simscape 直接搭建一个电路网络。这是一种更高级的建模方法，创建的模型是一个物理网络，而不像 Simulink 那样创建一个描述系统当中信号流的框图。工程师可以直接按照系统的物理结构进行建模，省去了一部分数学推导过程。

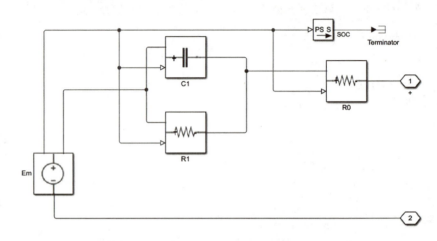

图 20-14　使用 Simscape 搭建锂电池等效电路

MATLAB 和 Simulink 为数学建模提供了一个非常优秀的工程转化平台，这种转化的过程称为基于模型设计（Model-Based Design，MBD）。

基于模型设计的定义：在产品整个开发过程中使用一个系统模型作为可执行的技术规格，而不是依靠物理原型和文本描述。模型支持系统和组件级的设计和仿真，自动代码生成，以及持续的测试和验证。

基于模型设计的思想已被广泛应用于航空、航天、汽车、通信等各种工程领域，其中最为重要的环节就是自动代码生成技术。使用自动代码生成技术，可以直接将 MATLAB 函数或者 Simulink 模型转化为部署在桌面计算环境或者嵌入式计算环境的 C 或 C++ 代码，用于 FPGA 和 ASIC 开发的 HDL 硬件描述语言代码，或者用于 PLC 开发的结构化文本。

在 Simulink 工具栏上有一个生成代码的按钮，只要单击这个按钮，就能根据 Simulink 模型的当前设置完成自动代码生成（如图 20-15 所示）。通过修改生成代码的选项，不但可以选择语言的种类，针对特定计算平台进行优化，还可以在生成代码后自动调用外部的开发工具完成代码的编译和部署。针对教学和科研常用的一些嵌入式硬件，MathWorks 提供了免费的硬件支持包插件，可在其官网搜索并下载安装。

图 20-16 是一个典型的基于模型设计的工作流程，该流程主要包含三个部分：
① 设计：对系统进行建模，建模对象包括环境、物理组件、算法组件，通过仿真分析系统的行为，保证系统的性能满足要求。
② 实现：从模型中自动生成算法组件的 C、C++、HDL 或结构化文本，用于快速原型开发或实际产品开发。生成的代码可以进行优化，并与手写代码相结合。

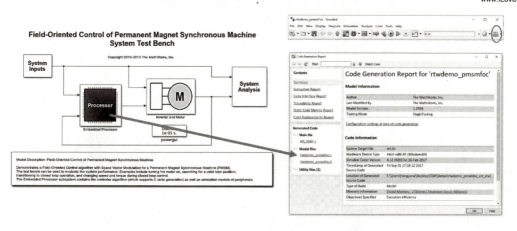

图 20-15　从 Simulink 模型自动生成 C 代码

③ 测试和验证：系统模型提供了一个可重用的测试框架，用于前期的虚拟集成和后期的硬件在环测试。

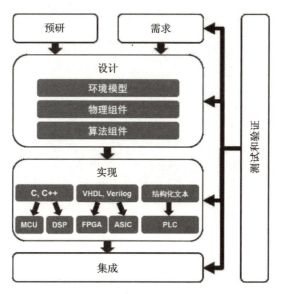

图 20-16　基于模型设计的工作流程

在工业界，基于模型的设计思想已经广泛应用于产品的研发，实践证明，利用基于模型的设计流程可以大大提高研究效率和效果，而基于模型的核心是数学模型，其实现的核心是具有完整的融合模型、算法、实物框图、代码生成、系统仿真功能的软件平台，这也是 MATLAB、Simulink 能够广泛应用于工业界的关键。

20.5　小　结

学习本章的基于模型的产品开发流程，一方面是让读者了解到数学建模不仅是学术层面的活动，在工业界也有深远的应用；另一方面，了解基于模型的设计思想和 Simulink 平台，不仅有助于赛后重研究，同时也让读者了解到，工业界是如何将数学模型转化成产品的，从而从更深层次理解数学建模的价值，进一步激发对数学建模的兴趣。

第五篇 经验篇

本篇主要介绍数学建模的参赛经验、心得、技巧,以及 MATLAB 的学习经验,这些经验会有助于竞赛的准备和竞赛成绩的提升。

第 21 章

数学建模参赛经验

本章内容是根据作者的讲座整理出来的,多年数学建模实践经历证明,这些经验对数学建模参赛队员非常有帮助,希望大家结合自己的实践慢慢体会总结,并祝愿大家在数学建模和 MATLAB 世界中能够找到自己的快乐和价值所在。

21.1 如何准备数学建模竞赛

一般可以把参加数学建模竞赛的过程分成三个阶段:第一阶段是个人入门和积累阶段,这个阶段的关键是个人的主观能动性;第二阶段,就是通常各学校都进行的集训阶段,通过模拟实战来提高参赛队员的水平;第三阶段是实际比赛阶段。

"如何准备数学建模竞赛"是针对第一阶段来讲的。回顾自己的参赛过程,作者认为这个阶段是真正的学习阶段,就像是修炼内功一样,如果在这个阶段打下深厚的基础,则对后面两个阶段非常有利,也是个人能否在建模竞赛中占优势的关键阶段。下面就分几个方面谈一下如何准备数学建模竞赛。

首先,要有一定的数学基础,尤其是良好的数学思维能力。并不是数学分数高就说明有很高的数学思维能力,但扎实的数学知识是数学思维的根基。对大学生来说,有高等数学、概率和线性代数知识就够了,当然其他数学知识知道的越多越好了,如图论、排队论、泛函等。作者从大一下学期开始接触数学建模,大学的数学课程只学习过高等数学。这里主要想说明的是,只要数学基础还可以,平时的数学成绩在 80 分以上,就可以参加数学建模竞赛了,不必刻意单纯补充数学理论,因为数学方面的知识可以在以后的学习中逐渐提高。

真正准备数学建模竞赛应该是从看数学建模书籍开始,要知道什么是数学建模,有哪些常见的数学模型和建模方法,了解一些常见的数学建模案例,这些方面都要通过看建模方面的书籍而获得。现在数学建模的书籍也比较多,图书馆和互联网上都有丰富的数学建模资料。作者认为姜启源、谢金星、叶齐孝、朱道元等老师的建模书都非常棒,可以先看两三本。刚开始看数学建模书时,一定会有很多地方看不懂,但要知道基本思路,时间长了就知道什么问题用什么建模方法求解了。这里需要提到的一点是,运筹学与数学建模息息相关,最好再看一两本运筹学著作,仍然可以采取诸葛亮的看书策略,只观其大略就可以了,等需要具体用哪块知识时,再集中精力将其消化,然后应用之。

大家都知道,参加数学建模竞赛一定要有些编程功底,当然现在有 MATLAB 这种强大的工程软件,对编程的要求就降低了,至少入门容易多了,因为很容易用一条 MATLAB 命令解决以前要用 20 行 C 语言才能实现的功能。因为 MATLAB 的强大功能,使其在数学建模中已经有了非常广泛的应用,在很多学校,数学建模队员必须学习 MATLAB。当然 MATLAB 的入门也非常容易,只要有本 MATLAB 参考书,照猫画虎可以很快实现一些基本的数学建模功能,如数据处理、绘图、计算等。笔者的一个队友,当年用一天时间把一本 200 多页的 MATLAB 教程操作完了,然后再经常运用,慢慢地就变成了一名 MATLAB 高手了。

对于有些编程基础的同学,最好再看一些算法方面的书籍,了解常见的数据结构和基本的遍历、二分等算法,然后再了解一些智能优化算法,如遗传算法、蚁群算法、模拟退火算法等。这样,在以后编程求解模型的过程中,就很容易寻找到合适的求解算法。

对于参加数学建模的队员,应该具备一定的数学基础,一定的编程能力,以及论文写作能力和团队合作能力。对于后者,主要是看个人固有的能力,不需要去刻意准备,在以后的集训阶段再加以训练就可以了。

21.2 数学建模队员应该如何学习 MATLAB

对理论的掌握并不代表对知识的真正理解。一些所谓高深的理论都可以通过编写程序来检验自己对其理解的程度。笔者的经验是:只有你把程序流畅地写出来,才是真正意义上对知识理解通透了。比如,笔者在大三学电力系统分析的时候,就自己用 MATLAB 语言编写了牛-拉法求潮流的程序,计算暂态稳定的简单程序,计算发电机短路电流的程序等。自然地,这些专业课程都学得不错。

MATLAB 是一门优秀的编程语言,在欧美非常普及,而选择一门顺手的编程语言可以让你在学习和工作中事倍功半。MATLAB 是一种语言,它可以用作编程,也是一种软件,它自带的工具箱具有类似软件前台的 GUI 界面以及能够轻松实现人机通信功能。在学习 MATLAB 编程之前,需要对其有一个基本的了解:

① 数据处理　能对数据进行计算、分析和挖掘,数据处理函数功能强大,命令简洁。

② 软件工具箱　各式各样的工具箱,包括神经网络工具箱、Simulink 工具箱(虽然是 Simulink 从底层开发出来的,但我们认为也是工具箱的一种)、模糊工具箱、数字图像处理工具箱和金融工具箱等。

③ 精致绘图　MATLAB 通过 set 命令重设图形的句柄属性,可绘制精准而美观的图形。

④ 动画实现　MATLAB 可以进行实时动画、电影动画和 AVI 视频制作,并能在动画中添加 *.WAVE 格式的音频。

⑤ 与软硬件通信　MATLAB 接口函数可以实现与软件(比如 C)和硬件(比如电子示波器)通信。

⑥ 平面设计　与全球最顶尖的平面设计软件 Adobe Photoshop 联袂使用,传达震撼的视觉设计效果。

⑦ 游戏开发　利用 MATLAB 语言可以开发一整套的游戏,比如开发 32 关的推箱子游戏。

根据笔者对 MATLAB 将近 6 年的学习经验,学习 MATLAB 编程就像读一本书,刚开始读时感觉这本书很薄,内容浅显,容易上手,觉得 MATLAB 语言是最容易学会、最简单的一门编程语言,但继续读下去,就感觉这本书其实很厚。

初学 MATLAB 编程过程中经常会遇到五大困惑:

其一,函数指令掌握太少,写不出简洁的程序,甚至正确、有效的代码也写不出。比如,初学者阅读 MATLAB 编程高手写的相对复杂的程序会发现,不但整篇程序的思路难以理解,而且会碰见很多陌生的命令,就像一篇英文阅读理解有很多单词都不认识;自己动手写程序,想表达的意思表达不出来,力不从心。

其二,不能掌握 MATLAB 函数复杂的语法格式。相比 VB 和 C 语言,MATLAB 语法格式比较复杂,如语法格式不正确,程序就不能运行;同一个命令有很多种语法格式;格式不同,程序输出的结果就大相径庭。比如使用 streamribbon 命令创建三维流带图,其语法格式为

streamribbon(x,y,z,u,v,w,sx,sy,sz);

那么向量 x,y,z,u,v,w,sx,sy,sz 分别代表什么意义,各向量之间满足什么样的长度关系,都必须真真切切地理解,否则因为不能键入正确的向量而不能画出三维流带图。

其三,能套用别人的程序,自己却丝毫没有程序开发能力。比如在神经网络工具箱中,各种创建、学习和训练网络的函数命令众多,语法格式复杂,套用别人已经编好的神经网络程序比较简单,但是,如果自己对照各个函数的用法书写完整的神经网络程序,却很难,因为你没有从本质上理解这些命令。这就是说,你只能模仿别人的程序,却不能触类旁通,自己开发程序。

其四,不能准确、全面地理解指令实现的功能。比如在 MATLAB 中实现排序功能的命令是 sort,而在 C 语言中如果想实现排序,那就必须依据"冒泡法"原理编写一小段的程序实现排序。虽然 MATLAB 命令用起来比 C 简便,但是如果对 sort 命令原理不了解,就不能知晓 sort 是实现升序排列还是降序排列,对于矩阵,是按行排序还是按列排序。所以,当我们使用将繁琐的原理封装在 MATLAB 里的命令时,如果不熟悉该命令的原理,那么使用时至少要在命令窗口中键入该命令,以便试探它的用法。

其五,函数的参数不知道如何调整。比如使用命令 imadjust 对轮廓不明晰的数字图像进行处理时,处理过的图像也许轮廓分明,但是很多都是伪轮廓,已经改变了原始图像的品质,所以在使用该命令时一定要注意把握好校正因子的大小。又如在编写 BP 网络源程序过程中,网络始终无法收敛且找不出原因,很多人都会怀疑是不是网络的拓扑结构设计有问题,其实很多情况下症结都是出在网络学习速率参数的大小上,只要将参数调小一点,网络也许就会立即收敛。当你不知道参数的具体取值时,不妨多调试几次。

最后,通过长时间扎实的学习,对 MATLAB 主程序命令和常用的一两个工具箱已经基本掌握,写起程序来才会思路涌涌而至,得心应手,轻车熟路,感觉这本书其实还是比较薄的。MATLAB 函数命令丰富,完全掌握没有必要,也很难,只要掌握经常用到的命令就可以了。科学研究表明,只要掌握知识的 60% 就可以运用了。碰见一些生僻的函数用法时,可以查询 MATLAB help 命令寻求帮助,或者身边备一本 MATLAB 函数词典。

如何学好 MATLAB 编程呢?笔者以为需要做到以下三点:

① 多看多记。多阅读优质的程序,注意细细体会程序设计的思想,记下常用指令及其用法,准备一个笔记本,看到好的程序段落摘抄下来或者复印,积累多了,装订成册。

② 多练多想。模仿别人的程序段,然后进行优化或改编。多多尝试开发小程序,多思考程序设计的流程,同时适当地借鉴一些程序设计艺术技巧。

③ 不要"偷懒"。初学者往往喜欢将别人或者自己以前编好的程序段甚至某一个指令复制、粘贴过来,而懒得动手去写,这个习惯不好。有些指令可能都认识,而且印象中也会写,但时间长了,就记得不是很准确了,比如,函数 linspace 经常会被写成 linespace,属性名 markersize 会被错误地写成 markesize,等等。

世界上没有 100% 的完美,MATLAB 这样优秀的软件也有缺陷,比如编译一直不顺畅,程序不能脱离 MATLAB 环境运行。

21.3 如何才能在数学建模竞赛中取得好成绩

要想在数学建模竞赛中取得好成绩,需要具有以下三个条件:

一是要有好的数学模型。评价一个数学模型的优劣,不在于用了什么高深的方法,而是要能够有效、简便、恰当地解决实际的问题;在能够有效解决问题的情况下,使用的数学方法越简单越好,这样大家才能够容易理解。我三次获得国家一等奖的模型都是用初等数学里面的基础知识建立的,没有什么高深的理论,用到的知识高中阶段都已经学习过。

二是要有好的求解方法。越是复杂的问题,对算法的要求就越高。对求解方法的评价主要是对算法的评价,一般比较容易求解的数学模型就不太会关注其求解方法。一些比较难的数学建模问题,其难点归根结底就是算法和编程实现的问题。一个好算法的评价准则是能够快速、准确地给出最优解。

三是要有高质量的论文。论文才是决定能否取得好成绩的最重要的部分,但是如果没有好的数学模型和算法,也是不可能有高质量论文的。所谓的高质量论文,就是把建模过程和求解过程描述清楚,让评委很容易知道你们是如何分析问题的,数学模型是什么,用了什么方法求解,最后的结论是什么。只要能把这些问题表述清楚,论文层面就没有问题了。从作者指导学生比赛的过程来看,绝大多数团队最大的问题就是论文的写作,有些队员写出来的内容连自己的队友都看不懂,更别说其他人了。所以在组队的过程中,每个团队至少应确保有一名文字功底扎实,可以把问题说清楚的队员。

要想在三天三夜的时间里同时把这三件事情都做好,其实对团队的要求还是很高的,既要求整个团队有很高的数学建模能力、编程求解能力和论文写作能力,同时还要求团队有很高的配合能力。一个人再厉害,在有限的时间内,完成这些事情也是非常艰巨的。笔者自己一天最多写 10 页建模论文,而国家一等奖论文都在 20 页左右,如果只是自己干,三天时间只够写论文的,其他任何事情都干不了。

从作者的数学建模参赛经历和竞赛指导经历来看,要想在数学建模竞赛中获奖,需要注意以下几个方面:

(1) 合理的队员组合

合理的队员组合是获奖的基础,且所有队员都必须具备较好的数学和计算机基础。其中,应该有名较好的应用数学思维,能够分析清楚问题的来龙去脉,然后将问题和数学方法联系起来,从而建立求解问题的数学模型的队员;有名编程能力比较强、熟悉常见算法,有较丰富的 MATLAB 等语言编程经验的队员;还要有名科技论文写作强,能够将做的模型和求解方法表达清楚的队员。这里面,队长的作用相当大,队长的综合协调能力一定要高,所谓"兵雄雄一个,将雄雄一窝",所以这名队长一定要"雄"点,能够根据各人的特点组成一支人才搭配合理的队伍。

(2) 充分的准备和训练

兵家有云:不打无准备之仗。对于建模比赛,也一定要做好充分的准备,我一般都是提前一年选择好队友,然后我们自己训练。我觉得熟悉常见的模型和建模方法很重要,比如有些问题一看就知道用什么方法求解,所以要多积累些常见的建模案例,逐渐培养建模的悟性,等到量变到质变的时候,就会有豁然开朗、游刃有余的感觉。我的一个出色的队友,接触一年数学建模后,说他思路特别开扩,有种"思接千载,神游万里"的感觉。我想这是真的,因为有时我也

有这种感觉。一般高校都有建模竞赛集训，我觉得这种方式很利于提高建模竞赛水平。我第一次参加集训是大一暑假，第一篇论文写了 2 页，就像是解应用题，实在是没内容可写；第二篇论文就写了 8 页，有点东西了，以后逐渐就有思路了。学校的集训采用的是强化训练方式，需要有点基础和准备。训练的好处：一是增加建模经验，二是提高编程水平，三是磨合队友之间的关系，四是开拓思路和积累经验。

（3）重视建模论文的模板和技巧

建模论文是决定最后能否获奖的关键，一定要有这方面的意识，并重视它。之所以这样说的原因是，有的团队特别重视模型和算法，花三天的时间在建模和编程上，最后只用几个小时的时间写论文。可想而知，这样的论文能写好吗？即使模型再好，算法再好，结果再准确，可如果论文里面没有体现出来，再好的模型和结果谁会知道呢？数学建模论文有它固定的规范，一般至少要包含问题、假设、模型、求解、结果和评价，另外还可以有其他一些内容，如稳定性分析、参数灵敏度分析等内容。只要平时多看几篇建模论文，就知道如何写建模论文了，但最重要的还是队员的文字能力和逻辑能力，要能够将整个建模和求解过程在模板的基础上按照一定的逻辑清晰地表达出来。所以在组队的时候一定要确保有一名能将论文写好的队员。

（4）合理的时间安排

建模比赛有一定的时间限制，如何充分利用有效的时间对是否能取得好成绩也至关重要。我见过一些团队，选题用一天，讨论用一天，最后一天建模型和编程，实际做事的时间就一天。这样的时间安排相当不合理，取得好成绩的可能性也很小。以前我们队参赛的时候，先制定进度表，比如 1 小时内要确定选题，第一天要建好数学模型并确定求解的方法。通常一个上午这些工作就都完成了。因为我们将所有的时间都花在有效的事情上了，所以做起来相对就轻松多了，到第三天的晚上，就是修改和排版论文。当然，时间的安排和分工是要保持一致的，这也就要求队长必须具备较好的协调、组织和进程控制能力。关于时间和进程的管理问题，也是一门学问，下一节再说明建模团队的项目管理和时间管理问题。

（5）勇争第一的意识和信心

建模对队员的意志力要求也比较高，学习和参加建模比赛的过程是比较辛苦的，要能够安下心来认真阅读那些看不懂的知识，因为在训练和比赛中经常会遇到一些无从下手的问题，如果自我调节能力不好，人会被逼疯啊。我曾经也遇到无从下手的问题，可是三天后，我和队友还是解决了所有的问题，这里面最重要的就是坚持。我很高兴我的队友们能发现问题，因为很多次的突破都是在发现问题并努力解决的过程中取得的，没有问题，就不会逼迫你去思考，也就不会有质的飞跃了。除此之外，还要有信心，相信自己能做好。我第一次参加全国比赛只获得省二等奖，之后我"闭关"一个月，分析为什么人家的模型是国家一等奖、二等奖，而我只是省二等奖？信心！这让我豁然开朗，觉得自己一定能达到国家一等奖的水平，所以在随后的比赛中，就有了必胜的信心了。

21.4 数学建模竞赛中的项目管理和时间管理

数学建模竞赛属于团体竞赛，那么必然存在团队的管理问题，其中涉及建模、编程、写作、数据处理、文献检索等多重任务，所以其过程可以当成项目实施的过程，这样就可以借助成熟的项目管理方法提高建模竞赛水平。

我参加比赛时，实际上已经按照项目管理的方法进行了，只是当时还不知道什么是项目管理,直到后来参加具体的项目才接触到项目管理的理论和方法。这里主要是想告诉参加建模竞赛的同学,在团队管理中要有项目管理的意识,借鉴其方法,以提高建模成绩。但是也没必要再去详细学习项目管理和时间管理,这里结合我的参赛过程和项目管理方法,介绍如何在数学建模竞赛中运用项目管理方法。

一般项目的管理分为以下几步:

第一步,启动项目,包括发起项目,任命项目经理,组建项目团队。

第二步,计划项目,包括制定项目计划,确定项目范围,配置项目人力资源,制定项目风险管理计划。

第三步,实施、跟踪及控制项目,包括实施项目、跟踪项目、控制项目。

第四步,收尾项目,包括项目评审、项目验收等。

在实际的建模比赛中,根据以上步骤具体进行项目管理和时间的控制:

第一步,快速选题(启动项目)。在半小时内确定选题。我们的理念是要把时间花在实际的做题过程中,而不要浪费在选题的过程中,因为选题过程是不能产生效益的。根据经验,浏览一下题目就可以了解是哪个领域、哪种类型的问题,并且知道有没有把握做下去。选题的时候不要考虑别队的情况,只要选择自己队最有把握的题目就可以了。2003年的全国赛中,我们队10分钟后就确定选B题了。当时我们把题目浏览完后,我首先问我两个队友选哪道题,他们说都行,然后我说选B题吧,就这么定了。如果队里有人提了不同的意见,那么这时建议由队长确定选题。

第二步,计划的制定。这一步不用单纯为了做计划而做计划,我当时根本没有写任何规划,只是在脑子里把这个计划大体列了一下,比如:

- 谁在哪段时间要完成模型的建立工作;
- 谁在哪段时间要用最快捷、最基本的方法给出一个初步的结果;
- 整个团队要在哪个时间段内完成第一个子问题的工作;
- 论文初稿要在什么时间内完成。

第三步,实施与过程控制。这一步最重要,直接决定竞赛的成绩,而且最体现团队的水平和执行力了。下面以2003年全国赛中的露天矿卡车调度系统为例,介绍当时我们队建模竞赛的实施和监控过程。

选题后每个人都仔细看题,把有疑问的地方都列出来然后进行讨论。经过讨论,大家对题目的理解达到统一,同时对问题的理解比较全面和深刻,这个过程持续了40分钟左右。

对问题的理解达到统一后,就开始讨论建模的思路。经过头脑风暴般讨论后,由我总结大家的思路,建立了第一问的数学模型,这个过程大概是30分钟。由于问题中不涉及复杂的数据处理,所以由我负责把我们做的分析、假设、建模过程输入计算机,一个队友尝试用MAT-LAB求解,另一个队友尝试用Mathematics求解。大概在下午2点左右就完成了第一问的全部工作,随后转入第二问的求解,到晚上10点前,我们就完成了所有的建模和求解工作了。晚上我们队全都回去睡觉,而此时其他很多队还在通宵选题和讨论。

我们第一天就把基本工作都完成了,剩下的时间干嘛呢?从项目的角度,我们要在规定的时间内做到精益求精;从获奖的角度,为了能脱颖而出(因为我们能做到的,别的队也会做到),所以在剩下的时间里我们对算法进行了改进,即在原问题上加入了新的课题,不仅给出了好的模型和求解算法,而且建立了该课题的理论体系。这样做使建模方法既有工程的应用,又有理论的提升,所以我们的论文最后完成的就比较出色。

第四步，收尾、修改、润色和校对论文。建模论文的重要性，前面已经说了很多，等论文初稿出来后，我建议还要站在评委的角度去检查自己的论文，比如检查论文结构是否合理，图表是否适当，语句是否通顺，表述是否清晰，是否还有错别字，等等。我们在第三天下午结束论文，要知道建模的课题永远都做不完，所以不要恋战，该收尾的时候要收尾，关键是要给自己预留一些时间用来修改论文。在收尾工作里，还有一项工作比较重要，就是摘要。通常我会在第三天晚上写摘要，这时论文的内容基本上都确定了，只是润色和校对的问题，对大局影响不大。摘要写好后，要反复阅读，力求用最简洁的文字，将自己的思路、方法、模型、结果等内容表述出来。

以上就是我们的一些基本体会，这些经验也是我们在建模竞赛的过程中逐步总结出来的，建议大家最好能将这些经验融入到自己的建模实践中去，这样获得的才是真正属于自己的经验。

21.5 一种非常实用的数学建模方法：目标建模法

目标建模法是一种逆向建模方法。该方法也是在指导建模比赛的过程中提出来的，其实当时我们已经使用了这种方法。我认为目标建模法的理论基础是管理学中的目标管理，目标管理的概念是管理学大师彼得·德鲁克（Peter Drucker）最先提出的，其后他又提出"目标管理和自我控制"的主张。德鲁克认为，并不是有了工作才有目标，而是相反，有了目标才能确定每个人的工作。

在建模竞赛的培训中，我经常遇到的问题是，队员拿到题目后找不到思路，不知道如何去解决问题。于是我总结以前建模的经验，并以目标管理为理论基础，提出了目标建模方法。目标建模方法的实质是根据问题的目标，为了达到这个目标，而进行的建模过程。下面以2004年奥运会商区超市的网店设计为例介绍如何使用目标建模方法。

看完题目后，我们就想象这道题目最后的结果是什么形式，即问题的目标。对于这道题，我们的理想情况是要给出每个商区内各类型超市的数量，并给出它们大致的分布。有了目标后，再分析实现这个目标的途径，这样就自然而然转到建模上了。这就是目标建模的一个优势，容易找到思路。

在分析建模思路的过程中，我们认为要分两步来实现这个终极目标。首先要求解出各商区内理想的超市数量，这可以用目标规划实现；然后根据各类型超市的商圈范围具体设置各超市的位置。这时我们要做什么工作，用什么方法，就基本清楚了，下面的工作就是具体实现的问题了。目标建模方法还有一个优点是便于写论文，可以提前设计结果的表现形式。比如这道问题中我就提前设计好了表现结果的表格，告诉编程的队友将结果放在这个表格中，这样他编程也有了目标。

目标建模方法和项目管理有很好的一致性。在项目管理中，也要提前制定项目计划，而目标建模中的目标是计划制定中最核心的部分，所以这些方法在本质上是相同的。需要提到的是，在实际建模比赛中不必刻意去搞清楚这些，否则自己的思路和行为会受这些规则约束，反而影响成绩。只要本着将事情做好的思想做事就行了，黑猫白猫抓住老鼠才是好猫。

以上介绍的这些意识、理念、方法应该说有一定的借鉴意义，至少在几年的建模竞赛指导的工作实践中证明还不错。需要提醒的是不要读死书，注意结合自己的实践，灵活运用，这样才能起到很好的作用。

21.6 延伸阅读:MATLAB 在高校的授权模式

MATLAB 在高校的授权模式有 4 种。

1. 校园版

校园版是以整个学校为授权对象,全校师生都可以使用,目前是高校的主流授权模式,特点是:

① 包含单机版和网络版两种安装方式。单机版适合师生安装于个人电脑,网络版适合安装于实验室。

② 包含全部工具箱或标准配置的工具包。

③ 按年收费。

2. 实验室版

实验室版适合安装于教学实验室,仅限在局域网内使用,特点是:

① 永久授权,一年内免费升级;

② 工具箱按照不同的专业方向或实验室的用途进行配置;

③ 最大并发数(即最多同时使用的人数)是重要的计价参数,根据实验室的规模设定,一般为 30 以上。

3. 网络并发版

网络并发版适合于科研课题组,仅限在局域网内使用,特点是:

① 永久授权,一年内免费升级;

② 工具箱按照不同的专业方向或用途进行配置;

③ 最大并发数(即最多同时使用的人数)是重要的计价参数,一般为 1~30。

4. 单机版

单机版适合安装于个人电脑,可以脱离网络使用,特点是:

① 永久授权,一年内免费升级;

② 工具箱按照不同的专业方向或用途进行配置;

③ 相比于网络版,单机版的使用更灵活。

"在线交流，有问有答"系列图书

数学建模竞赛大奖得主，用80后的执着和创新，助您用MATLAB在竞赛中出奇制胜！

全行业优秀畅销书的升级版本，一线实战版主主笔，一问一答间提升您的功力。

同类图书中的销量冠军。读者评价该书"内容全面，作者负责，是学习GUI的首选"。

4位精英版主，"101+n"个实用技巧，无层次的在线帮助，解决您的N个问题。

历时三年亮剑之作——国内首部用MATLAB函数仿真高等光学模型的技术书，辅以丰富实例。

从理论到实际，步步为营，30个案例深度解析数学显微镜——小波分析！

跟随一位幽默睿智的导师，将"MATLAB+统计"引入课堂、引进工作、用于生活！

MathWorks首席工程师执笔，所有实例均来自于开发人员和用户的反馈，权威，经典。

介绍了MATLAB在光学类课程中的应用，并附课程设计综合实例。配课件。

全面而系统地讲解了MATLAB图像滤波去噪分析及其应用。

国内首本关于数字图像处理代码自动生成的书，架起了从模拟仿真到工程实现的桥梁。

从零开始，五位师傅，口传心授，帮您练就MATLAB神功！

"在线交流，有问有答"系列图书

全行业优秀畅销书的升级版本，纯案例式讲解，辅以免费视频。

作者年过70，从事信号处理30余年，论坛回帖数过4000，靠不靠谱看书便知。

穿越理论，透视技巧，拓宽应用，在模式识别与智能算法中将MATLAB用到High！

精细人做的有大思路的精细书。Cody高手如诗般优雅的程序，助您高效简捷地解决专业问题。

国内不可多得的MATLAB+遥感的技术书，工程师手笔，实用。

权威版主手笔。书中所有案例均由作者回答网友的4000多个问题提炼而来。

MathWorks工程师之作。有读者评论说，看完此书，可以高端优雅地进行大型程序的开发。

MathWorks工程师之作。有读者评论说，看完此书，可以高端优雅地进行大型程序的开发。

MATLAB之父Cleve Moler的经典之作，经Cleve本人正式授权，中国首印，原汁原味。

Numerical Computing with MATLAB一书的中译本。张志涌编译。

MATLAB之父Cleve Moler的"玩票"之作。趣味MATLAB，高超尽显。全球首发。

Experiments with MATLAB一书的中译本。薛定宇译。